U0184235

现代水声技术与应用丛书
杨德森 主编

单载波水声通信技术

何成兵 景连友 黄建国 著

科学出版社
龍門書局
北 京

内 容 简 介

水声通信是当前实现水下信息传输的主要技术手段，而单载波调制作为水声通信技术中的重要组成，是水声通信领域的关键技术之一。本书系统地论述单载波水声通信技术的基本理论、通信信号处理方法以及相应的仿真与试验验证结果。全书内容以水声通信中单载波调制为主线，按照先后顺序进行组织，贯穿时域均衡、频域均衡、迭代均衡、互补码键控扩频和循环移位扩频五个方面，包含了低、中、高三种带宽效率的水声通信方法。

本书可供从事水声通信和信号处理等领域工作的广大技术人员学习与参考，也可以作为高等院校信息科学与技术等学科的高年级本科生、研究生的参考书。

图书在版编目（CIP）数据

单载波水声通信技术 / 何成兵，景连友，黄建国著. —北京：龙门书局，2023.12

（现代水声技术与应用丛书 / 杨德森主编）

国家出版基金项目

ISBN 978-7-5088-6368-9

Ⅰ. ①单… Ⅱ. ①何… ②景… ③黄… Ⅲ. ①载波－水声通信 Ⅳ. ①TN929.3

中国国家版本馆 CIP 数据核字（2023）第 245896 号

责任编辑：王喜军　高慧元　张　震 / 责任校对：王萌萌
责任印制：徐晓晨 / 封面设计：无极书装

科学出版社
龙门书局 出版

北京东黄城根北街 16 号
邮政编码：100717
http://www.sciencep.com

三河市春园印刷有限公司印刷
科学出版社发行　各地新华书店经销

*

2023 年 12 月第　一　版　开本：720 × 1000　1/16
2023 年 12 月第一次印刷　印张：13　插页：6
字数：270 000

定价：128.00 元

（如有印装质量问题，我社负责调换）

“现代水声技术与应用丛书”
编　委　会

丛书序

海洋面积约占地球表面积的三分之二，但人类已探索的海洋面积仅占海洋总面积的百分之五左右。由于缺乏水下获取信息的手段，海洋深处对我们来说几乎是黑暗、深邃和未知的。

新时代实施海洋强国战略、提高海洋资源开发能力、保护海洋生态环境、发展海洋科学技术、维护国家海洋权益，都离不开水声科学技术。同时，我国海岸线漫长，沿海大型城市和军事要地众多，这都对水声科学技术及其应用的快速发展提出了更高要求。

海洋强国，必兴水声。声波是迄今水下远程无线传递信息唯一有效的载体。水声技术利用声波实现水下探测、通信、定位等功能，相当于水下装备的眼睛、耳朵、嘴巴，是海洋资源勘探开发、海军舰船探测定位、水下兵器跟踪导引的必备技术，是关心海洋、认知海洋、经略海洋无可替代的手段，在各国海洋经济、军事发展中占有战略地位。

从 1953 年中国人民解放军军事工程学院（即“哈军工”）创建全国首个声呐专业开始，经过数十年的发展，我国已建成了由一大批高校、科研院所和企业构成的水声教学、科研和生产体系。然而，我国的水声基础研究、技术研发、水声装备等与海洋科技发达的国家相比还存在较大差距，需要国家持续投入更多的资源，需要更多的有志青年投入水声事业当中，实现水声技术从跟跑到并跑再到领跑，不断为海洋强国发展注入新动力。

水声之兴，关键在人。水声科学技术是融合了多学科的声机电信息一体化的高科技领域。目前，我国水声专业人才只有万余人，现有人员规模和培养规模远不能满足行业需求，水声专业人才严重短缺。

人才培养，著书为纲。书是人类进步的阶梯。推进水声领域高层次人才培养从而支撑学科的高质量发展是本丛书编撰的目的之一。本丛书由哈尔滨工程大学水声工程学院发起，与国内相关水声技术优势单位合作，汇聚教学科研方面的精英力量，共同撰写。丛书内容全面、叙述精准、深入浅出、图文并茂，基本涵盖了现代水声科学技术与应用的知识框架、技术体系、最新科研成果及未来发展方向，包括矢量声学、水声信号处理、目标识别、侦察、探测、通信、水下对抗、传感器及声系统、计量与测试技术、海洋水声环境、海洋噪声和混响、海洋生物声学、极地声学等。本丛书的出版可谓应运而生、恰逢其时，相信会对推动我国水声事业的发展发挥重要作用，为海洋强国战略的实施做出新的贡献。

在此，向60多年来为我国水声事业奋斗、耕耘的教育科研工作者表示深深的敬意！向参与本丛书编撰、出版的组织者和作者表示由衷的感谢！

中国工程院院士　杨德森

2018年11月

自　　序

人类对海洋的开发活动日益增加，通过水下信息传输技术可实现水下设备的互联互通，增强海洋环境监测、海洋资源探测和开发的能力。声波是目前能够在海洋中进行远距离信息传输的唯一载体，然而水声信道具有传播时延长、传输损耗大、多径扩展强、带宽严重受限、多普勒效应显著和背景噪声高等诸多特点，是复杂的时、频、空变信道，被公认为是自然界中最复杂和最严酷的无线信道之一。

克服水声信道特征所导致的不利影响，实现可靠、高效的水声通信是水声科技工作者不懈追求的目标。近 30 年来，新型调制技术和与之对应的通信信号处理方法一直伴随着水声通信技术的发展，如从 20 世纪的非相干调制、相位相干通信到 21 世纪的多载波调制、扩频调制和单载波调制等。这些调制方法虽来源于空中无线通信，但均需结合水声信道的特点重新进行设计与优化，以适应不同的水下应用场合。

本书着重于单载波调制水声通信技术，围绕单载波调制展开对时域均衡、频域均衡、迭代均衡、互补码键控扩频和循环移位扩频等方面的深入讨论，并且介绍了低、中、高三种带宽效率的水声通信方法。全书共 6 章。第 1 章介绍水声通信的研究背景与意义、水声信道的特性、水声通信系统的组成和多种水声通信调制技术以及性能评价准则。第 2 章介绍单载波调制的基本原理及对应的时域均衡方法，重点给出了内嵌数字锁相环的自适应判决反馈均衡算法。该方法是水声通信从低速向高速发展的一个里程碑，并进一步引出了单载波调制时间反转均衡方法。第 3 章对单载波频域均衡方法进行简要阐述，该方法通过在发射端进行数据分块和添加保护间隔，在接收端进行快速傅里叶变换，能够以低复杂度实现信道均衡，消除码间干扰。第 4 章讨论单载波迭代均衡方法，主要介绍了时域 Turbo 均衡迭代和频域 Turbo 均衡迭代方法，以及基于这两种方法的改进。第 5 章给出一种高速率扩频方法，即互补码键控扩频水声通信，通过优选扩频短码，实现扩频通信速率的提升。第 6 章介绍单载波循环移位扩频调制方法，该方法通过循环移位操作和相关解调，在不增加通信带宽的前提下，显著提高常规直接序列扩频通信的通信速率，且计算复杂度低。

本书内容主要来源于西北工业大学航海学院水下通信与协同探测团队的研究成果，在写作过程中得到团队老师张群飞教授、韩晶教授的鼓励与帮助。博士研究生王晗的研究工作为第 5 章互补码键控扩频提供了帮助，硕士研究生席瑞参与了第 4 章迭代均衡部分的研究工作。同时，田欣园、龙超、郑同辉等多名研究生在本书撰写环节中协助进行了大量细致的工作。在此一并向他们表示感谢！

我们关于水声通信以及相关课题的研究得到了国家自然科学基金面上项目（项目编号：61471298、61771396、62071383）和青年科学基金项目（项目编号：61101102、61801079）等的资助。

水声通信领域的发展十分迅速，水声通信技术包含多个方面的内容，本书在内容选取上仅侧重于单载波调制，在技术内容的选取、组织、问题叙述和分析方面存在些许不足，同时本书写作也难免存在疏漏之处，恳请读者予以批评指正。

作　者

2023 年 5 月

目　录

第1章 绪　　论

1.1　水声信道特征概述

海底地壳运动、航运等人类活动、海洋平台运动产生的噪声，使得水声通信信号遭受强背景噪声的影响。限制水声通信能力的根本原因在于水声信道的复杂性、多变性及多样性[1-3]。具体来说，水声信道的特征如下。

1.1.1　水下声速

声速作为海水介质中非常重要的声学参数，对声波在海水中传播的影响十分重要。声波在海水中的传播速度由水温、盐度和深度等因素决定，其经验公式可表示为

$$c = 1449.2 + 4.6t - 0.055t^2 + 0.00029t^3 + (1.34 - 0.01t)(S - 35) + 0.016H \quad (1\text{-}1)$$

式中，t 为温度（℃）；S 为盐度（‰）；H 为深度（m）。

电磁波传播速度为 3×10^8m/s，与之相比，声波的传播速度非常低，平均声速约为 1500m/s，导致水声通信的传播时延大。声波在海水中传播，当通信距离为 2km 时，其传播时延可长达 1.3s，相当于地球与月球间的电磁波传播时延。大的传播时延（0.67s/km）使水声通信网络的吞吐量下降，对水声通信网络的协议设计影响较大。

声速随水温、盐度及深度变化而变化，日照温度是海面声速变化的主要因素，声速随温度的降低而降低。随着深度的逐渐增加，压力对声速影响更大，导致水中不同深度的声速值不同。“声速剖面”对声波在海水中的传播有着很大影响，它是指声速-深度的函数关系曲线，声速剖面不同，声线行进的路径也不同。受纬度、海流和大气等因素影响，在不同海域，其声速剖面不同，而且会随着季节和时间产生变化，是非常复杂的。声速剖面的不一致性，使得声波在传播过程中产生不同的折射效果，不同海域和季节的声场辐射的差异性较大，影响水声通信系统的作用距离。

1.1.2　传播损失及可用带宽

声波在海水中的传播衰减主要考虑两种损失：吸收损失与扩展损失。在声波

携带能量传播的过程中，海水介质吸收其部分能量。吸收损失主要由黏性和分子弛豫两种机理引起，它与频率、深度和盐度有关，可由吸收系数表示。声波频率升高，吸收系数随之迅速增加。扩展损失涉及声能量的扩展，其波前随传播距离的增加而扩大，使得观测点的能量越来越少。几何扩展包括球面扩展和柱面扩展，由传播环境决定，其造成的损失与频率无关。

海水中的传播损失主要与距离 l 和信号频率 f 有关，传播损失函数可近似表示为

$$A(l,f)=l^k[\alpha(f)]^l \tag{1-2}$$

式中，k 为扩展因子；$\alpha(f)$ 是海水吸收损失系数。在单一路径上声能的衰减用传播损失来描述，若以功率 P 来发射频率为 f 的单频信号，那么接收信号的功率可用 $P/A(l,f)$ 来表示，用分贝（dB）形式表示上式，声传播损失 TL 计算可表示为

$$\begin{aligned}\mathrm{TL}&=10\lg A(l,f)\\&=k\cdot 10\lg(1000\times l)+l10\cdot\lg\alpha(f)\end{aligned} \tag{1-3}$$

式中，l 表示声波传播距离（km）。扩展损失用第一项来表示，吸收损失用第二项来表示。声波的传播方式与传播路径会影响扩展因子 k，传播条件不同，k 的数值也不同。例如，当声波以球面波形式扩展传播时，取 $k=2$；而以柱面波形式扩展传播时，取 $k=1$；实际中，往往取 $k=1.5$。海水吸收系数 $\alpha(f)$ 可用 Thorp 公式表示成 dB 形式，单位为 dB/km，表示如下：

$$10\lg\alpha(f)=0.11\frac{f^2}{1+f^2}+44\frac{f^2}{4100+f}+2.75\cdot 10^{-4}f^2+0.003 \tag{1-4}$$

式中，频率 f 的单位为 kHz。

水声通信频率与无线通信频率相比很低，严重限制了水声通信速率。如远程（几十千米）水声通信系统带宽在 1kHz 以内，中程（1～10km）水声通信系统带宽在几千赫兹，近程（1km 以内）水声通信系统带宽在几万赫兹。

用图 1-1 所示近似最优系统带宽与通信距离的关系表示水声通信系统带宽与通信距离之间的关系[2]，可以得出以下结论。

（1）在不同的水声通信系统，带宽有很大的差异。按照工作距离的大小，可以将水声通信系统归入如下的类别，见表 1-1。如果是用于超远距离的水下通信（＞100km），则可以使用的带宽低于 1kHz；而在超短距离水下声学通信中，它的带宽可以达到几百千赫兹。

（2）由于中远距离水声通信的带宽集中分布于低频段，而且信道带宽和载频都比较相近，所以窄带信号假设 $B\ll f_c$ 不再成立，中远距离水声通信信号是宽带信号。另外，水声通信系统带宽选择与发射换能器工艺、频响特性、接收端的自身噪声等都有着密切关系。

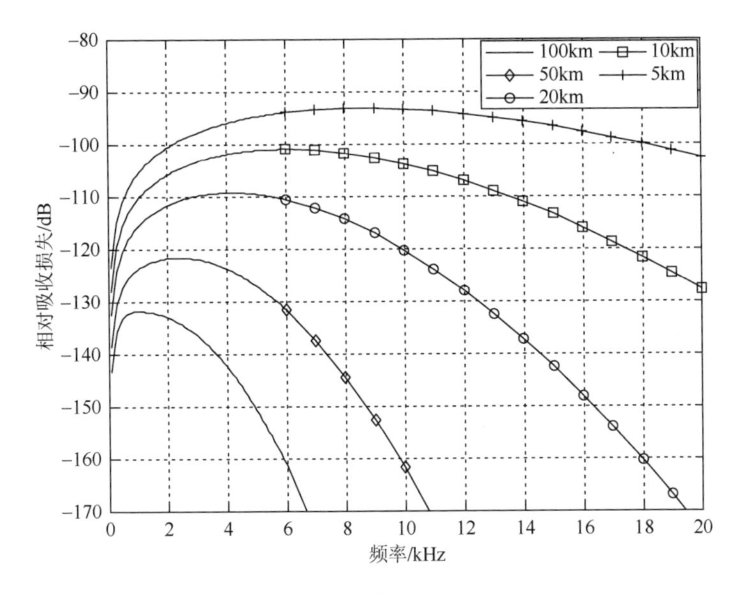

图 1-1 近似最优系统带宽与通信距离的关系

表 1-1 不同距离下的水声通信系统带宽

定义	距离/km	系统带宽/kHz
超近程	＜0.1	＞100
近程	0.1～1	20～50
中程	1～10	≈10
远程	10～100	1～5
超远程	100～1000	＜1

1.1.3 多普勒扩展及时变性

声波在海底传输过程中，会经过海底和海面的多次折射，同时也会由海洋中的非均质性水团的散射或在不同的水深中的速度改变而引起声波曲线的折弯，使得不同路径的声波到达接收机所需时间不同，造成多径干扰，所以多径结构与所处水声环境相关。一方面，不同的海洋物理环境因素，如海深、海况和海底反射参数等，会影响由反射造成的多径；另一方面，声线的弯曲也受海洋声速影响，声线总是向声速小的方向进行弯曲。随着海水温度、海水盐度以及传输所处深度的增加，声波的传播速度也增大。对于水深较小的环境，影响声速变化的主要因素是温度；对于水深较大的环境，影响声速变化的主要因素是深度。

受上述因素影响，不同海域的多径结构不同。在浅海区域，声速比较均匀，声线在海水中传播时基本不会弯曲，因此主要是经过海洋界面时，声线会被多次反射，这种情况下的多径结构通常较为复杂；在声速为负梯度的浅海区域，声线向海底弯曲，因此直达路径和海底路径为主要的近距离的传播路径；在声速为正梯度的浅海区域，声线朝着海面弯曲，因此声线主要经过海面反射。在深海环境，会存在一个称为“深海声道轴”的特殊声信道。声道轴的位置一般在声速最小处，根据声线传播的规律，声线会朝着声速小的方向弯曲，因此声道轴附近保留了大部分声线能量。因此在进行深海远程通信时，可将发射声源和接收机放置在声道轴附近，使声信号的传播范围得到极大的提高，从而达到长距离水下通信的目的（100～1000km）。

海洋环境的不同会导致水声信道的多径结构不同，进而影响水声信道的稀疏性。通常来说，大多数水声信道多径结构具有稀疏性，即信道的大部分能量主要集中在少数几条路径中。同样，信道的具体稀疏程度与海洋环境有关。深海远程情况下的信道多径稀疏程度较高，而浅海近程的信道多径稀疏程度相对较低。水声信道的多径结构特点是其时延扩展十分长，进而导致产生的码间干扰（intersymbol interference，ISI）范围也十分广。通常无线通信系统的 ISI 会影响几个符号，而水声通信系统中 ISI 一般影响符号可达数十个或上百个，造成系统解调所需的均衡器十分复杂，同时制约了水声通信速率的提高。如通信速率为 10kbit/s 的情况下，10ms 的多径扩展可导致 100 个符号长的 ISI。水声信道的另外一个特点是其具有很强的时变性，在不同情形下的信道相干时间有所不同，一般为几百毫秒数量级。水声信道的时变特性一方面受潮汐波浪或海水温度等信道变化因素影响，另一方面还受发射和接收端运动造成的影响。

1.1.4 多普勒效应

多普勒频移由节点运动、水面波浪起伏以及水体中运动颗粒的散射引起，尽管与陆地或空中节点运动速度相比，水下节点运动速度可能仅慢几十倍，但与无线电波相比，水中声速要慢上十万倍，使得水下节点运动速度与声波速度的比值，即多普勒（Doppler）因子通常在 10^{-4}～10^{-3} 量级，比无线信道高出 4～5 个数量级，造成显著的多普勒效应，引起宽带水声通信信号的符号展宽或压缩，严重影响符号同步和载波频率。

水声信道的 Doppler 效应明显，其根源在于声波在海水中的低速传播约为 1500m/s。声速和水下航行器速度（通常为 1.5～30m/s）的比值 $\alpha = 1\times10^{-3}$～2×10^{-2} 导致对水声通信信号产生时间展宽或压缩。与之相比，在无线移动通信中，当载体以 160km/h 的速度运动时，它与电磁波速度的比值数量级要小得多，仅为 $\alpha = 1.5\times10^{-7}$。由此可见，与无线电传播中的 Doppler 频移相比，水声通信中的

Doppler 频移要高出几个数量级。如图 1-2 所示，由于 Doppler 效应的影响，脉冲宽度为 T 的单个发射符号，在接收端信号长度变为 $T/(1+\alpha)$，随着符号数目的增加，将出现符号误差累积现象。同时通信信号的带宽由 B 增加到 $(1+\alpha)B$。在水声通信的过程中，符号同步和载波频率同步的重要性同等，因为 Doppler 效应引起的符号展宽或压缩是高数据通信速率移动水声通信的主要难点之一。

另外，由于在水声信道中，每条传播路径的轨迹不同，声波传播到接收端产生的 Doppler 频移也不相同，这会使接收信号的频带展宽，频率扩展通常由最大 Doppler 扩展参数 $\Delta f_{\max}$ 表示

$$\Delta f_{\max} = \frac{v_{\max}}{c} f \tag{1-5}$$

式中，通信收发端沿不同路径的最大相对径向运动速度用 $v_{\max}$ 表示；声波的传播速度用 c 表示；传输信号的频率用 f 表示。

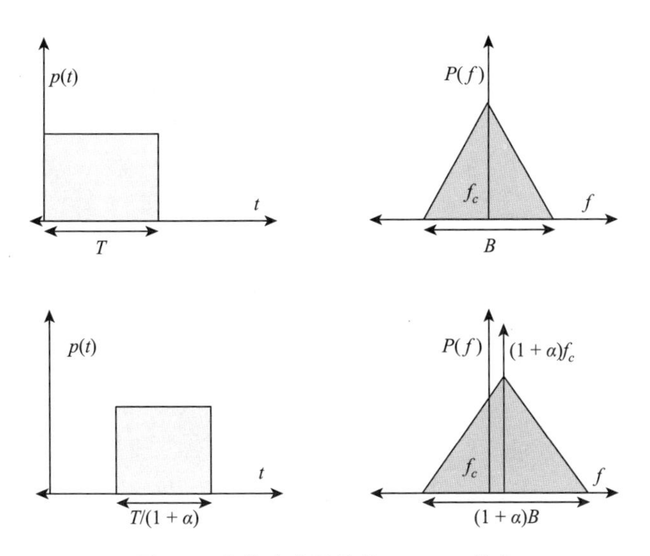

图 1-2　宽带水声通信的 Doppler 效应

表 1-2 对水下通信系统、无线电通信系统、超宽带通信系统进行了对比和分析。从表 1-2 中的数据可以看出，水声信道是数字通信信道，具有带宽较宽、多径时延扩展大、Doppler 效应十分明显的特点。

表 1-2　水声通信系统、无线电通信系统与超宽带通信系统参数比较

参数	典型水声通信	无线局域网	超宽带
传播速度	1500m/s	3×10^8m/s	3×10^8m/s
带宽	5kHz	20MHz	528MHz

续表

参数	典型水声通信	无线局域网	超宽带
载频	10kHz	5.2GHz	3～10GHz
窄带/宽带	宽带	窄带	宽带
Doppler 因子	10^{-3}	10^{-9}	10^{-9}
多径扩展	10～50ms	≈500ns	≈100ns
相干时间	≈1s	≈5ms	≈2ms

图 1-3（a）给出了 2016 年 1 月于某水库进行湖上通信试验时变信道冲激响应（channel impulse response，CIR）的 $g(\tau,t)$，通信试验距离为 5.27km，多径扩展可达 20ms 左右，有明显的 Doppler 频移，图 1-3（b）给出对应的信道散射函数图。该信道性能是在试验船低速运动状态下测量获得的，可以看到在时延域上具有较为明显的稀疏特性，而在多普勒域上则稀疏性不明显，且每条路径的多普勒频移差异不大。实际上，在不同海域、不同季节以及不同平台运动状态的条件下，其信道差异性是很大的，已有信道数据库则包含多种信道类型。

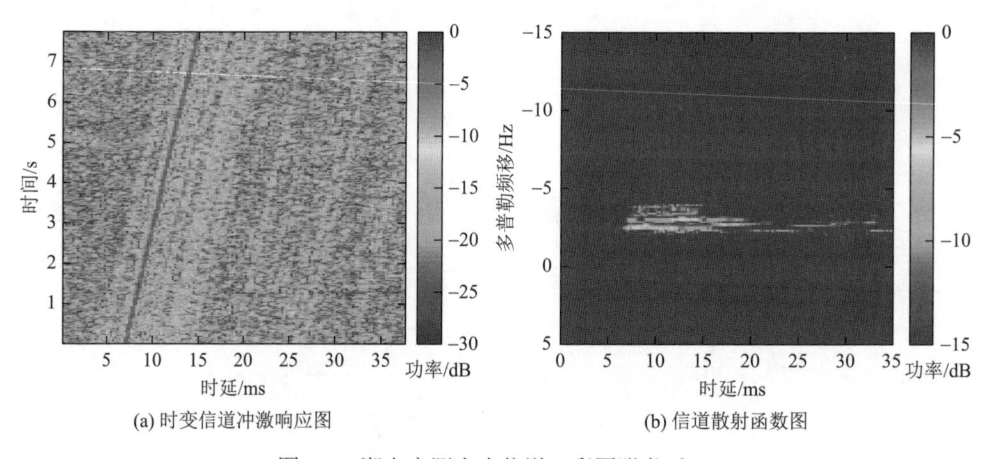

(a) 时变信道冲激响应图　　(b) 信道散射函数图

图 1-3　湖上实测水声信道（彩图附书后）

1.1.5　环境噪声

海洋环境中的噪声是干扰水下通信系统的重要因素之一，它的形成与海域位置、气象条件、频率等因素密切相关。海洋噪声由人为噪声和环境噪声组成，人为噪声以机械噪声和航运噪声为主；而潮汐、航运、波浪引起的噪声和热噪声是环境噪声的主要组成部分。频率范围为 200Hz～50kHz 时，海洋表面的风是主要的环境噪声源，风级每增加一倍，环境噪声增加约 5dB。环境噪声的峰值为 500Hz 左右，之后每倍频约下降6dB，如环境噪声为10kHz时，环境噪声谱密度在28～50dB/Hz re μPa范围内。试验研究发现，特别是在浅海区域，水声通信主要的噪声源是船舶噪声和虾群噪声。具体来说，可以用柱面的Wenz模型描述海洋环境噪声，即

$$\begin{cases}10\lg N_{\mathrm{t}}(f)=17-30\lg f\\10\lg N_{\mathrm{s}}(f)=40+20(s-0.5)+26\lg f-60\lg(f+0.03)\\10\lg N_{\mathrm{w}}(f)=50+7.5w^{(1/2)}+20\lg(f)-40\lg(f+0.4)\\10\lg N_{\mathrm{th}}(f)=-15+20\lg f\end{cases} \tag{1-6}$$

式中，N_{t}表示湍流噪声；N_{s}表示航运噪声；N_{w}表示海面噪声；N_{th}表示热噪声；f表示频率（kHz）；s表示水域航运密度，取值为0～1；w表示海洋表面的风速（m/s）。湍流噪声主要由低频噪声组成，f<10Hz；长途航运造成的噪声，对频率范围为10～100Hz的影响最大；海洋表面受风作用而产生的噪声，对频率范围为100Hz～100kHz的影响最大；热噪声对f>10Hz的频率范围的影响最大。上述几种环境噪声合成为总噪声，其噪声谱密度可表示为

$$N(f)=N_{\mathrm{t}}(f)+N_{\mathrm{s}}(f)+N_{\mathrm{w}}(f)+N_{\mathrm{th}}(f) \tag{1-7}$$

图1-4展示了当风速分别为0和10m/s时，各种航运密度下的总噪声谱密度。其中，风速为0m/s的情况用黑色实线表示，风速为10m/s的情况用红色虚线表示；航运密度由下而上分别为0、0.5和1。从图1-4可以看出，随着频率的增加，噪声逐渐降低。注意，在某些频段，噪声谱密度随着对数尺度呈线性下降的趋势，并可近似表示为

$$10\log N(f)=N_1-\eta\log f \tag{1-8}$$

图中紫色虚线表示的是$N_1=50\text{dB re }\mu\text{Pa}$，$\eta=18\text{dB}/\text{dec}$[2]。

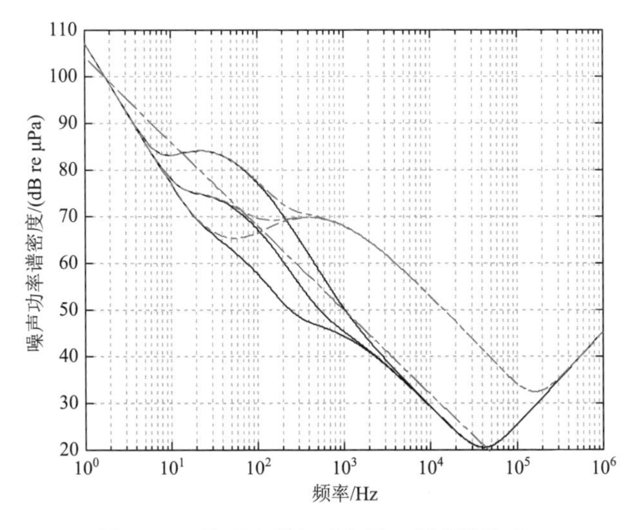

图1-4 环境噪声谱级示意图（彩图附书后）

1.2 水声通信系统的基本组成

水声通信是实现水下设备互联互通的关键技术，水声通信系统和无线通信系统模块结构基本一致，它主要由信源、信宿、信源编译码、信道编译码、数字调制解调、D/A 和 A/D 转换器、收发换能器、功率放大器（功放）及前置放大预处理等模块组成[3]。略有不同之处在于，在水声通信系统中，需通过功率放大器驱动发射换能器将电信号转换成声波信号，而在接收端则通过水听器将声信号转换回电信号，如图 1-5 所示。

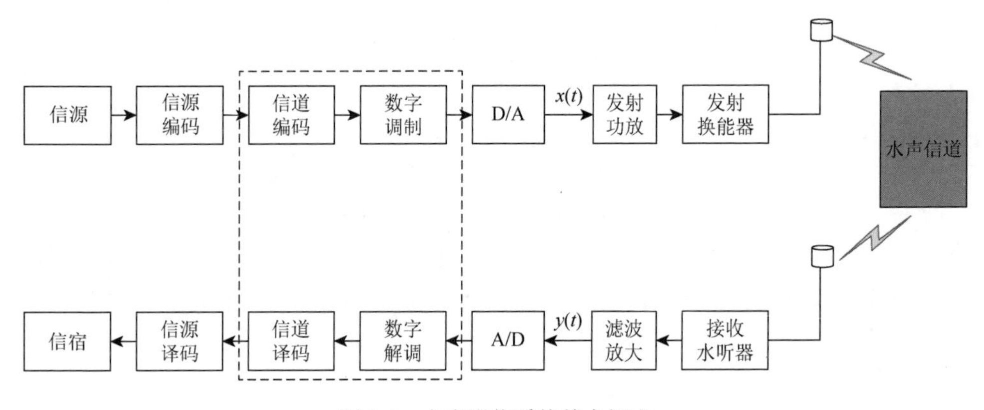

图 1-5 水声通信系统基本组成

水声通信系统的信源主要有控制指令信号、观测数据、语音信号和图像数据。控制指令信号主要由导航状态等信息组成，包含的数据量较少，但是对信号传输的可靠性要求较高。科研人员使用水听器、声呐等各种水下观测设备获得观测数据。潜水员之间的通信、潜水员与指挥台之间的通信都需要发送语音信号，声学或光学图像是水下图像信号的主要来源。水声信道带宽较窄，但是在传送语音和图像时，一般要求较高的数据通信速率，为了使信源输出的冗余度变低，采用信源压缩编译码技术是必要的。

采用信道编译码技术是因为水声信道是一个极其复杂的时-空-频变随参信道。信道编码通过添加可控冗余的方式，降低或纠正由水声信道干扰引起的误码。常用的水声信道编码包括卷积码、Turbo 码和低密度奇偶校验（low-density parity check，LDPC）编码。

信道编码后的数字符号被数字调制器转换成适合在水声信道传输的波形信号，该过程包括映射、基带脉冲成形、载波调制几个步骤。受到水声信道影响的接收波形用解调器进行处理，估计发送的序列。高效的调制和解调技术作为水声通信系统的核心技术，也是本书的重点。

针对中远距离的水声通信，想保证一定的接收信噪比（signal-to-noise ratio，SNR），就需要通过电声转换器件——发射换能器，在发射端对待发射的信号进行功率放大，并发送到水声信道中去。在接收端，要想把声信号还原成电信号，又必须使用水声换能器。发射换能器的功效相当于无线通信中的发射天线。

中远距离水声信息传输技术研究中，高性能模拟信号的预处理是一个重点环节。由于中远程水声通信系统接收到的信号十分微弱，一般前级需要将信号放大 10^5～10^6 倍后，再传输到后级进行处理。为了提高信噪比，预处理系统需要在信号通带外有足够大的衰减，即需要采用高性能的滤波器，来提高检测的灵敏度和抗干扰能力。

假设水声信道是一个线性时变信道，如果用 $h(t,\tau)$ 表示，则发射信号和接收信号之间的关系为

$$y(t)=\int h(t,\tau)x(t-\tau)\mathrm{d}\tau+n(t) \tag{1-9}$$

式中，$n(t)$ 为信道噪声；

$$h(t,\tau)=\sum_{p=1}^{L}\alpha_p(t)\delta(\tau-\tau_p(t)) \tag{1-10}$$

其中，$\alpha_p(t)$ 和 $\tau_p(t)$ 分别是第 p 条路径的时变幅度和时延。

1.3 水声通信调制技术

调制解调是水声通信中的核心技术，它决定着水声通信系统的带宽利用率、作用距离和接收机复杂度等性能。无线数字通信中常见的调制方式也可以作为水声通信中的调制技术，主要技术包括非相干调制、单载波调制、多载波调制和扩频调制等。

1.3.1 非相干调制技术

20 世纪 90 年代前，多进制频移键控（multiple frequency shift keying，MFSK）是进行水声通信的主要技术，它利用不同载频的发射信号表示信息，在接收端利用频率估计等能量检测方法进行解调。能量检测的方式对于复杂的水声信道来说，可靠性高且稳健。当前，MFSK 仍旧应用于商业水声调制解调器，可以实现稳定性高的水声信息传输。美国 Teledyne Benthos 公司的水声通信系统是最具代表性的系统。该系统为多频带 MFSK 系统，系统带宽约为 5kHz，分 30 个子带，在每个频带内采用 4FSK 调制，共计 128 个频点，每次同时传输 30 个频点，通信速率为 140～2400bit/s，为了实现在不同信道条件下的稳定通信，采用纠错编码等方法

调整数据通信速率。尽管 MFSK 系统能在水声信道中进行稳定的信息传输，但是近年来，除硬件系统能力的增强外，非相干系统处理技术并没有得到其他实质性的改进。由于采用非相干调制，MFSK 系统带宽利用率较低，通常小于 0.5bit/(s·Hz)[3]。

1.3.2　单载波调制技术

采用经过多进制相移键控（multiple phase shift keying，MPSK）和正交幅度调制（quadrature amplitude modulation，QAM）的信息符号进行单载波传输可以实现高速率通信。单载波调制的符号周期 T 约为带宽的倒数，产生码间干扰（ISI）的原因主要是水声信道的多径扩展大于符号周期。随着系统带宽的增加，符号周期 T 将减小，接收端可以分辨的多径分量增加，即水声信道多径扩展相同的情况下，会引入更多的 ISI。而与之对应的接收端信道时域均衡器复杂度随着信道长度的增加而快速增长，载波不利于系统实现，因此限制了单载波传输速率的提高。

对于单载波水声通信来说，里程碑的工作是20世纪90年代初美国学者Stojanovic等提出的内嵌二阶数字锁相环（digital phase-locked loop，DPLL）的自适应判决反馈均衡方法，可同时跟踪载波相位波动和抵消多径干扰[4]。大量的试验结果表明，该方法在多种海洋信道环境中，均可获得良好的效果。实际应用中，为了改善误码率性能，一般采用多个接收阵元实现多通道判决反馈均衡器（multi-channel decision feedback equalizer，McDFE）。然而，一方面，在多径扩展较大（30～100ms）的水声通信信道中，多通道判决反馈均衡器计算复杂度较高；另一方面，这种接收机对自适应均衡器和 DPLL 参数选择较为敏感[3]。

为了降低典型接收机算法的复杂度，水声通信工作者研发了各种改进的接收机方案，具体如下。

（1）波束域均衡[5]。通过波束形成将空间分布的 K 个水听器接收到的信号转换成 P 个波束域的信号，其中 $P<K$，以此来减少多通道自适应时域判决反馈均衡器的计算量。

（2）稀疏信道均衡[6]。水声信道多径时延扩展长，导致常规多通道均衡器的计算量高，不易实时实现。为了解决该问题，可以利用水声信道固有的稀疏性，采用低复杂度稀疏均衡器对接收信号进行处理。

（3）时间反转均衡[7, 8]。利用信道估计结果，对多通道信号分别进行滤波处理后合并成单路信号，进行自适应判决反馈均衡。滤波器的系数为估计出的信道冲击响应的共轭时反。

（4）单载波频域均衡[9-12]。单载波频域均衡（single carrier-frequency domain equalization，SC-FDE）通过在发射端进行分块传输和插入保护间隔，在接收端利用快速傅里叶变换实现频域均衡处理。在多径信道中，其复杂度远小于时域均衡。

由于错误判决，判决反馈均衡（decision feedback equalization，DFE）存在误差传播（error propagation）问题，在水声信道中，可以通过双向DFE改善性能。在水声通信中采用译码输出和均衡器之间能够交换信息的联合编码均衡技术，如Turbo均衡技术，是改善单载波水声通信质量的一种有效方法。Turbo均衡接收机与传统水声通信接收机的最大区别在于其均衡器和译码器通过交换对数似然比的方式联合处理接收信号，相比均衡和译码分离的传统水声通信接收机，其性能得到显著改善[10]。

1.3.3 多载波调制技术

在水声通信中，发射端和接收端之间存在多径传输，会引起码间干扰，这是接收信号发生失真的重要因素之一。从频域角度看，当信道的相干带宽小于信号的带宽时，多径传输会导致频率选择性衰落。多载波传输将高速数据流分解为若干个独立的低速数据流，然后调制到每个子带上传输，通过这种划分，可以将频率选择性衰落信道转换为几个较窄、较平坦的信道。此时，相应的符号持续时间可以大于最大多径延迟，因此可以有效地减少由多径效应引起的ISI，信道均衡变得相对简单。正交频分复用（orthogonal frequency division multiplexing，OFDM）是一种特殊的多载波传输体制，其各子载波相互正交，正交子载波的使用允许频谱重叠，从而提高了频谱效率。OFDM将线性卷积转换为循环卷积的方式为添加循环前缀（cyclic prefix，CP），用简单的单抽头频域均衡对每个子信道传播的信号进行处理，能够消除多径干扰。OFDM技术作为一种多载波调制传输方式，被广泛应用于宽带通信，能够很好地对抗频率选择性衰落。OFDM相较于单载波传输技术，它的复杂度较低，传输能力较强。因此OFDM技术在近几年得到了广泛的关注，并发展成水声通信领域的热门研究课题。

美国康涅狄格大学的Zhou等于2005年起对OFDM水声通信技术开展了一系列的研究工作，并完成了相关技术的逐步实用化[13]。OFDM水声通信系统对频率偏移和多普勒扩展较为敏感，源于OFDM采用多载波传输，各子载波间隔小。由于水声通信中声速较慢，发射端和接收端进行相对运动，会引起相对较大的多普勒频移，有可能大于子载波间隔，并且多普勒频移在宽带水声通信系统中的子载波之间有所不同，最终导致载波间正交性不再成立，出现载波间干扰（inter-carrier interference，ICI）。除了这两个主要挑战之外，水声OFDM系统还会受到时变信道的影响。在传输一个OFDM数据块的时间段中，信道不产生变化，这是水声OFDM的一个常见的假设，但OFDM块长度增加，这个假设的有效性也会相应降低。除此之外，OFDM信号具有较大的峰均功率比，高峰均功率比（peak-to-average power ratio，PAPR）将严重影响功放和换能器的效率、安全性和工作时间，不利于实现远程通信。针对OFDM水声通信存在的问题，近年来提出了一系列多载波调制衍生方法，如广义频分复用（generalized frequency division multiplex，GFDM）、滤波器组多载波（filter bank multicarrier，FBMC）[14]、正交信分复用（orthogonal signal division multiplexing，OSDM）[15, 16]和正交时频空间（orthogonal time frequency space，OTFS）调制[17]等。

1.3.4 扩频调制技术

扩频水声通信技术对抗复杂信道各种不利因素的能力较强，保密性好，抗多径干扰和信道衰落能力强，可在低信噪比条件下工作，在水下传感器网络、海洋监测等领域有着广泛的应用前景。扩频水声通信的特殊之处在于，使用该方法传输信号时，信号频带宽度远大于所传输信息的最小带宽，通过编码以及调制来扩展频带。扩频水声通信主要包含直接序列扩频（direct-sequence spread spectrum，DSSS）、跳频（frequency hopping，FH）扩频和线性调频（linear frequency modulation，LFM）扩频三种方式。DSSS 通过利用高速率的伪随机序列与需要发送的信息符号相乘，在发射端扩展信号的频谱，而在接收端用同样的伪随机序列进行解扩，将接收到的扩频信号还原传输的原信号；FH 扩频是指先规定一组载波频率，在很宽频率范围内按扩频码序列进行频移键控调制，使载波频率不断跳变，从而扩展发射频谱，进一步提高系统的抗干扰性能；LFM 扩频是指发射的信号在一个周期内，其载频的频率在较宽的频带内作线性变化，从而展宽信号频带。采用 DSSS 通信技术的优势包括：获得扩频增益，改善接收信号的信噪比，提高通信的隐蔽性。除此之外，扩频技术可配合 Rake 接收机，达到联合利用多径信息的目的，因为它具有较强的抗多径干扰以及抗信道衰落能力。为了更进一步地改善 DSSS 水声通信系统性能，在快速时变水声信道中，采用码片级假设反馈均衡器，但是它需要较高的接收信噪比。在水声通信可用频率范围内，声波在水中的衰减与频率的平方成正比，导致水声通信的带宽十分有限，以致常规 DSSS 水声数据通信速率极低，仅几比特到几十比特，严重影响了通信系统的实用性[18, 19]。

针对这些问题，人们开始研究高数据通信速率的扩频技术，主要包括 M 元扩频、循环移位扩频和互补码键控扩频。M 元扩频通过扩充可选择的扩频序列数目来实现通信速率的提升，发射端根据待发信息从 M 个扩频序列中选择 1 个或多个扩频序列，在接收端通过一组相关器进行扩频序列的判决与解码。循环移位扩频则利用扩频序列的循环相关特性，发射端根据待发信息对扩频序列进行循环移位调制，在接收端通过一个相关器进行时延估计与解码。与 M 元扩频通信相比，其复杂度较低。互补码由一组非周期自相关函数之和除了零位以外都是零的序列构成，具有很好的自相关性和对称性。在无线通信中，IEEE 802.11b 标准采用了 CCK 调制。CCK 调制同时具有抗多径和高数据通信速率的优点。与 DSSS 相比，CCK 调制的扩频率更加灵活，也具有与网格编码相似的纠错能力[3]。

1.4 总体性能评价准则

和无线通信系统一样，水声通信系统有许多的技术指标，如通信距离、通信速率、误码率、误帧率、通信带宽、发射功率等。但是，不同的水声通信系统具有不同的参数，如带宽、发射功率、接收阵元数、编解码处理方法、通信距离及使用的水下环境等，差异较大。一个水声通信系统，如果达到了技术指标的要求，就是合格的。但是人们常常会思考这样的问题，一个水声通信系统在国内外众多的水声通信系统中，是处在一个什么样的水平？是否还有技术潜力可以挖掘？这就涉及如何评价水声通信系统的总体性能。

水声通信的特点和难点主要在于复杂的水声信道。水声信道的传播能量损失大部分是由能量扩散和水体对声波的吸收引起的。尽管能量扩散主要取决于传播距离，但是由于声波吸收造成的损失不仅随着距离的增加而增加，也会随着通信频率的增加而增加。因此，水声通信系统的可用带宽是受限于工作距离的。随着通信距离的增加，水声通信系统的有效带宽逐步减小，通信速率逐步降低。由此可见，水声通信系统的工作距离和通信速率呈反比关系。在保持误码率一定的前提下，要想实现远距离水声通信，通信速率必然降低；而要想实现高速率水声通信，通信距离就要缩短。综合考虑水声通信距离和通信速率这两项重要指标，可从一个侧面反映该水声通信系统的性能。水声通信试验结果也表明了实际水声通信系统的速率和通信距离的乘积存在上限，该乘积为

$$I = \text{通信速率（kbit/s）} \times \text{通信距离（km）} \tag{1-11}$$

国际上有一些学者，从水声信道容量的角度出发，研究水声信道的最大容量。由于水声信道的复杂性，理论研究的结果和湖海试验的结果有很大差距。美国麻省理工学院学者 Kilfoyle 和 Baggeroer 总结了 2000 年之前的水声通信系统湖海试验结果[20]，依据统计分析，给出水声通信速率和通信距离的乘积上限为 40kbit/s×km，可用该指标衡量当时水声通信系统总体性能的先进程度。

随着过去 20 年水声通信技术的发展，有不少采用新技术的水声通信系统的湖海试验结果均超过了 40kbit/s×km。用该指标评价当前水声通信系统的总体性能已不再适用。我们系统研究和分析了国内外 2000 年后公开报道的水声通信系统湖海试验结果，在图 1-6 中列出了相应的通信速率和通信距离乘积的 I 值。根据统计分析，我们给出当前水声通信速率与通信距离的乘积上限为 100kbit/s×km[21,22]。也就是说，如果当前水声通信系统的湖海试验结果，接近、达到或超过该上限，表明该系统的总体性能达到先进水平。

评价水声通信系统总体性能还有一项重要指标，就是考察通信系统传输信息的效率。由于水声通信系统带宽有限，该带宽是否得到充分利用，可以用带宽利

用率 E 来衡量，定义为

$$E = \mathrm{Rb}/W \tag{1-12}$$

式中，Rb 为通信速率（bit/s）；W 为通信带宽(Hz)；带宽利用率 E 为带宽内每赫兹频带每秒可以传输多少比特的信息，表征通信系统有效利用有限频带的能力。

我们对国内外公开报道的水声通信产品以及经过湖海试验的科研水声通信系统的相关数据进行综合分析后，将水声通信系统的带宽利用率 E 分为五个等级。对于大部分的水声通信产品，其带宽利用率一般小于 1bit/(s·Hz)。而学术研究所涉及的带宽利用率一般都大于 1bit/(s·Hz)。进一步细分，带宽利用率在 2～3bit/(s·Hz)范围内的可以被认为是“优秀”的水声通信系统，而获得大于 4bit/(s·Hz)的“杰出”带宽利用率的通信系统是水声通信研究方向之一。

需要注意的是，统计上述试验结果时，并未考虑发射功率、系统带宽、接收阵元数目、信道参数等约束条件。当通信系统带宽和调制方式确定后，其通信速率已基本确定。可以通过增加发射功率或接收阵元数目，获取接收信噪比提高的效果，提高通信距离，进而提升通信速率和通信距离的乘积。然而，各试验区域水声信道环境不同，使得接收信噪比和多径结构差异较大，进而影响通信系统的作用距离和误码率。因此，严格意义上来说，这一指标并不能准确反映两个通信系统的优劣。要比较两个水声通信系统的性能，需要在相同发射功率、通信距离和接收阵元数目以及水声环境等约束条件下，测试不同水声通信机的相关技术指标。这里给出的评价水声通信系统总体性能的两项准则，可帮助研究人员掌握自身研制的水声通信系统的技术性能总体处在什么水平，以及是否还有较大技术潜力可以挖掘，实现研究人员对自身研制的水声通信系统技术性能的总体把握。

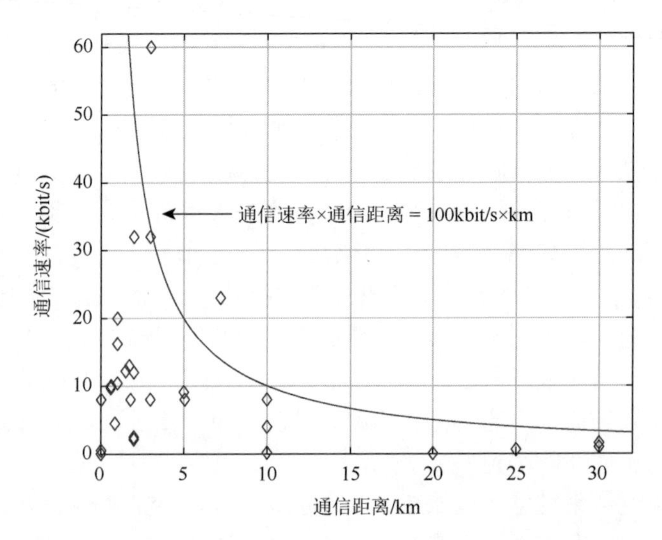

图 1-6 2000 年后水声通信试验结果（通信速率与通信距离乘积）

参考文献

[1] 刘伯胜，雷家煜. 水声学原理[M]. 2 版. 哈尔滨：哈尔滨工程大学出版社，2010.

[2] Stojanovic M. On the relationship between capacity and distance in an underwater acoustic communication channel[J]. ACM Sigmobile Mobile Computing & Communications Review，2007，11（4）：34-43.

[3] 何成兵. UUV 水声通信调制解调新技术研究[D]. 西安：西北工业大学，2009.

[4] Stojanovic M，Catipovic J A. Phase-coherent digital communications for underwater acoustic channels[J]. IEEE Journal of Oceanic Engineering，1994，19（1）：100-111.

[5] Stojanovic M，Catipovic J A，Proakis J G. Reduced-complexity multichannel processing of underwater acoustic communication signals[J]. The Journal of the Acoustical Society of America，1995，98（2）：961-972.

[6] Stojanovic M. Efficient processing of acoustic signals for high rate information transmission over sparse underwater channels[J]. Physical Communication，2008，1（2）：146-161.

[7] Edelmann G F，Song H C，Kim S，et al. Underwater acoustic communications using time reversal[J]. IEEE Journal of Oceanic Engineering，2005，30（4）：852-864.

[8] Yang T C. Correlation-based decision-feedback equalizer for underwater acoustic communications[J]. IEEE Journal of Oceanic Engineering，2005，30（4）：229-245.

[9] Xia M L，Rouseff D，Ritcey J A，et al. Underwater acoustic communication in a highly refractive environment using SC-FDE[J]. IEEE Journal of Oceanic Engineering，2014，39（3）：491-499.

[10] Zheng Y R，Wu J X，Xiao C S. Turbo equalization for single-carrier underwater acoustic communications[J]. IEEE Communications Magazine，2015，53（11）：79-87.

[11] He C B，Huo S Y，Zhang Q F，et al. Multi-channel iterative FDE for single carrier block transmission over underwater acoustic channels[J]. China Communications，2015，12（8）：55-61.

[12] Xi J Y，Yan S F，Xu L J，et al. Frequency-time domain turbo equalization for underwater acoustic communications[J]. IEEE Journal of Oceanic Engineering，2020，45（2）：665-679.

[13] Li B S，Zhou S L，Stojanovic M，et al. Multicarrier communication over underwater acoustic channels with nonuniform Doppler shifts[J]. IEEE Journal of Oceanic Engineering，2008，33（2）：198-209.

[14] 王彪，方涛，戴跃伟. 时间反转滤波器组多载波水声通信方法[J]. 声学学报，2020，45（1）：38-44.

[15] Ebihara T，Mizutani K. Underwater acoustic communication with an orthogonal signal division multiplexing scheme in doubly spread channels[J]. IEEE Journal of Oceanic Engineering，2014，39（1）：47-58.

[16] Han J，Zhang L L，Zhang Q F，et al. Low-complexity equalization of orthogonal signal-division division multiplexing in doubly-selective selective channels[J]. IEEE Transactions on Signal Processing，2019，67（4）：915-929.

[17] 张阳，张群飞，王樱洁，等. 一种低复杂度正交时频空间调制水声通信方法[J]. 西北工业大学学报，2021，39（5）：954-961.

[18] 王海斌，汪俊，台玉朋，等. 水声通信技术研究进展与技术水平现状[J]. 信号处理，2019，35（9）：1441-1449.

[19] 何成兵，黄建国，韩晶，等. 循环移位扩频水声通信[J]. 物理学报，2009，58（12）：8379-8385.

[20] Kilfoyle D B，Baggeroer A B. The state of the art in underwater acoustic telemetry [J]. IEEE Journal of Oceanic Engineering，2000，25（1）：4-27.

[21] 王晗. 基于互补码键控的水声通信关键技术研究[D]. 西安：西北工业大学，2020.

[22] Huang J G，Wang H，He C B，et al. Underwater acoustic communication and the general performance evaluation criteria [J]. Frontiers of Information Technology & Electronic Engineering，2018，19（8）：951-971.

第 2 章　单载波时域均衡

相比 MFSK 等非相干调制，相移键控（phase-shift keying，PSK）/QAM 单载波相位相干调制可显著提高通信系统的带宽效率。然而水声信道具有的多径时延扩展长、信道衰落严重、多普勒效应明显等特征会对相位相干通信信号造成线性与非线性失真、频率偏移、相位抖动等影响，导致单载波相位相干调制无法实现可靠通信[1]。直到 20 世纪 90 年代初，通过引入内嵌二阶 DPLL 的时域自适应判决反馈均衡器（DFE），单载波相位相干调制才成功应用到高速率水声通信领域[2-5]。该接收机在采用时域逐符号处理的基础上，信道多径造成的码间干扰采用多通道 DFE 消除，同时相位波动消除采用了 DPLL。在多种不同水声信道中，将该方法运用到大量湖海试验研究中，通过人为调节接收机参数，可获得良好的性能。这一里程碑式的研究工作，引起了广大研究人员的关注，成为水声通信快速发展的促进因素[6-10]。但信道时延扩展长度提高时，其复杂度也相应提高，尤其在水声信道的部分时延扩展已达到几百个符号时，复杂度过高；对均衡器阶数、迭代步长、遗忘因子等系统参数较为敏感，性能不够稳定[11-15]。为了降低常规多通道 DFE 的计算量，21 世纪初提出的时间反转水声通信方法可以实现信号的时空聚焦，很大程度上简化了单载波相干通信接收机[15-21]。

本章首先介绍 PSK/QAM 等单载波调制信号的基本模型；其次介绍判决反馈均衡器原理及自适应算法，之后介绍内嵌锁相环的均衡器方法；再次介绍两种多通道均衡器，包括常规的多通道判决反馈均衡器和被动时间反转均衡器；最后提出一种子阵时反均衡器方法，并给出湖上试验数据处理结果。

2.1　信号与系统模型

单载波调制的基本原理是利用 MPSK 或联合利用多进制正交幅度调制（multiple quadrature amplitude modulation，MQAM）携带数字信息流在水声信道中传输，在接收端，解调器从接收到的信号中提取出这些数字信息流。水声信道的影响会导致接收信号产生失真，造成错误比特。

单载波已调信号通过幅度 $\alpha(t)$ 和相位 ϕ_0 来携带信息，可以表示为

$$\begin{aligned} s(t) &= \alpha(t)\cos(2\pi f_c t + \phi_0) \\ &= \alpha(t)\cos\phi_0\cos(2\pi f_c t) - \alpha(t)\sin\phi_0\sin(2\pi f_c t) \\ &= s_I(t)\cos(2\pi f_c t) - s_Q(t)\sin(2\pi f_c t) \end{aligned} \tag{2-1}$$

式中，$s_I(t)=\alpha(t)\cos\phi_0$ 是 $s(t)$ 的同相分量；$s_Q(t)=\alpha(t)\sin\phi_0$ 是 $s(t)$ 的正交分量。$s(t)$ 的等效基带信号表示为

$$s(t)=\mathrm{Re}\{u(t)\mathrm{e}^{\mathrm{j}2\pi f_c t}\} \tag{2-2}$$

式中，$u(t)=s_I(t)+\mathrm{j}s_Q(t)$ 为对应的基带信号。接收机先进行下变频等处理，之后对同相分量和正交分量进行基带处理。基带信号 $u(t)$ 可表示为

$$u(t)=\sum_n d(n)g(t-nT) \tag{2-3}$$

式中，$d(n)$ 为待传输的 M 元数据符号，通常为数字调制后的 MPSK/MQAM 信号；$g(t)$ 表示脉冲成形滤波器；T 表示码元持续时间。在码元持续时间 $0\leqslant t<T$ 内，信号 $s(t)$ 的幅度和相位携带了 $K=\log_2 M$ 比特（bit）信息。$u(t)$ 的频谱特性由成形脉冲 $g(t)$ 决定。采用格雷编码的典型单载波调制星座图如图 2-1 所示。

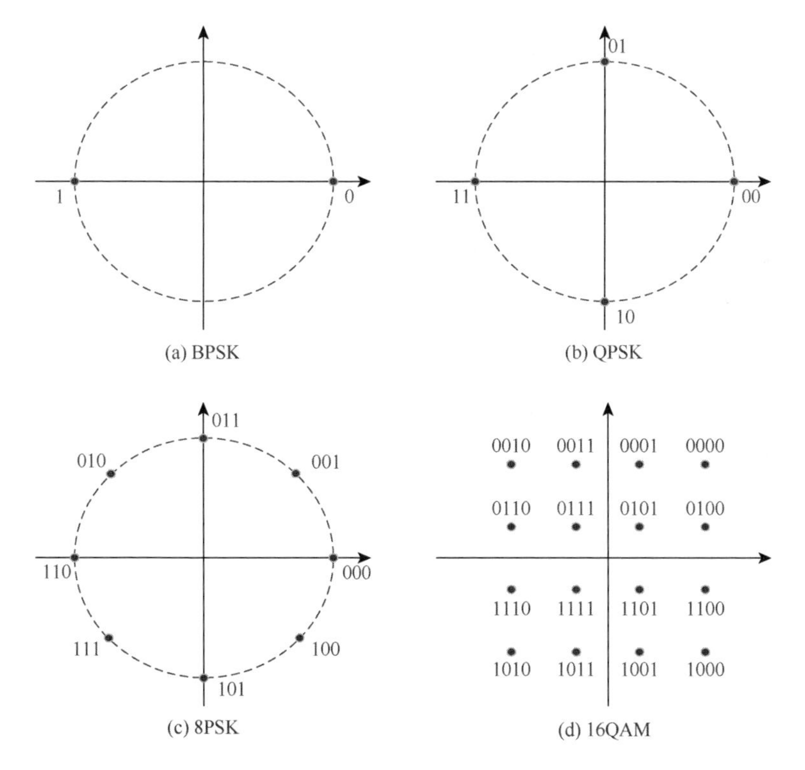

图 2-1　典型信号星座图

采用高阶调制，可以显著提高单载波系统的带宽效率。如采用二进制相移键控（binary phase shift keying，BPSK）调制时，其带宽效率为 1，而采用 16QAM 时，则其带宽效率为 4。从目前文献来看，单载波水声通信系统中使用的最高调制阶数为 256，即采用 256QAM 调制，其每个符号携带 8bit 信息[22]。高阶调制中

的符号距离变小，为保持性能不变，需要更高的接收信噪比或发射功率。成形脉冲 $g(t)$ 的带宽决定了单载波已调信号的带宽，当 $g(t)$ 是宽度为 T 的矩形脉冲时，信号是恒包络的，但实际中一般采用升余弦脉冲，因为矩形脉冲的频谱旁瓣较高。

先运用载波调制把基带信号上变频搬移到载频，然后使用功率放大器和换能器将已调制的信号发射到水声信道中。因为水声信道是时变的，为了便于在接收端更新参数，应当持续插入训练序列。单载波调制通常采用分帧传输形式，其格式如图 2-2 所示，每帧信号由同步信号、保护间隔、训练符号和数据符号组成。

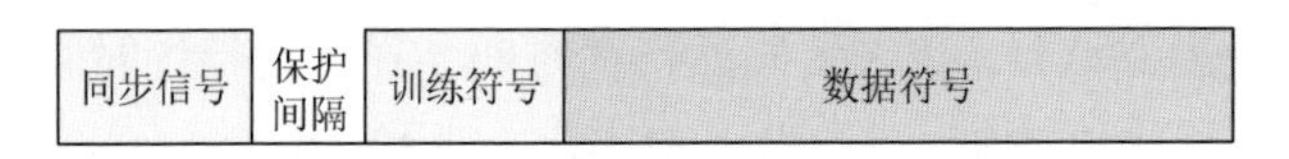

图 2-2　单载波系统帧结构示意图

由于水声信道的影响，接收信号可以表示为

$$r(t)=\sum_{n} d_n h(t-nT-\tau)\mathrm{e}^{\mathrm{j}\theta}+w(t) \tag{2-4}$$

式中，$h(t)$ 是广义信道冲激响应，它包含水声信道以及收发滤波器响应；$w(t)$ 为加性噪声。对接收信号进行抽样可得

$$\begin{aligned} r_k &= \mathrm{e}^{\mathrm{j}\theta_k}\sum_{i} d_i h_{k-i}+w_k \\ &= \mathrm{e}^{\mathrm{j}\theta_0} d_k h_0+\mathrm{e}^{\mathrm{j}\theta_k}\sum_{i\neq k} d_i h_{k-i}+w_k \end{aligned} \tag{2-5}$$

由于多径传播的影响，接收信号可以分解为如式（2-5）右边的三个部分。第一部分为当前传输的符号，即待估计的符号；第二部分为前面和后面的符号对当前符号的干扰，即码间干扰（ISI）；第三部分为加性高斯白噪声。典型的单载波水声通信接收机结构如图 2-3 所示。通过载波解调和低通滤波的方式，将接收到的信号转换为基带信号，再通过帧同步确定抽样时刻，随后分数间隔抽样获得待检测的数字符号。在进行符号判决之前，需要通过信道均衡等信号处理手段消除由于多径传播引起的 ISI，即式（2-5）中右侧第二部分。

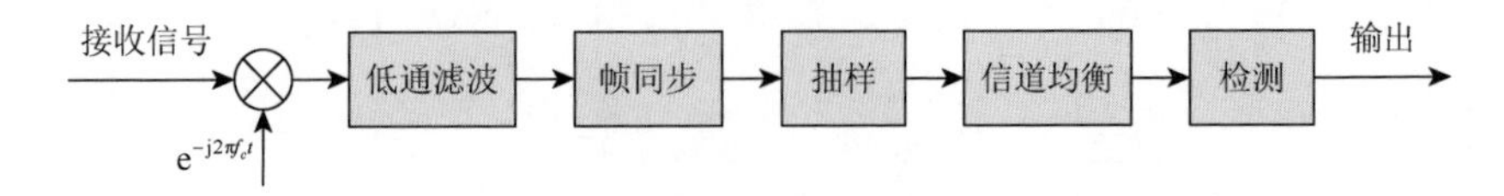

图 2-3　接收机结构示意图

2.2　典型接收机

在部分浅水信道中，海面海底对声波的多次发射，导致信道多径扩展大，引

起严重的码间干扰，这是单载波高速率水声通信系统面临的主要困难之一。为了消除码间干扰，采取的主要措施是均衡器，均衡器消除码间干扰的方式是对接收信号的幅度和延迟进行补偿。均衡器的实质是对信道进行逆向滤波，对于频率选择性衰落信道，频率衰减大的频谱部分会被均衡器相应增强，频率衰减小的频谱部分会被均衡器相应削弱，由此达到使信道和均衡器两个联合信道的频谱的各个组成部分都变平坦的效果。由于水声信道具有时变性和未知性，均衡器的滤波特性也应该是时变的，即其滤波器抽头系数需要自动更新。因此，均衡器及更新其抽头系数的自适应算法是单载波高速率水声通信系统中的关键。

均衡器可以在通带或基带中实现，但是基带信号可以等价表示其带通信号形式，所以多数情况下，均衡器是在基带上进行的，用数字形式实现具有价格低、功耗小、容易调整的优点[23]。对均衡器的研究主要分为两个部分：均衡器结构和自适应算法。根据结构的不同，将均衡器划分为线性均衡器和非线性均衡器两种类型。虽然线性均衡器的结构较为简单，实现的难度也很低，但是由于其存在噪声增强，在实际水声通信系统中很少使用。非线性均衡器主要有判决反馈均衡器（DFE）和最大似然序列估计（maximum likelihood sequence estimation，MLSE）两种类型。理论上来说，MLSE 是最优估计，然而随多径时延扩展的长度增大，它的复杂度也随之呈指数增长，水声信道就是一种具有较大多径扩展的信道，所以应用到实际中的效果很差。DFE 是单载波水声通信系统中最常用的一种均衡器，也是本章的基础。

自适应均衡器从自适应算法的角度分为两种状态：训练模式和工作模式。通常发射信号帧格式如图 2-2 所示，有一段收发端均已知的训练符号，将它放在待传送的数据符号之前，它的作用主要是调整设置均衡器参数，在这个过程中均衡器以训练模式的状态进行工作。紧随其后，均衡器根据训练好的参数对用户数据符号进行修正，并同时根据递归算法，通过误差信号进一步修正均衡器抽头系数，自动跟踪不断变化的水声信道。

2.2.1　判决反馈均衡器

水声信道多径传播复杂，信道失真严重，常存在深度衰落的情况，线性均衡器会导致噪声增强，无法取得满意的效果。由于单载波水声通信系统中常使用判决反馈均衡器，本章仅介绍判决反馈均衡器，这种均衡器的组成包含一个前向滤波器和一个反向滤波器，其基本工作原理在于：检测并判决一个信息符号，在检测下一个符号之前，对正在检测的这个信息符号会产生的 ISI 进行预测，并消除相应的 ISI。能够采用横向滤波器来实现均衡器，这种滤波器将接收信号的当前值和过去值按照抽头系数做加权求和运算，并将生成的和作为输出，如图 2-4 所示。

前向滤波器和反向滤波器作为判决反馈均衡器的组成部分，都可以采用横向滤波器实现，图 2-5 展现了相应的结构，其中前向、反向抽头个数分别为 L 与 Q。由图可知，这是一个非线性的均衡器，用判决器的输出作为其反向滤波器的输入，为了克服之前符号对当前符号的干扰，通过计算和调整相应的系数，相较于线性均衡器，可以获得更优良的性能。

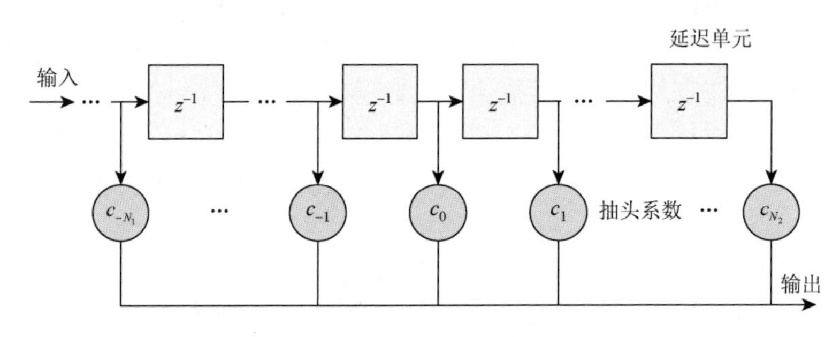

图 2-4　横向滤波器

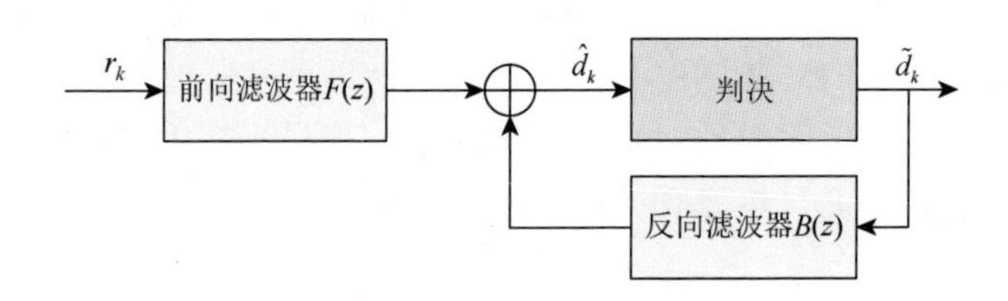

图 2-5　判决反馈均衡器结构

如图 2-5 所示，将接收到的抽样符号作为前向滤波器的输入，将判决输出的符号作为反向滤波器的输入，判决反馈均衡器的输出可表示为

$$\hat{d}_k = \sum_{i=-L+1}^{0} f_i^* r_{k-i} + \sum_{i=1}^{Q} b_i^* \tilde{d}_{k-i} \tag{2-6}$$

式中，在训练模式时，$\tilde{d}_i$ 为已知训练序列，在工作模式时，$\tilde{d}_{k-1},\cdots,\tilde{d}_{k-Q}$ 为先前检测判决符号；$\{b_1,b_2,\cdots,b_Q\}$ 表示反向滤波器系数；$\{f_{-L+1},f_{-L+2},\cdots,f_0\}$ 表示前向滤波器系数。

假设正确判决，定义 k 时刻判决反馈滤波器的输入为

$$u_k = [d(k-1)\ d(k-2)\ \cdots\ d(k-Q)\,|\,r(k)\ r(k+1)\ \cdots\ r(k+L-1)]^{\mathrm{T}} \tag{2-7}$$

k 时刻判决反馈滤波器的系数定义为

$$\begin{aligned} w_k &= [w_0(k)\ w_1(k)\ \cdots\ w_{N-1}(k)]^{\mathrm{T}} \\ &= [b(1)\ b(2)\ \cdots\ b(Q)\ f(0)\ f(-1)\ \cdots\ f(-L+1)]^{\mathrm{T}} \end{aligned} \tag{2-8}$$

期望输出信号为 d_k，定义误差信号为

$$\begin{aligned} e(k) &= d(k) - \hat{d}(k) \\ &= d(k) - w_k^{\mathrm{H}} u_k \end{aligned} \tag{2-9}$$

通常采用最小均方误差（minimum mean square error，MMSE）准则，即最小化目标函数 $J(w)$

$$\begin{aligned} J(w) &= E[|e_k|^2] \\ &= E[|d_k - \hat{d}_k|^2] \\ &= E[|d_k - w_k^{\mathrm{H}} u_k|^2] \end{aligned} \tag{2-10}$$

其目标是使发射符号 d_k 和均衡器输出 $\hat{d}_k$ 之间的均方误差达到期望中的最小，也就是选择 w_k 使得 $E\{|d_k - \hat{d}_k|^2\}$ 最小。计算 $J(w)$ 对 w 的偏导数，令梯度为零，获得最优均衡器的系数：

$$w^o = R_u^{-1} R_{du} \tag{2-11}$$

式中，$R_u = E[u_k u_k^{\mathrm{H}}]$；$R_{du} = E[u_k d^*(k)]$。维纳滤波器就是式（2-11）所定义的滤波器，它是 MMSE 下的统计最优滤波器。

2.2.2　自适应算法

维纳滤波器在理论上有很高的价值，但实际中难以采用。一方面，R_u 和 R_{du} 两个统计量需要计算数学期望，而在实际应用中，只有很少数的情况下能够获得信号真实的自相关矩阵 R_u 以及输入信号与期望之间的互相关向量 R_{du}，绝大多数情况下只能得到它们的估计值。另一方面，R_u 和 R_{du} 是时变的，则最优均衡器抽头系数 w^o 也是时变的。通过式（2-11）可得，最优抽头系数的更新需要求自相关矩阵 R_u 的逆，由于时域均衡是逐个符号的，则每次迭代更新（每符号周期 T）需要 N^2 到 N^3 的乘法计算。该算法虽然收敛速度快，但是复杂度非常高。多径时延扩展决定了均衡器的阶数，因为水声信道是一种最大时延扩展很大的信道，所以用于水声信道的均衡器的阶数一般都很高，实现十分困难。

我们以复合信道的冲激响应为基础来进行均衡器的设计，而水声信道具有两个典型的特性，既是随机信道又是时变信道，为了跟踪信道变化情况，要求设计的均衡器抽头系数必须能够根据具体的信道冲激响应，相应地进行调整，需要用某种准则作为均衡器系数调整的依据，通过估计误差自动更新，进而调整滤波器的特性。

决定自适应算法性能的因素有很多，主要包括收敛速度和复杂度等。就自适应算法而言，应用广泛的自适应算法主要包括两大类：最小均方（least mean square，LMS）算法和递归最小二乘（recursive least square，RLS）算法。归一化

最小均方（normalized least mean square，NLMS）算法和快速递归最小二乘（fast recursive least square，Fast RLS）算法等[24]现有算法，基本是在上述两种算法的基础上改进。这里主要介绍常用的 LMS 算法和 RLS 算法的推导过程。

1. LMS 算法

实际应用中，按照随机梯度算法通过递归求得均方差的最小值，其迭代公式为

$$w(n+1)=w(n)-\mu\cdot\nabla_{w}J \tag{2-12}$$

式中，μ 为算法更新步长；$\nabla_{w}J$ 为梯度，有

$$\nabla_{w}J=-2E[e^{*}(n)u(n)] \tag{2-13}$$

将式（2-13）代入式（2-12），并使用瞬时值 $e^{*}(n)u(n)$ 代替统计平均值 $E[e^{*}(n)u(n)]$，得到

$$w(n+1)=w(n)+2\mu e^{*}(n)u(n) \tag{2-14}$$

式（2-14）为 LMS 算法的递推公式。LMS 算法的收敛速度由步长 μ 控制，通常要求

$$0<\mu<\frac{1}{\lambda_{\max}} \tag{2-15}$$

式中，$\lambda_{\max}$ 是输入信号 $u(n)$ 的自相关矩阵 R 的最大特征值。通常而言，LMS 算法每一次迭代的运算量为 $2N+1$，具有计算量小、易实现等特点，然而其收敛速度较慢，通常要求训练序列长度为 10N。LMS 性能取决于步长 μ、输入向量 $u(n)$ 和估计误差 $e(n)$。当 $u(n)$ 幅度较大时，会放大式（2-14）中的梯度噪声，为解决这一问题，可使用 NLMS 算法，此时抽头系数的迭代公式变为

$$w(n+1)=w(n)+\frac{\mu}{\delta+\|u(n)\|^{2}}e^{*}(n)u(n) \tag{2-16}$$

式中，δ 为远小于 1 的正数。

2. RLS 算法

当输入信号的协方差矩阵 R_{u} 特征值相差较大，即 $\lambda_{\max}/\lambda_{\min}\gg 1$ 时，LMS 算法的收敛速度很慢。RLS 算法可使均衡器收敛速度显著增加，其基本思想使估计误差的加权平方和达到最小，该算法的代价函数可表示为

$$\begin{aligned}J(w)&=\sum_{i=1}^{n}\lambda^{n-i}|e(i)|^{2}\\&=\sum_{i=1}^{n}\lambda^{n-i}|d(i)-w^{\mathrm{H}}u(i)|^{2}\end{aligned} \tag{2-17}$$

式中，λ 是接近于 1，但小于 1 的遗忘因子。使 $J(w)$ 最小化，可得其最优抽头系数为

$$w^o = R^{-1}(n)V(n) \tag{2-18}$$

式中

$$R(n) = \sum_{i=1}^{n} \lambda^{n-i} u(i) u^{\mathrm{H}}(i) \tag{2-19}$$

$$V(n) = \sum_{i=1}^{n} \lambda^{n-i} d^*(i) u(i) \tag{2-20}$$

根据式（2-19）和式（2-20）可得，RLS 算法以递推方式获取抽头系数最优解，有

$$R(n) = \lambda R(n) + u(n) u^{\mathrm{H}}(n) \tag{2-21}$$

$$V(n) = \lambda V(n) + d^*(n) u(n) \tag{2-22}$$

由于式（2-21）三项都是方阵，则根据矩阵求逆引理可得

$$P(n) = \frac{1}{\lambda}[P(n-1) - k(n) u^{\mathrm{H}}(n) P(n-1)] \tag{2-23}$$

式中，$P(n) = R^{-1}(n)$；$k(n)$ 称为 Kalman 增益向量，为

$$k(n) = \frac{P(n-1) u^{\mathrm{H}}(n)}{\lambda + u^{\mathrm{T}}(n) P(n-1) u(n)} \tag{2-24}$$

根据上述递推公式可得

$$w(n) = w(n-1) + k(n) e^*(n) \tag{2-25}$$

观察上述 RLS 算法，均衡器中的每个抽头系数均受 $k(n)$ 中的一个分量控制。与此相比，LMS 各抽头系数随时间更新仅受到一个统一步长 μ 的控制。RLS 算法的收敛速度快，用于跟踪快变信道较为合适。均衡器的性能随着 RLS 算法中的遗忘因子 λ 发生变化，一般情况下，遗忘因子的取值为 $0.8 < \lambda < 1$ 的常数。λ 值只对 RLS 均衡器的跟踪能力产生影响，不会对收敛速度产生影响。RLS 算法每次迭代的运算量为 $2.5N^2 + 4.5N$，具有庞大的计算量。

通过图 2-6 所示例子，对 LMS、NLMS 和 RLS 算法的收敛速度进行比较。假设信道冲激响应为 $h = [1, 0.5, -1.5, 2]$，信号长度为 600，信噪比为 20dB，均衡器长度为 $N = 6$，LMS 算法中的步长 $\mu = 0.008$，NLMS 算法的步长 $\mu = 0.15$，$\delta = 0.001$，RLS 算法的遗忘因子 $\lambda = 0.995$。运用上述三种算法分别进行 300 次训练，每种算法均获得 300 个不同的误差曲线，集平均后获得的平均误差曲线如图 2-6 所示。均衡器的收敛速度不仅和自适应算法有关，还和均衡器的阶数有关。水声通信多径时延扩展大，均衡器的阶数较高，通常可达上百阶，则训练序列的长度需足够长，影响通信系统的带宽效率。

2.2.3　内嵌数字锁相环的 DFE

水声信道使接收信号产生严重的相位偏移，给单载波相位相干接收机带来

很大的困难。接收端的载波相位偏移可以分为三部分：由定时误差引起的常数相位偏移、Doppler 频移引起的线性相位偏移以及随机相位波动。尽管常数相位偏移以及部分载波相位的慢变能够用自适应判决反馈均衡器来纠正，但自适应均衡器也会被速度较快的相位波动影响，导致不收敛。直到 20 世纪 90 年代，Stojanovic 等提出了内嵌二阶 DPLL 的自适应判决反馈均衡器，对载波恢复与自适应均衡器抽头系数进行联合优化，使得单载波相位相干高速率水声通信成为现实[1]。

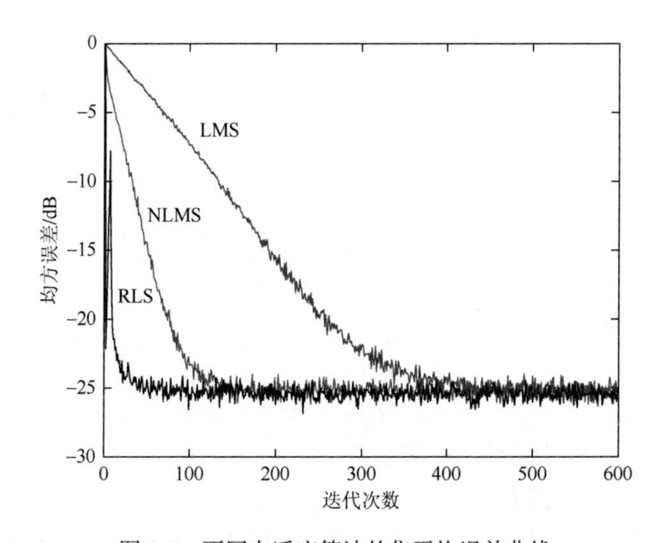

图 2-6　不同自适应算法的集平均误差曲线

内嵌 DPLL 的判决反馈均衡器结构如图 2-7 所示。在前向滤波器中，利用 DPLL 补偿水声信道造成的载波偏移和相位波动。对于经过均衡器的符号，反向滤波器先对其进行判决，然后进行反馈，消除了对应的码间干扰。

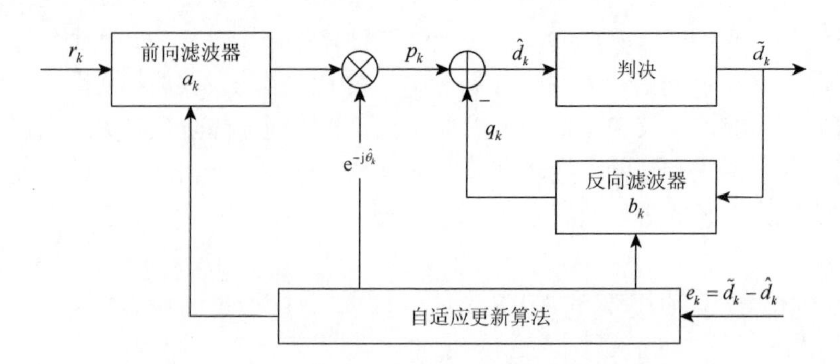

图 2-7　内嵌 DPLL 的判决反馈均衡器结构

前向滤波器输入信号为

$$r(k)=[r(k)\ \ r(k+1)\ \ \cdots\ \ r(k+N-1)]^{\mathrm{T}} \tag{2-26}$$

设前向滤波器的阶数为 N，对前向滤波器的输出进行相位补偿，可得

$$p_k=a^{\mathrm{H}}r(k)\mathrm{e}^{-\mathrm{j}\hat{\theta}_k} \tag{2-27}$$

式中，为简便起见，a 表示 k 时刻 $N\times 1$ 前向滤波器系数列向量；$\hat{\theta}_k$ 是相位偏移估计。

反向滤波器的输入为

$$\tilde{d}(k)=[\tilde{d}_{k-1}\ \ \tilde{d}_{k-2}\ \ \cdots\ \ \tilde{d}_{k-M}]^{\mathrm{T}} \tag{2-28}$$

令 b 表示 k 时刻 $M\times 1$ 反向滤波器系数向量，则反向滤波器的输出为

$$q_k=b^{\mathrm{H}}\tilde{d}(k) \tag{2-29}$$

利用 q_k 消除前向滤波器输出信号中的码间干扰，计算判决器输入端的符号：

$$\begin{aligned}\hat{d}_k&=p_k-q_k\\&=a^{\mathrm{H}}r(k)\mathrm{e}^{-\mathrm{j}\hat{\theta}_k}-b^{\mathrm{H}}\tilde{d}(k)\\&=[a^{\mathrm{H}}\ \ b^{\mathrm{H}}]\begin{bmatrix}r(k)\mathrm{e}^{-\mathrm{j}\hat{\theta}_k}\\-\tilde{d}(k)\end{bmatrix}\\&=w^{\mathrm{H}}u(k)\end{aligned} \tag{2-30}$$

式中，w^{H} 是复合均衡器向量；$u(k)$ 是复合输入信号。

计算 $\hat{d}_k$ 和真实值 d_k 之间的估计误差可表示为

$$e_k=d_k-\hat{d}_k \tag{2-31}$$

式中，训练模式时 d_k 取已知的训练序列，工作模式时，d_k 由 $\tilde{d}_k$ 代替。

接收机各种参数的最优化则通过最小化均方误差 $\mathrm{MSE}=E\{|e_k|^2\}$ 来获得。最小化 MSE 可以通过对各参数求梯度得到，如下：

$$\frac{\partial\mathrm{MSE}}{\partial a}=-2E\{r(k)e_k^*\}\mathrm{e}^{-\mathrm{j}\hat{\theta}_k} \tag{2-32}$$

$$\frac{\partial\mathrm{MSE}}{\partial b}=2E\{\tilde{d}(k)e_k^*\} \tag{2-33}$$

$$\frac{\partial\mathrm{MSE}}{\partial\hat{\theta}}=-2\,\mathrm{Im}\{E\{p_k(d_k+q_k)^*\}\} \tag{2-34}$$

要迭代均衡器抽头系数，采用梯度算法和自适应算法。

同样地，采用 DPLL 的相位补偿的迭代公式为

$$\hat{\theta}_{k+1}=\hat{\theta}_k+K_{f_1}\varPhi_k+K_{f_2}\sum_{i=0}^{k}\varPhi_i \tag{2-35}$$

式中

$$\varPhi_k=\mathrm{Im}\{p_k(d_k+q_k)^*\} \tag{2-36}$$

为等效鉴相器的输出。K_{f_1} 与 K_{f_2} 是 DPLL 的比例系数用于调节增益，通常情况下有

$$K_{f_2} = 0.1 \times K_{f_1} \tag{2-37}$$

那么，相位补偿的迭代公式可表示为

$$\hat{\theta}_k = 2\hat{\theta}_{k-1} - \hat{\theta}_{k-2} + K_{f_1} \times 1.1 \times \Phi_k - K_{f_1} \times \Phi_{k-1} \tag{2-38}$$

内嵌 DPLL 判决反馈均衡的算法总结如下：

$$\hat{d}(k) = a^{\mathrm{H}}(k) r(k) \mathrm{e}^{-\mathrm{j}\hat{\theta}_k} - b^{\mathrm{H}}(k) \tilde{d}(k) \tag{2-39}$$

$$e(k) = \hat{d}(k) - \hat{d}(k) \tag{2-40}$$

$$\Phi_k = \mathrm{Im}\{a^{\mathrm{H}}(k) r(k) \mathrm{e}^{-\mathrm{j}\hat{\theta}_k} e^*(k)\} \tag{2-41}$$

$$\theta_{k+1} = \theta_k + \mathrm{PLL}\{\Phi_k\} \tag{2-42}$$

$$[a,b](k+1) = [a,b](k) + A\{[r(k)\mathrm{e}^{-\mathrm{j}\hat{\theta}_k}, -\tilde{d}(k)], e^*(k)\} \tag{2-43}$$

式中，$\mathrm{PLL}\{\cdot\}$ 表示锁相环处理；$A\{\cdot\}$ 表示自适应算法，可采用 2.2.2 节中所述的 LMS 和 RLS 类算法。理论分析与仿真试验研究都表明，内嵌 DPLL 的判决反馈均衡器具有很好的性能，能够同时补偿多径时变水声信道造成的码间干扰与载波相位漂移。

2.3 多通道均衡

空间分集是一种抗衰落技术，可以提高通信系统在多径信道中传输的可靠性[25]。为减轻水声信道衰落带来的影响，水声通信系统通常采用多个接收水听器实现空间分集。分集就是在独立的通道中发送相同的信息，两个独立路径同时发生深度衰落的概率是非常小的。想要实现独立衰落路径，不需要增加发送功率和带宽，如果接收信息时想要提高信噪比，只需要进行相干合并操作。有几种空间分集的方式可供选择，常用的有选择式合并、最大比合并、等增益合并这几种。在一些特殊的情况下，也可以联合不同的合并方式来达到提高信噪比的目的。例如，在深海垂直阵方面，有时某些阵元的信噪比极低，无法参与到接收信号处理中去，此时可先优选部分阵元，再进行最大比合并或等增益合并。通过空间分集，接收信噪比往往可提高 15dB 以上。当空间分集和均衡器联合使用时，可以显著提高水声通信的性能。下面简要介绍水声通信中采用的几种多通道接收机结构，主要包括常规多通道判决反馈均衡器[4]和被动时反均衡器[15]。

2.3.1 常规多通道 DFE

常规多通道 DFE 结构如图 2-8 所示，先对每个信道接收信号分别进行前向滤

波，然后对各通道前向滤波器的输出信号求和获得单路信号，将输出的单路信号通过判决器进行符号判决，再将判决后的符号输入到反向滤波器中。前向和反向滤波器的系数是迭代更新的，并且需要对每路信号单独进行相位补偿。

设前向滤波器第 i 个分支在第 k 个符号时刻的输入信号向量为

$$r_{i,k} = [r_i(k+N_1) \ \cdots \ r_i(k-N_2)]^{\mathrm{T}} \tag{2-44}$$

设 $a_{i,k}$ 与 $\hat{\theta}_{i,k}$ 分别为该分支的抽头系数向量与估计的载波相位偏移，则前向滤波器各分支输出联合信号为

$$p_k = \sum_{i=1}^{P} a_{i,k}^{\mathrm{H}} r_{i,k} \mathrm{e}^{-\mathrm{j}\hat{\theta}_{i,k}} \tag{2-45}$$

反向滤波器的输出信号 q_k 为前序符号对当前符号的码间干扰，如式（2-29）所示，去除 ISI 的符号 $\hat{d}_k = p_k - q_k$，则为判决器的输入信号，可表示为

$$\hat{d}_k = [a_{1,k}^{\mathrm{H}} \ a_{2,k}^{\mathrm{H}} \cdots a_{P,k}^{\mathrm{H}} \ -b_k^{\mathrm{H}}]^{\mathrm{H}} \begin{bmatrix} r_{1,k}\mathrm{e}^{-\mathrm{j}\hat{\theta}_{1,k}} \\ r_{2,k}\mathrm{e}^{-\mathrm{j}\hat{\theta}_{2,k}} \\ \vdots \\ r_{P,k}\mathrm{e}^{-\mathrm{j}\hat{\theta}_{P,k}} \\ \tilde{d}_k \end{bmatrix} \tag{2-46}$$

式中，每个支路的载波相位 $\hat{\theta}_{j,k}$ 由式（2-38）迭代获得。

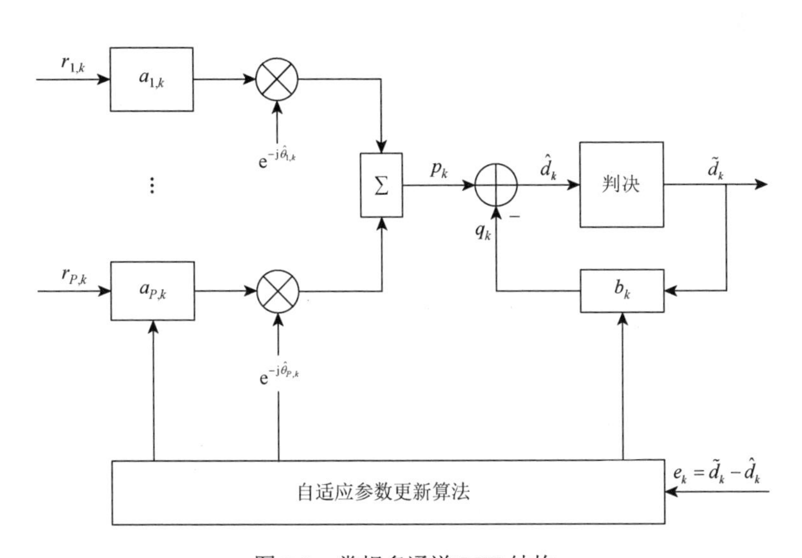

图 2-8　常规多通道 DFE 结构

仿真中，假设每个通道的信道冲激响应不相关，包含 7 条路径的稀疏多径结构，最大多径扩展为 70 个符号，信噪比为 15dB，作为判决反馈均衡器的组成部

分，将前向和反向滤波器的长度都设置成 16，将训练符号长度设置为 511，将 RLS 算法的遗忘因子设置为 $\lambda=0.995$ 。不同接收阵元数条件下的多通道判决反馈均衡器的输出信号星座图如图 2-9 所示。可以看出，随着通道数的增加，接收信号均衡效果明显改善，输出信噪比提高。

随着通道数 M 不断增大，接收机复杂度快速增加，这是多通道均衡器的抽头系数增加至 $\mathrm{PN}+M$ 个导致的。水声通信的过程中，在数据通信速率较高的情况下，多径时延扩展通常可达上百个符号，相应地，前馈和反馈均衡器抽头数目也会达到上百个。在这种情况下，常规多通道接收机的计算量过大，特别是采用 RLS 算法的接收机时，要做到实时处理数据是十分困难的。仅从理论方面来看，这种均衡器可以作为最优接收机，然而运用到实际中时，它的性能很容易受到接收机的几个重要参数，如遗忘因子、均衡器抽头数等参数的影响。

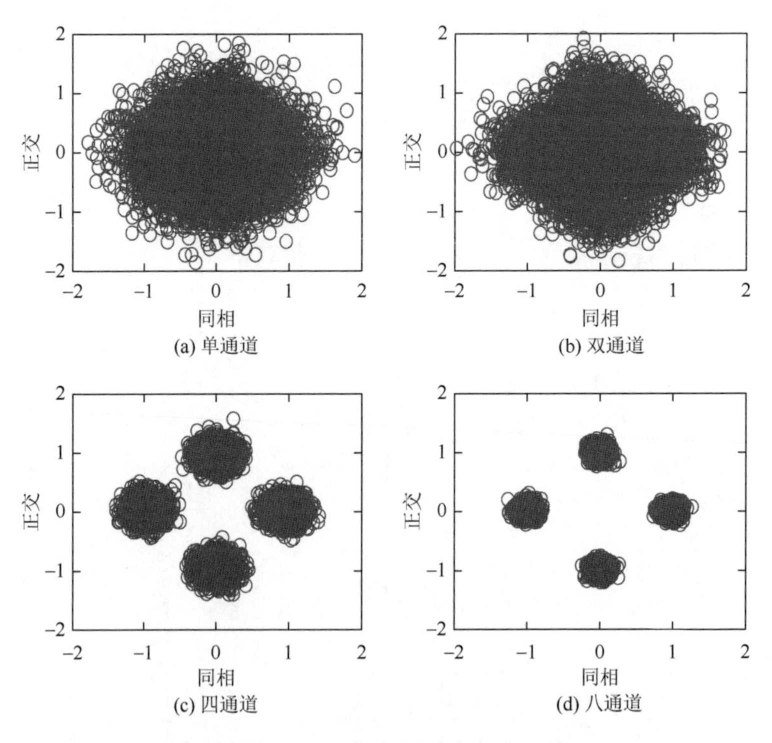

图 2-9　不同通道数 DFE 输出信号星座图

2.3.2　被动时反 DFE

时反水声通信，是时间反转水声通信的简称，它包括主动时反和被动时反水声通信[15-17]。主动时反水声通信将海洋信道视作时空匹配滤波器，信号需要两次经过海洋信道，增加了通信的等待时间及通信系统的复杂度，降低了数据通信速率。被动时反通信通过前导信号估计水声信道，进而对接收信号进行被动时反均衡处理。图 2-10 给出了被动时反 DFE 的结构。由图可知，先对每路信号进行信道匹配滤波处理，再对信号进行联合，这就是被动时反 DFE 的基本原理。大多数应用场合，要采用通道数目较多的垂直阵列接收机来帮助被动时反均衡器抑制 ISI。在已知各信道脉冲响应 h_i 的前提下，将被动时反联合操作应用于接收机收到的信号，信号经过均衡处理后，可用下面公式表示为

$$\begin{aligned}\hat{r}(t) &= \sum_{j=1}^{P} h_j^*(-t) \otimes r_j(t) \\ &= \sum_{j=1}^{P} h_j^*(-t) \otimes (h_j(t) \otimes s(t) + w_j(t)) \\ &\equiv Q(t) \otimes s(t) + \varsigma(t)\end{aligned} \tag{2-47}$$

式中，经过滤波器的噪声用 $\varsigma(t) = \sum_{j=1}^{P} h_j^*(-t) \otimes w_j(t)$ 表示，各信道脉冲响应自相关函数之和用 $Q(t)$ 表示。

大量的研究证明，函数 $Q(t)$ 可近似为 Sinc 函数（前提是接收通道数足够多），从而可得出结论：尽管被动时反均衡可以减小 ISI，但不能将其完全消除，系统性能仍会损失。实际的海洋环境是不断变换的，即使在收发机无相对运动的情况下，信道仍会随时间发生变化。仅从理论角度来看，规定通道数目相同的前提下，与常规多通道接收机性能相比，被动时反均衡器的性能没有取得优势，但从计算量这方面来看，被动时反均衡器具有计算量远远比常规多通道接收机计算量低的优势。为了解决这些矛盾，研究人员提出了相关 DFE 接收机，只需要增加不多的计算量，就能对消除残余 ISI 和由于信道时变造成的 ISI 有明显的帮助，且理论上能够取得与常规多通道接收机十分相近的性能。该接收机的自适应均衡器阶数较为固定，在多种水声信道都可以使用，图 2-10 展示了该接收机结构，在原本的结构基础上，把一个单通道时域均衡器放在被动时反均衡器之后。

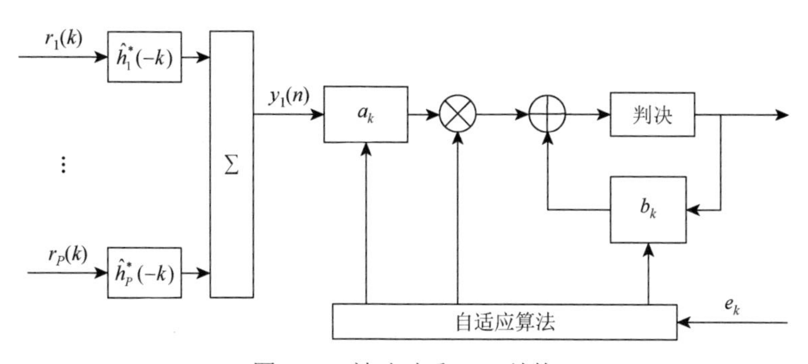

图 2-10　被动时反 DFE 结构

采用和 2.3.1 节一致的仿真参数和水声信道，利用被动时反均衡进行处理，可获得如图 2-11 所示的输出信号星座图，当阵元个数较小时，星座图模糊，误码率较大；当阵元个数 $P \geqslant 4$ 时，其误码率显著降低。与图 2-9 所示的常规多通道 DFE 输出信号星座图相比可知，当阵元数目为 8 时，两者的误码率均为零，但是 McDFE 的星座图略好于被动时反判决反馈均衡器（time reversal-decision feedback equalizer，TR-DFE）的星座图。但 TR-DFE 的计算量远小于 McDFE。

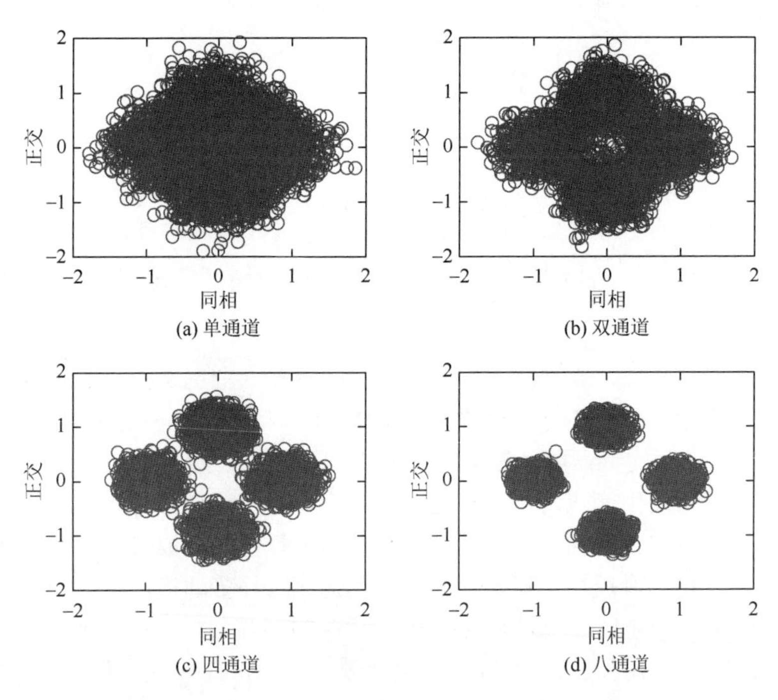

图 2-11　不同通道数被动时反 DFE 输出信号星座图

被动时反利用的是不同通道冲激响应结构的差异，而增加主路径能量，抑制次径能量，达到简化复合信道的目的，如图 2-12 所示，可以看到随着阵元数的增多，其 $Q(t)$ 趋近于 δ 函数。实际海试数据处理结果表明，通过相关 DFE 处理的误码率（bit error ratio，BER）始终保持在 1%以内。采用常规多通道 DFE 及相同参数处理同一数据，许多数据包均存在较高的误码率。对于 TR-DFE，当 $Q(t)$ 函数旁瓣和主瓣的比值小于 0.1 时，其未编码系统 BER 可保持在 0.1%以内；对于相关 DFE，当 $Q(t)$ 函数主路径和次径的比值小于 0.2 时，其未编码系统 BER 可保持在 0.1%以内[15]。当水声信道时变性变强时，需要不断地插入训练序列重新进行信道估计，也可以利用检测判决后的符号作为已知序列进行信道估计。

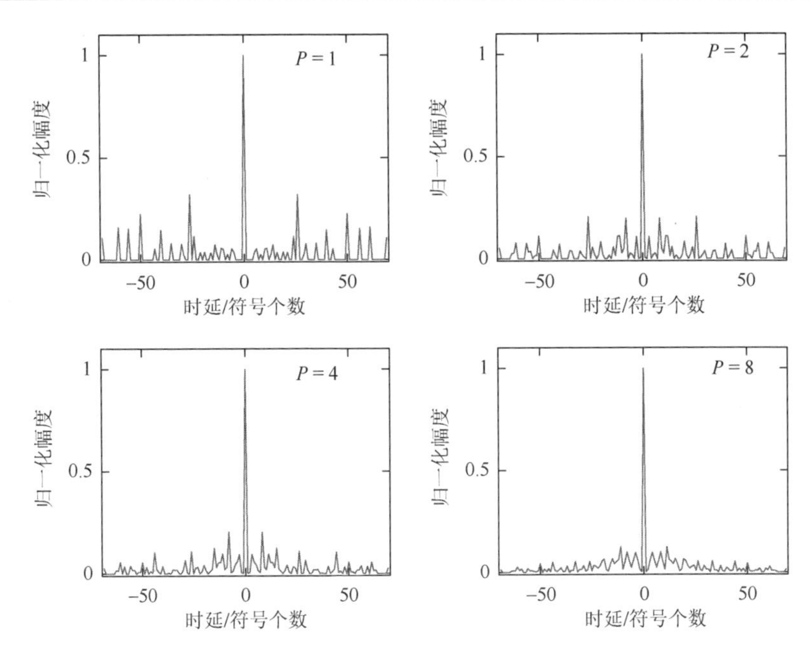

图 2-12 采用不同阵元数时被动时反复合信道冲激响应示意图

2.4 子阵被动时反 DFE

2.4.1 基本原理

对于采用阵列接收的通信系统，当阵元个数较多时，可以将接收阵列分割成多个子阵列，独立地对每个子阵列上的接收信号进行被动时反（passive time reversal，PTR）处理，再对多个子阵输出数据进行多通道判决反馈均衡，这样可以降低计算复杂度并提高性能[10, 21]。对于 McDFE，当阵元数目较多时，为降低计算量，先利用 M 个阵元进行多波束形成，获得 P 路波束域信号，再进行自适应均衡。基于这一思想，本节给出基于子阵被动时反处理多通道判决反馈均衡器（subarray passive time reversal multi-channel decision feedback equalizer，Sub-PTR-McDFE）。Sub-PTR-McDFE 同样采用多阵元接收，与 McDFE 不同的是，假设 P 个子阵列组合后共有 M 个接收阵元，因此每个子阵列的阵元个数为 $K = M/P$ 个。第一步，对每个子阵列进行被动时反处理操作；下一步，均衡 P 路处理后的信号。因此，Sub-PTR-McDFE 可看作 PTR-DFE 的广义形式：当 $P = 1$ 时，该均衡器即退化成常规的 PTR-DFE；当 $P = M$ 且每通道不做时反处理时，该均衡器就变成 McDFE[26]。Sub-PTR-McDFE 的结构框图如图 2-13 所示。

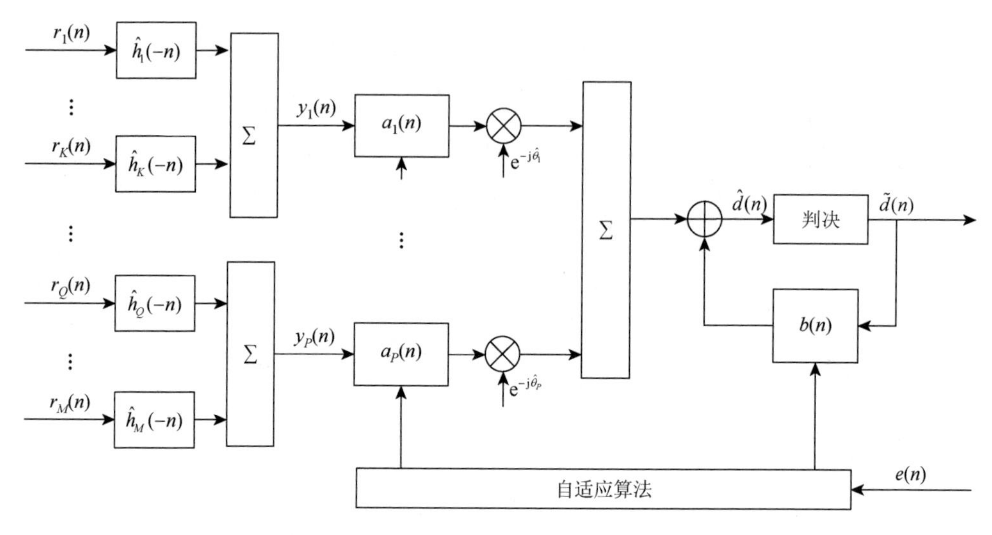

图 2-13　Sub-PTR-McDFE 结构框图

经过子阵列被动时反处理后得到的信号 y_p 为

$$y_p(n)=\sum_{k=1}^{K}\hat{h}_{k'}^{*}(-n)\otimes r_{k'}(n),\quad k'=(p-1)K+k,\quad p=1,2,\cdots,P \tag{2-48}$$

对多路处理后的信号 y_p 进行多通道判决反馈均衡，则均衡器输出为

$$\hat{d}=\sum_{p=1}^{P}a_p^{\mathrm{H}}y_p-b^{\mathrm{H}}\tilde{d} \tag{2-49}$$

采用前述的自适应算法对均衡器中的滤波器系数 a_p 和 b 进行更新。

综合前述，本节所提出的 Sub-PTR-McDFE 方法的具体计算步骤归纳如下。

（1）利用训练序列对信道进行估计，得到各个通道的信道估计结果 $\hat{h}_m(t)$，$m=1,2,\cdots,M$。

（2）对阵列进行分组，并根据式（2-47）对每个子阵列进行被动时反处理，得到处理后的信号 y_p。

（3）根据式（2-43）对滤波器系数 a_p 和 b 进行估计、更新，得到均衡器输出信号 $\tilde{d}$。

（4）对均衡器输出信号 $\tilde{d}$ 进行判决。

双向判决反馈均衡器（bidirectional decision feedback equalizer，BiDFE）通过利用前向和反向信道的差异性，性能较单向均衡器有所提高[27]。双向判决反馈均衡器包含两个并行的判决反馈均衡器，其中一个判决反馈均衡器仅仅接收信号进行常规的均衡处理，另一个判决反馈均衡器需要先对接收信号进行时间反转处理，再对时间反转信号进行均衡处理。因为对于反向判决反馈均衡器，加入训练序列，初始化均衡器抽头系数也是必要的操作，所以与常规判决反馈均衡器系统进行比较，可以发现双向判决反馈均衡器系统的发射信号，将一个训练序列添加到了发射数据尾部，图 2-14 展示了 BiDFE 信号的格式。

图 2-14　BiDFE 信号格式

当 DFE 出现错误判决时，会产生误差传播，造成性能损失。通常认为前向 DFE 和反向 DFE 引起的错误是随机的。前向 DFE 和反向 DFE 中的错误判决具有较低的相关性，即两个均衡器在同一位置同时出现错误判决的概率较低，BiDFE 为了获得额外的分集增益，将两路 DFE 的输出信息合并后进行判决，利用的就是这一特性。相比于常规 DFE，BiDFE 能提高 1～2dB 的性能。

基于子阵被动时反处理双向多通道判决反馈均衡器（subarray passive time reversal multi-channel bidirectional decision feedback equalizer，Sub-PTR-BiMcDFE）算法能够显著降低 McDFE 的计算复杂度，并且能够取得与 McDFE 接近的误码率。为进一步提高通信系统质量，在 Sub-PTR-McDFE 方法的基础上结合双向均衡技术，本节提出 Sub-PTR-BiMcDFE 方法。

Sub-PTR-BiMcDFE 方法的结构框图如图 2-15 所示。

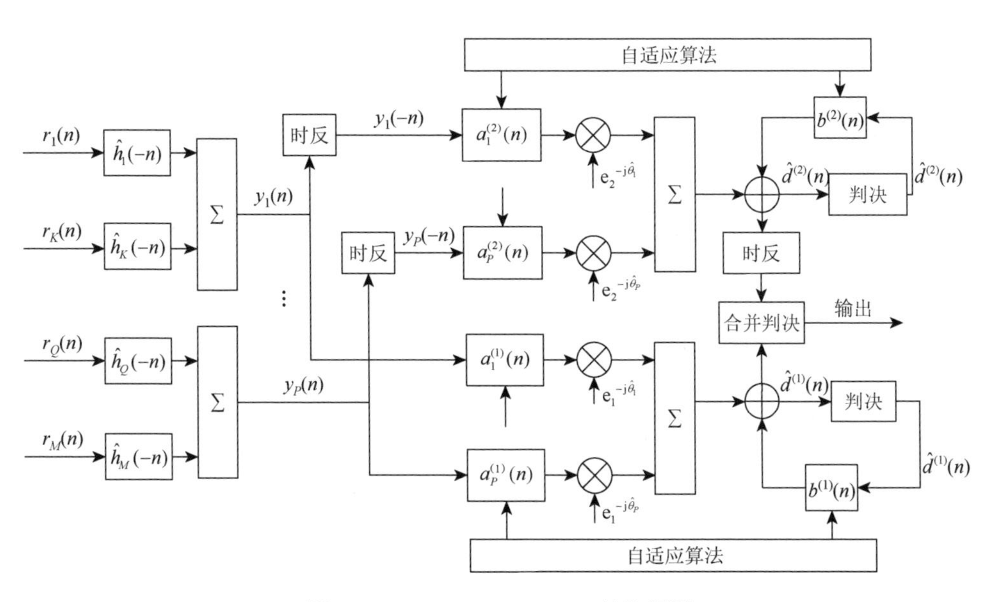

图 2-15　Sub-PTR-BiMcDFE 结构框图

Sub-PTR-BiMcDFE 是对经过子阵列被动时反处理后的数据进行双向多通道均衡，即对信号 $y_p(n)$ 分为两路处理，一路信号处理方式与 Sub-PTR-McDFE 中的相同，另外一路是对信号 $y_p(n)$ 时反信号进行多通道自适应均衡器处理，然后对得到的处理结果再次进行时反后与第一路信号处理结果合并。由于两路信号经过了不同的均衡器，两个均衡器在同一位置同时出现错误判决的概率较低，所以可以有效地提高均衡器性能。

对于一个长度为 N 的接收信号 y_p，其经过时反后的信号可表示为

$$y_p^{\mathrm{Tr}}(n) = y_p(N-n+1) \tag{2-50}$$

分别对 y_p 和 y_p^{Tr} 进行 P 通道的多通道自适应均衡，两个 DFE 的输出分别为

$$\tilde{d}_1 = \sum_{p=1}^{P} a_p^{(1)\mathrm{H}} y_p - b^{(1)\mathrm{H}} \tilde{d}^{(1)} \tag{2-51}$$

$$\tilde{d}_2 = \sum_{p=1}^{P} a_p^{(2)\mathrm{H}} y_p^{\mathrm{Tr}} - b^{(2)\mathrm{H}} \tilde{d}^{(2)} \tag{2-52}$$

式中，$a_p^{(1)}$ 、$a_p^{(2)}$ 为前向 DFE 的前向滤波器系数和反向滤波器系数；$b^{(1)}$ 和 $b^{(2)}$ 为反向 DFE 的前向滤波器系数和反向滤波器系数；$\tilde{d}^{(1)}$ 和 $\tilde{d}^{(2)}$ 分别为前向 DFE 和反向 DFE 的前向滤波器判决输出序列。均衡器中的滤波器系数同样采用 2.2.2 节中的自适应算法进行更新。

对两路信号进行合并，并进行判决：

$$\tilde{d} = \mathrm{dec}\left[\frac{\hat{d}_1 + \hat{d}_2^{\mathrm{Tr}}}{2}\right] \tag{2-53}$$

式中，dec[·]表示对符号 x 进行判决。

综上，本节所提出的 Sub-PTR-BiMcDFE 方法的具体计算步骤归纳如下。

（1）利用训练序列对信道进行估计，得到各个通道的信道估计结果 $\hat{h}_m(t)$，$m=1,2,\cdots,M$。

（2）对阵列进行分组，并根据式（2-48）将被动时反处理应用到每个子阵列上，得到处理后的信号 y_p，同时对 y_p 进行时间反转处理，得到反转后的信号 y_p^{Tr}。

（3）根据式（2-43）对滤波器系数 $a_p^{(1)}$ 和 $b^{(1)}$ 进行估计、更新，得到均衡器输出信号 $\hat{d}_1$。

（4）根据式（2-43）对滤波器系数 $a_p^{(2)}$ 和 $b^{(2)}$ 进行估计、更新，得到均衡器输出信号 $\hat{d}_2$，并对 $\hat{d}_2$ 进行时间反转处理，得到 $\hat{d}_2^{\mathrm{Tr}}$。

（5）根据式（2-53）对均衡器输出信号进行判决。

2.4.2 计算机仿真

本节采用计算机仿真，对本章所述时域均衡算法分别进行验证，并对性能进行

对比。采用 Bellhop 软件产生仿真需要的信道，仿真参数如表 2-1 所示。发射信号采用四相移相键控（quadrature phase shift keying，QPSK）调制作为调制方式，训练序列长度为 512，数据通信速率为 8kbit/s。仿真得到的信道如图 2-16 所示。从图中可以看出，这组多径信道时延较长，最长可达到 80 个码元，并具有一定的稀疏特征。

表 2-1　信道仿真参数设置

参数	数值
发射换能器深度	50m
通信距离	5km
接收水听器深度	40～50.5m
阵元间距	1.5m
阵元个数	8
水深	100m
载波频率	6kHz
海底特性	平底、泥沙

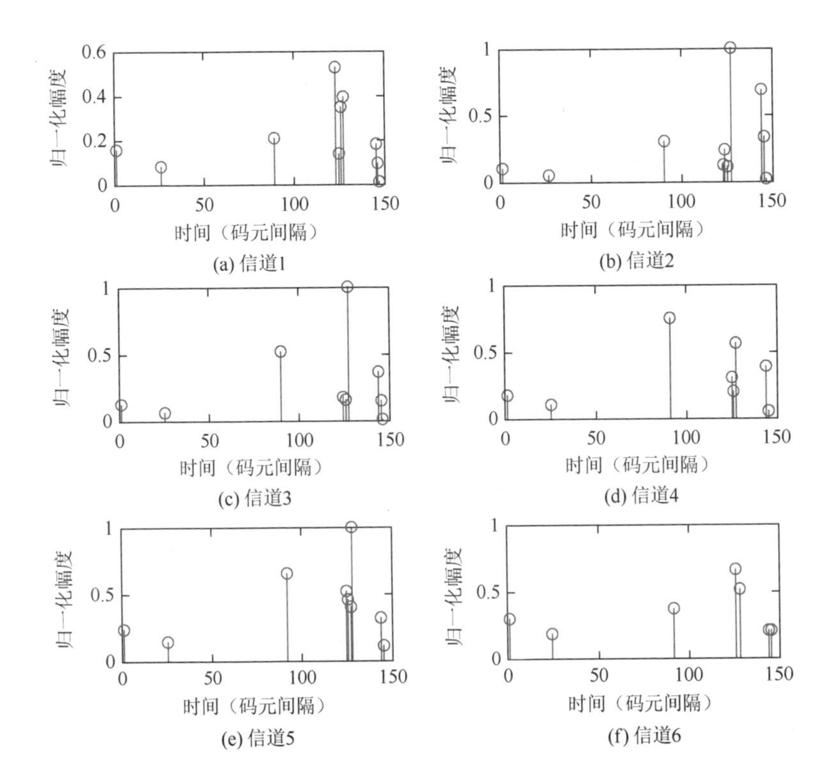

(a) 信道1　(b) 信道2　(c) 信道3　(d) 信道4　(e) 信道5　(f) 信道6

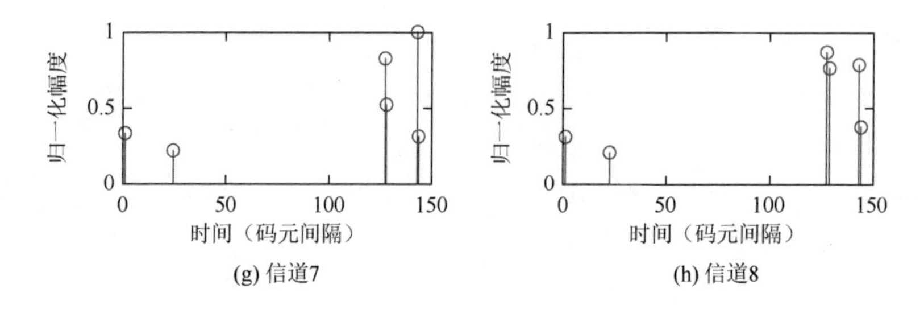

(g) 信道7　　(h) 信道8

图 2-16　Bellhop 仿真得到的多径信道

首先对自适应均衡器性能进行仿真。训练序列长度为 512，均衡器的自适应算法采用 RLS 算法，遗忘因子为 0.999[26]。McDFE 的前向滤波器抽头数均为 50，反向滤波器的抽头数与前向滤波器相同。对于时反处理，需要对信道进行估计，这里采用改进的比例归一化最小均方（improvement proportionate normalized least mean square，IPNLMS）算法进行估计，以充分利用信道的稀疏特性[28]。

对于 Sub-PTR-McDFE 结构，8 个接收子阵列被分为[1, 3, 5, 7]和[2, 4, 6, 8]两组。图 2-17 给出经过被动时反处理后的等效信道。从图中可以看出，采用被动时反处理后，等效信道的多径干扰明显降低，即有效地对信道进行聚焦，同时参与的阵元数目越多，多径干扰相对越低，性能提升也越明显。

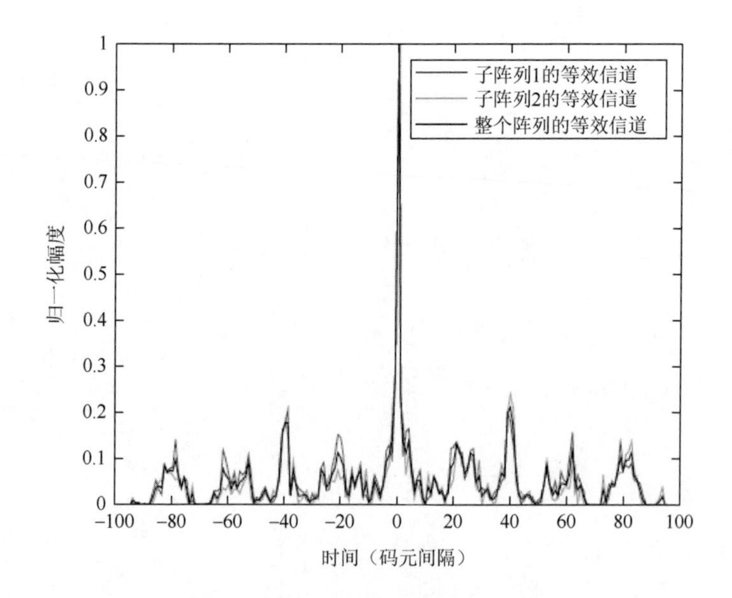

图 2-17　被动时反处理后的等效信道

图 2-18 给出了几种均衡器的 BER 随信噪比变化的性能曲线。从图中可以看出，

直接采用被动时反处理的性能最差，这是残余的码间干扰造成的。PTR-DFE 已经能够较好地消除码间干扰，性能接近 McDFE。McDFE 具有很好的均衡效果，但是其计算复杂度过高，且对步长和滤波器阶数参数十分敏感。而相比以上结构，Sub-PTR-McDFE 具有相似的效果，且结构稳定，计算复杂度低。采用了双向均衡结构的 Sub-PTR-BiMcDFE 性能比 Sub-PTR-McDFE 更加优异，当然其计算复杂度也有所增加。

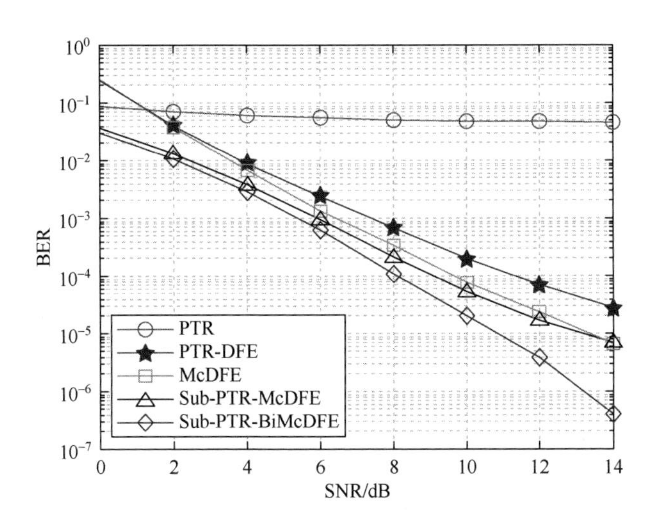

图 2-18　各种均衡方法的误码率曲线图

2.4.3　湖试结果

本节采用 2015 年在某水库进行的水声通信试验数据[26]。在湖中进行试验，湖底的地形比较平坦，测深仪测得水深为 45～50m。通过温深仪测量试验区域水温，水温基本恒定，根据测得数据计算得到的试验区域声速如图 2-19 所示。声速曲线大致为负梯度，根据声线在水中传播规律，声线总是向声速小的方向弯曲，因此声线是向水底方向弯曲，大多数多径将由于水底的反射产生。发射机放置水下 25m 处，接收端采用垂直阵列接收，阵元个数为 8，阵元间距为 0.25m，放置在水下 18～20m 处。

发射信号为 QPSK 调制，载波频率为 6kHz，带宽为 4kHz，相应的数据通信速率为 8kbit/s，通信距离为 7.4km。每个数据包长度为 2.8s，包含 10366 个 QPSK 符号，训练符号为 500 个，总共发送 10 个数据包，因此有效信息比特为 10366×10×2 = 207320（bit）。发射信号的帧结构如图 2-2 所示，其中同步信号采用 LFM 信号，长度为 0.1s，接下来插入 0.1s 的保护间隔，随后是发射信息数据。

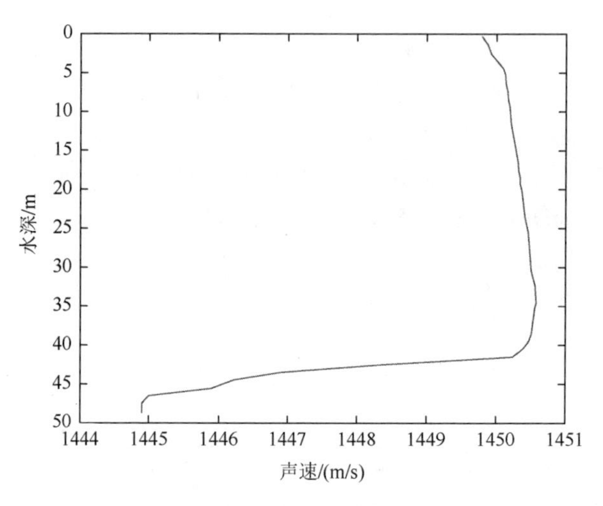

图 2-19　试验区域声速梯度

利用发射训练序列对信道进行估计，采用的信道估计方法为 IPNLMS，估计得到的 8 个接收通道的信道结构如图 2-20 所示。从多通道信号对信道结构的估计结果可以看出，信道的最大时延扩展为 20ms 左右，因此码间干扰大概覆盖了 80 个码

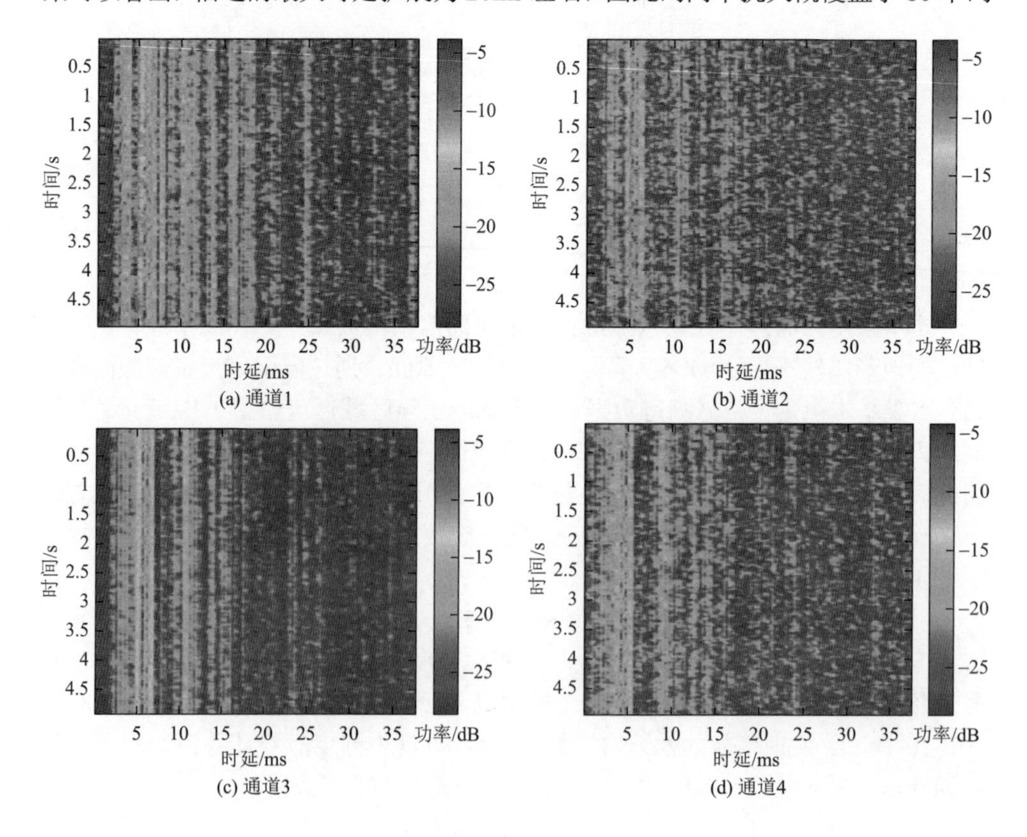

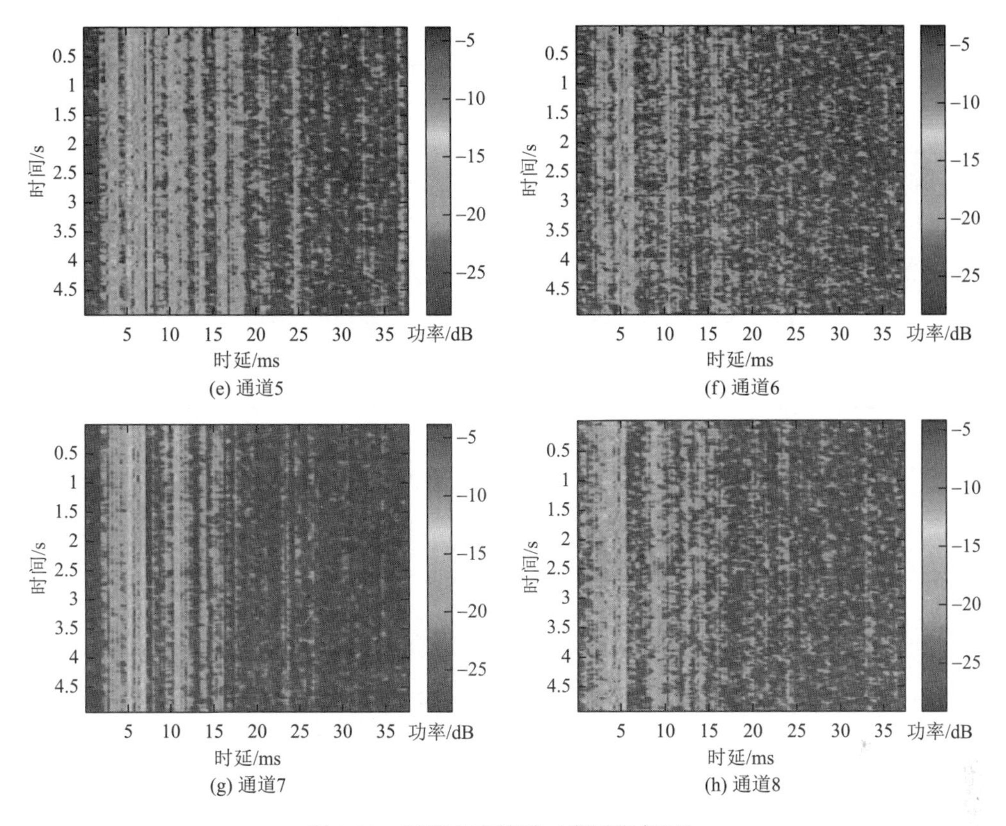

图 2-20　湖试水声信道（彩图附书后）

元符号。此外，从多通道信号对信道结构的估计结果还可以看出，信道的整体时变性不是非常明显，在 5s 内信道基本保持不变，属于慢变信道。同时可以看出信道具有一定的簇稀疏性，即多径都是成簇出现。

均衡器自适应算法采用 RLS 算法，遗忘因子为 0.999，前向滤波器和反向滤波器的抽头个数均为 50 个，符号相位偏移通过二阶锁相环估计，锁相环的比例系数 K_{f_1} 和 K_{f_2} 均设置为 0.001。接收端采用 1/2 分数间隔采样（每个符号采样两个点）。对于所提的子阵列处理方法，将原阵列分成[1, 3, 5, 7]和[2, 4, 6, 8]两个子阵列，自适应判决反馈均衡器设置与 McDFE 相同。

表 2-2 给出了各种均衡器的误码率处理结果。常规的 PTR-DFE 的误码率介于 10^{-2} 到 10^{-1} 之间，经典的 McDFE 的误码率介于 10^{-3} 到 10^{-2} 之间，而所提出的 Sub-PTR-BiMcDFE 误码率介于 10^{-4} 到 10^{-3} 之间。从 10 个数据包的平均误码率来看，所提出的 Sub-PTR-McDFE 在误码率上与 McDFE 大致相同，但是其计算复杂度大大降低；而 Sub-PTR-BiMcDFE 的误码率相比 Sub-PTR-McDFE 又降低了一个数量级，显著提高了系统的可靠性。

表 2-2　各种均衡器试验数据误码率处理结果

数据包	PTR-DFE	McDFE	Sub-PTR-McFDE	Sub-PTR-BiMcFDE
1	1.05	0.25	0.061	0.005
2	1.92	0.20	0.14	0.03
3	1.32	0.18	0.097	0
4	1.36	0.12	0.072	0.015
5	1.82	0.20	0.11	0.015
6	1.82	0.13	0.11	0.015
7	3.13	0.37	0.31	0.067
8	1.22	0.12	0.17	0.041
9	3.65	0.34	0.33	0.13
10	1.93	0.087	0.17	0.025
平均	1.922	0.1997	0.157	0.0343

此外，本次数据处理也分析了子阵列的分组个数对系统误码率的影响。表 2-3 给出了将原阵列分为 4 个子阵列（[1, 3]、[2, 4]、[5, 7]、[6, 8]）处理的误码率，与 2 个子阵列的结果相比，分成 4 个子阵列在误码率上有一定程度的降低，但是其相应的计算复杂度也提高了一倍。图 2-21 展示了复合水声信道的结构。

表 2-3　不同阵列分组数的试验数据处理误码率结果

帧号	Sub-PTR-McDFE		Sub-PTR-BiMcDFE	
	2 个子阵列	4 个子阵列	2 个子阵列	4 个子阵列
1	0.061	0.046	0.0051	0.0051
2	0.14	0.056	0.0051	0.010
3	0.097	0.0072	0	0.010
4	0.072	0.030	0.015	0.0051
5	0.11	0.051	0.015	0.015
6	0.11	0.056	0.015	0.0051
7	0.31	0.16	0.067	0.025
8	0.17	0.031	0.041	0.0051
9	0.33	0.31	0.13	0.12
10	0.17	0.13	0.025	0.04
平均	0.16	0.088	0.032	0.024

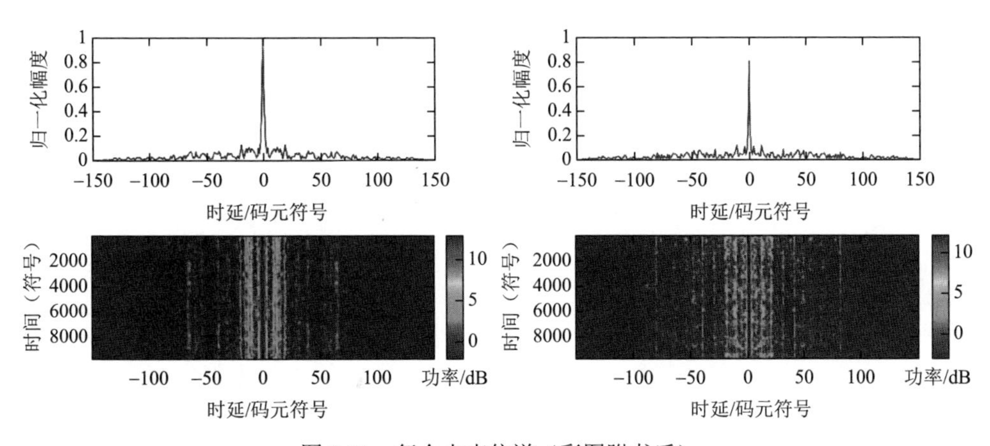

图 2-21　复合水声信道（彩图附书后）

图2-22给出各个均衡器对每个数据包处理后的输出信噪比。从图上可以看出，PTR-DFE 的输出信噪比在 7.5dB 左右，McDFE 和 Sub-PTR-McDFE 具有相近的输出信噪比，大概为 10dB，Sub-PTR-BiMcDFE 的输出信噪比大约为 11.5dB，和 McDFE 相比具有约 1.5dB 的增益。

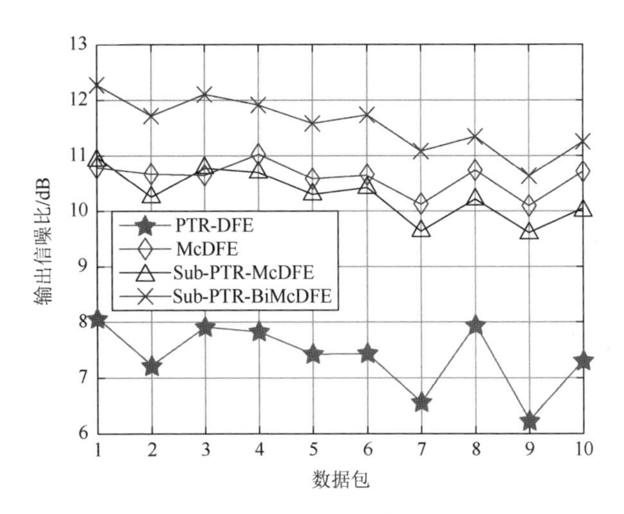

图 2-22　不同均衡器的输出信噪比

为了更直观地表示各个均衡器的计算复杂度，表 2-4 给出每个均衡器处理 1 个数据包所用时间。所用计算机处理器为 Intel®Core™i5-4300CPU@2.60GHz，内存为 8GB。从表中可以看出，PTR-DFE 所用时间最少，同样其性能也最差；McDFE 所用时间最多，计算复杂度最高，所以在实时系统中直接应用具有较大的困难。而 2 个子阵列的 Sub-PTR-McDFE 的计算时间是 McDFE 的 1/5，却取得了相似的误码性能，具有很大的优势。2 个子阵列 Sub-PTR-BiMcDFE 因为采用了双向均衡，所以其计算时间约为 2 个子阵列 Sub-PTR-McDFE 的两倍，但是其误码率可显著大幅降低；当 Sub-PTR-McDFE 采用 4 个子阵列后，其计算时间与 2 个子阵列的 Sub-PTR-BiMcDFE 几乎相同。

表 2-4　各种均衡器处理 1 个数据包所耗时间

均衡器	时间/s
PTR-DFE	15.20
McDFE	256.02
Sub-PTR-McDFE（2 个子阵列）	52.80
Sub-PTR-McDFE（4 个子阵列）	108.05
Sub-PTR-BiMcDFE（2 个子阵列）	108.82
Sub-PTR-BiMcDFE（4 个子阵列）	205.01

2.5　本 章 小 结

本章主要介绍了单载波自适应时域均衡方法。首先介绍了两种常用的自适应算法，给出了经典的内嵌锁相环的判决反馈均衡器的结构。在上述方法的基础上，进一步引出基于子阵列的被动时反处理多通道判决反馈均衡器。此外，在 Sub-PTR-McDFE 基础上，结合双向判决反馈均衡技术，提出了基于子阵列被动时反处理的双向多通道判决反馈均衡器。对上述均衡方法和自适应算法的性能进行了仿真分析，仿真结果表明：所提的 Sub-PTR-McDFE 的性能略优于常规的 McDFE 结构，但是其计算复杂度大幅降低。最后，利用实际湖试数据对所提方法进行了验证，数据处理结果表明：在 7.4km 通信距离、8kbit/s 的通信速率下，2 个子阵列的 Sub-PTR-McDFE 方法能取得与常规 McDFE 一致的误码率，平均误码率为 1.6×10^{-3}，但计算量是 McDFE 的 1/5；2 个子阵列的 Sub-PTR-BiMcDFE 算法的平均误码率为 3.4×10^{-4}，但计算量是 McDFE 的 1/2；采用 4 个子阵列的 Sub-PTR-McDFE 和 Sub-PTR-BiMcDFE 的误码率略有降低，同时其计算时间也相应翻倍[26]。

参 考 文 献

[1] Singer A C，Nelson J K，Kozat S S. Signal processing for underwater acoustic communications[J]. IEEE Communications Magazine，2009，47（1）：90-96.

[2] Stojanovic M，Catipovic J A. Phase-coherent digital communications for underwater acoustic channels[J]. IEEE Journal of Oceanic Engineering，1994，19（1）：100-111.

[3] Stojanovic M. Recent advances in high-speed underwater acoustic communications[J]. IEEE Journal of Oceanic Engineering，1996，21（2）：125-136.

[4] Stojanovic M，Catipovic J A，Proakis J G. Adaptive multichannel combining and equalization for underwater acoustic communications[J]. The Journal of the Acoustical Society of America，1993，94（3）：1621-1631.

[5] Stojanovic M，Catipovic J A，Proakis J G. Reduced-complexity spatial and temporal processing of underwater acoustic communication signals[J]. The Journal of the Acoustical Society of America，1995，98（2）：961-972.

[6] 朱维庆，朱敏，武岩波，等. 载人潜水器“蛟龙”号的水声通信信号处理[J]. 声学学报，2012，(6)：565-573.

[7] 刘云涛，蔡惠智，杨莘元. 相位调制水声高速通信中的一种空间滤波算法[J]. 声学学报，2006，31(1)：79-84.

[8] 刘云涛. 相位相干高速水下通信的关键技术研究[D]. 哈尔滨：哈尔滨工程大学，2004.

[9] 李霞. 水声通信中的自适应均衡与空间分集技术研究[D]. 哈尔滨：哈尔滨工程大学，2004.

[10] 景连友. 高效率水声通信关键技术研究[D]. 西安：西北工业大学，2017.

[11] Preisig J C. Performance analysis of adaptive equalization for coherent acoustic communications in the time-varying ocean environment[J]. The Journal of the Acoustical Society of America，2005，118（1)：263-278.

[12] Pajovic M，Preisig J C. Performance analysis and optimal design of multichannel equalizer for underwater acoustic communications[J]. IEEE Journal of Oceanic Engineering，2015，40（4)：759-774.

[13] Pelekanakis K，Chitre M. Robust equalization of mobile underwater acoustic channels[J]. IEEE Journal of Oceanic Engineering，2015，40（2)：775-784.

[14] Yeo H K，Sharif B S，Hinton O R，et al. Improved RLS algorithm for time-variant underwater acoustic communications[J]. Electronics Letters，2000，36（2)：191-192.

[15] Yang T C. Correlation-based decision-feedback equalizer for underwater acoustic communications[J]. IEEE Journal of Oceanic Engineering，2005，30（4)：865-880.

[16] Edelmann G F，Akal T，Hodgkiss W S，et al. An initial demonstration of underwater acoustic communication using time reversal[J]. IEEE Journal of Oceanic Engineering，2002，27（3)：602-609.

[17] Song H C，Hodgkiss W S，Kuperman W A，et al. Improvement of time-reversal communications using adaptive channel equalizers[J]. IEEE Journal of Oceanic Engineering，2006，31（2)：487-496.

[18] Zhang G S，Hovem J M，Dong H F，et al. Coherent underwater communication using passive time reversal over multipath channels[J]. Applied Acoustics，2011，72（7)：412-419.

[19] Zhang G S，Dong H F. Joint passive-phase conjugation with adaptive multichannel combining for coherent underwater acoustic communications[J]. Applied Acoustics，2012，73（4)：433-439.

[20] Song A J，Badiey M，McDonald V K，et al. Time reversal receivers for high data rate acoustic Multiple-Input-Multiple-Output communication[J]. IEEE Journal of Oceanic Engineering，2011，36（4)：525-538.

[21] He C B，Jing L Y，Xi R，et al. Improving passive time reversal underwater acoustic communications using subarray processing[J]. Sensors，2017，17（4)：1-14.

[22] Shimura T，Kida Y，Deguchi M，et al. High-rate underwater acoustic communication at over 600 kbps×km for vertical uplink data transmission on a full-depth lander system[C]. 2021 Fifth Underwater Communications and Networking Conference（UComms)，Lerici，2021：1-4.

[23] Molisch A F. Wireless Communications[M]. New York：John Wiley & Sons，2012.

[24] Sayed A H. Adaptive Filters[M]. New York：John Wiley & Sons，2011.

[25] Yang T C. A study of spatial processing gain in underwater acoustic communications[J]. IEEE Journal of Oceanic Engineering，2007，32（3)：689-709.

[26] 景连友. 水声通信中信道估计与均衡及功率分配技术研究[D]. 西安：西北工业大学，2017.

[27] Balakrishnan J，Johnson C R. Time-reversal diversity in decision feedback equalization[C]. Allerton Conference on Communication，Control and Computing，Monticello，2000.

[28] Benesty J，Gay S L. An improved PNLMS algorithm[C]. IEEE International Conference on Acoustics，Speech，and Signal Processing（ICASSP 2002)，Orlando，2002.

第3章　单载波频域均衡

第 2 章所述单载波时域均衡方法在接收机计算复杂度和稳定性方面均面临一系列问题。一方面由于部分水声信道的多径时延扩展可高达上百个符号，判决反馈均衡器的阶数过高，收敛速度慢，复杂度高，不易实时实现，限制了数据通信速率的进一步提高；另一方面，由于 DFE 和 DPLL 之间存在着一定的非线性关系，并且时域均衡器是基于符号迭代的，这种接收机对均衡器抽头数目、均衡器步长、遗忘因子和 DPLL 参数的选择非常敏感。在最小相位且多径可区分的水声信道中，该接收机工作良好，但是在其他情况下，特别是时变信道中，固定参数的接收机性能急剧下降，误码率较高，只有通过人为地调整接收机参数，才可改善接收机性能[1-5]。

进一步增加单载波水声通信的数据通信速率，对基于时域均衡的接收机设计来说困难较大，为此人们开始转向基于多载波调制，特别是 OFDM 水声通信体制[6]。OFDM 的基本原理是将高速数据信号转换成并行的低速子数据流，并在许多不同的子信道上进行并行传输。每个子信道的带宽不仅远小于系统带宽，而且小于信道相干带宽，因此每个子信道上可以看成平坦性衰落。OFDM 把线性卷积转换为循环卷积采用的是循环前缀技术，在发射端，OFDM 系统可以利用快速傅里叶逆变换（inverse fast Fourier transform，IFFT）实现多载波调制；在接收端，OFDM 系统利用快速傅里叶变换（fast Fourier transform，FFT）技术实现多载波解调，而且单抽头频域均衡器能够完全消除 ISI 的影响，实现复杂度低。由于采用多载波传输体制，OFDM 具有两个固有的缺点，即 PAPR 高及对频率偏移敏感。特别地，在中、远程水声通信系统中，功率放大器需要在大功率情况下工作时，高 PAPR 将严重影响功放和发射换能器的效率、安全性及使用寿命；OFDM 信号对收发机振荡器失配和多普勒影响敏感，尤其是声波传播速度小（约 1500m/s），由于载体运动等引起的多普勒频移较大，子载波偏移量往往超过子载波间隔。由于水声通信信道是宽带的，每个子载波偏移量不同，OFDM 信号子载波之间不再保持原有的正交性。

频域均衡是抗长时延扩展信道的一种有效的低复杂度算法，其目的是加速均衡器的初始收敛速度[7]。由于当时多数是低数据通信速率无线通信，ISI 较小，未能展现出频域均衡的优越性，如全球移动通信系统（global system for mobile communication，GSM）以及数字蜂窝系统，其多径扩展少于 10 个码元，MLSE 和

DFE 在这些系统中可稳定工作。SC-FDE 和 OFDM 一样，联合 CP 技术和 FFT/IFFT 操作，通过单抽头频域均衡处理，可获得和 OFDM 一致乃至更好的性能，且复杂度接近[8-13]。另外与 OFDM 信号相比，经过单载波频域均衡方法处理的信号由于采用单载波传输方法，其调制信号 PAPR 低，对频率偏移不敏感。当码元扩展超过 30 个符号时，信号处理的复杂度和所需处理速度要求很高，单载波时域均衡（single carrier-time domain equalization，SC-TDE）复杂度高，而频域均衡计算量近似与码元扩展长度对数成正比。SC-TDE、OFDM 及 SC-FDE 的比较如表 3-1 所示。SC-FDE 系统与非自适应 OFDM 系统相比，优势在于它对频率偏移不敏感，编码需求不严格。无论在有线还是无线信道中，单载波调制技术都已经十分成熟，并且得到了广泛应用，而且各部分硬件系统也比较成熟，便于发展和应用 SC-FDE 系统。由于这些优点，近年来 SC-FDE 在宽带无线通信和超宽带通信中受到广泛关注[8-13]，也受到了水声通信领域的关注[14-20]。

表 3-1　抗多径方法比较

调制方法	峰均功率比	计算复杂度	编码需求
OFDM	高	低	严格
SC-FDE	低	低	不严格
SC-TDE	低	高	不严格

本章首先介绍 SC-FDE 的基本原理；其次介绍水声信道中的 SC-FDE 接收方法；然后，针对多通道接收系统，提出了一种时频域联合均衡方法；最后，介绍了一种块迭代软判决反馈均衡方法，以改善常规 FDE 的性能。

3.1　SC-FDE 基本原理

3.1.1　系统模型

单载波频域均衡（SC-FDE）的基本原理同样是利用载波的相位或联合利用幅度和相位携带数字信息比特流在水声信道中传输。与 SC-TDE 不同的是，SC-FDE 系统通过块传输和块处理的方式对抗多径传播。SC-FDE 系统框图如图 3-1 所示，在发射端，先进行符号映射，之后通过串并变换对待传送的数据进行分块处理，随后插入循环前缀或保护间隔，最后对数据进行并串变换。之后和 SC-TDE 一样进行脉冲成形滤波、上变频等，再经过功放和发射换能器发射。在接收端，与时域均衡逐符号处理不同，SC-FDE 系统通过块处理的方式在频域对信号进行均衡，计算复杂度低。接收信号经过下变频，抽样之后先移除 CP，然后采用串并变换和 FFT 的方法，将信号从时域变换到频域，利用估计的信道进行频域均衡，之后采用 IFFT 的方法，将信号从时域变换回频域，最后进行符号检测。

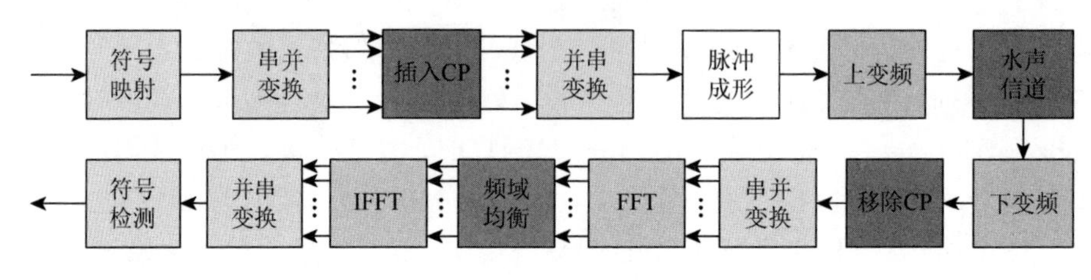

图 3-1　SC-FDE 系统框图

为了便于区别比较，图 3-2 给出了 OFDM 系统框图，可以发现，SC-FDE 和 OFDM 系统非常类似，不同之处在于，在 OFDM 系统中，IFFT 模块位于发射端，即 OFDM 系统符号映射和符号检测是在频域上进行的，而 SC-FDE 系统则是在时域上进行的。

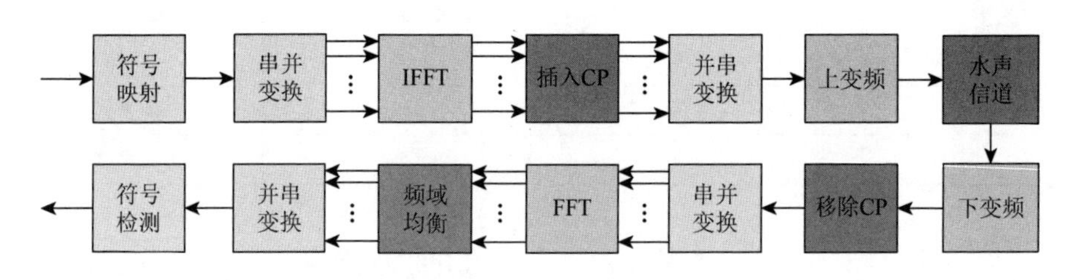

图 3-2　OFDM 系统框图

与OFDM系统不同，SC-FDE系统的FFT和IFFT处理模块均在接收端。SC-FDE和多载波的均衡性能相仿，在严重的频率选择性干扰的情况下，与时域均衡相比，其复杂度要低很多。SC-FDE 信号包络比较稳定，PAPR 远小于 OFDM。因而降低了对功放线性度的要求，减小了发送功耗。同时，由于采用单载波传输，SC-FDE 对频偏的敏感性较小。总而言之，SC-FDE 弥补了 OFDM 系统的两个主要不足。

3.1.2　频域均衡

对于 SC-FDE 系统，发射的每个数据帧由若干个导频块和数据块组成，导频块的作用是估计水声信道，数据块的作用是传输要发送的调制信息。导频块和数据块均插入循环前缀作为保护间隔，防止块间串扰（interblock interference，IBI）。在发射端，输入的二进制数据经过串并变换后进行符号调制，调制数据在添加 CP 后组成时域数据块，经水声信道传输至接收端。

SC-FDE 系统采用分帧传输，其数据帧格式如图 3-3 所示，由同步段、保护间隔、K 个数据块组成。每个数据块由待传输的 N 个数据符号和长度为 M 的循环前缀组成。

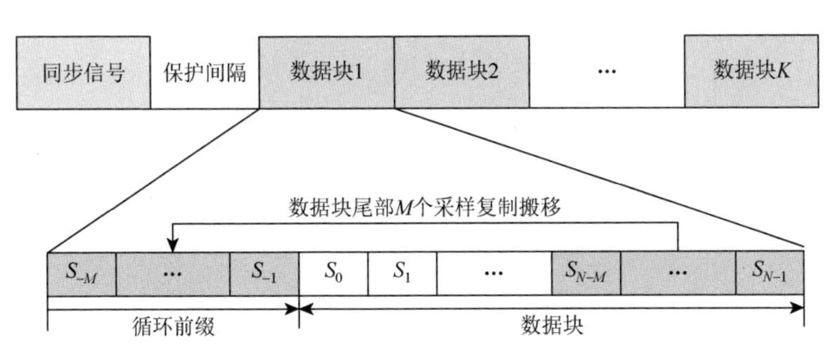

图 3-3　SC-FDE 系统数据帧格式

先将数据分成 K 个数据块，数据块长度为 N，即

$$s=[s_0,s_1,\cdots,s_{N-1}]^{\mathrm{T}} \tag{3-1}$$

设水声信道为

$$h=[h_0,h_1,\cdots,h_{L-1}]^{\mathrm{T}} \tag{3-2}$$

假设仅发射一个数据块，接收信号可表示为

$$r_k=\sum_{l=0}^{L-1}h_l s_{k-l}+w_k,\quad 0\leqslant k\leqslant N+L-1 \tag{3-3}$$

对应于发射信号向量，接收信号向量可表示为

$$\begin{bmatrix} r_0 \\ r_1 \\ \vdots \\ r_{N-1} \\ r_N \\ \vdots \\ r_{N+L-1} \end{bmatrix}=\begin{bmatrix} h_0 & & & & & \\ h_1 & h_0 & & & & \\ \vdots & \ddots & \ddots & & & \\ h_{L-1} & \cdots & h_1 & h_0 & & \\ 0 & \cdots & \cdots & \cdots & \cdots & 0 \\ & \ddots & \ddots & \ddots & \ddots & \vdots \\ & & h_{L-1} & \cdots & h_1 & h_0 \\ & & & h_{L-1} & \cdots & h_1 \\ & & & & \ddots & \vdots \\ & & & & & h_{L-1} \end{bmatrix}\begin{bmatrix} s_0 \\ s_1 \\ \vdots \\ s_{N-1} \end{bmatrix}+w \tag{3-4}$$

式中

$$r=[r_0,r_1,\cdots,r_{N-1},r_N,\cdots,r_{N+L-1}]^{\mathrm{T}} \tag{3-5}$$

信道矩阵为 $(N+L-1)\times N$ 。若将每个数据块后面的 M（$M>L$）个符号复制到块首作为循环前缀，其作用和 OFDM 中的 CP 一致，获得循环卷积的作用，可消

除数据块间干扰的影响。插入循环前缀后每个数据块可表示为

$$s_{N+M}=[s_{-M}\ \cdots\ s_{-1}\ s_0\ s_1\ \cdots\ s_{N-1}]^{\mathrm{T}} \tag{3-6}$$

而

$$[s_{-M}\ \cdots\ s_{-1}]^{\mathrm{T}}=[s_{N-M}\ \cdots\ s_{N-1}]^{\mathrm{T}} \tag{3-7}$$

则单个数据块接收信号变为

$$\tilde{r}=[r_{-M}\ \cdots\ r_{-1}\ r_0\ r_1\ \cdots\ r_{N-1}\ r_N\ \cdots\ r_{N+L-1}]^{\mathrm{T}} \tag{3-8}$$

接收端去除掉循环前缀部分，并且只取 N 点数据，根据线性卷积的关系可得

$$\begin{cases} r_0=h_0s_0+h_1s_{-1}+\cdots+h_{L-1}s_{1-L} \\ r_1=h_0s_1+h_1s_0+\cdots+h_{L-1}s_{2-L} \\ \qquad\vdots \\ r_{L-2}=h_0s_{L-2}+h_1s_{L-3}+\cdots+h_{L-1}s_{-1} \\ r_{L-1}=h_0s_{L-1}+h_1s_{L-2}+\cdots+h_{L-1}s_0 \\ \qquad\vdots \\ r_{N-1}=h_0s_{N-1}+h_1s_{N-2}+\cdots+h_{L-1}s_{N-L} \end{cases} \tag{3-9}$$

$$\begin{bmatrix} r_0 \\ r_1 \\ \vdots \\ r_{N-1} \end{bmatrix}=\begin{bmatrix} h_{L-1} & \cdots & h_1 & h_0 & & & & & & \\ & \ddots & \cdots & \ddots & \ddots & & & & & \\ & & h_{L-1} & \cdots & h_1 & h_0 & & & & \\ & & & h_{L-1} & \cdots & h_1 & h_0 & & & \\ & & & & \ddots & \cdots & \ddots & \ddots & & \\ & & & & & h_{L-1} & \cdots & h_1 & h_0 & \\ & & & & & & h_{L-1} & \cdots & h_1 & h_0 \end{bmatrix}\begin{bmatrix} s_{1-L} \\ \vdots \\ s_{-1} \\ s_0 \\ s_1 \\ \vdots \\ s_{N-1} \end{bmatrix}+w \tag{3-10}$$

由于

$$[s_{1-L}\cdots s_{-2}\ s_{-1}]^{\mathrm{T}}=[s_{N-L+1}\cdots s_{N-2}\ s_{N-1}]^{\mathrm{T}} \tag{3-11}$$

式（3-10）可表示为

$$\begin{bmatrix} r_0 \\ r_1 \\ \vdots \\ r_{N-1} \end{bmatrix}=\begin{bmatrix} h_0 & & & & h_{L-1} & \cdots & h_1 \\ h_1 & h_0 & & & & \ddots & \vdots \\ \vdots & h_1 & \ddots & & & & h_{L-1} \\ h_{L-1} & \vdots & \ddots & h_0 & & & \\ & h_{L-1} & & h_1 & h_0 & & \\ & & \ddots & \vdots & \vdots & \ddots & \\ & & & h_{L-1} & h_{L-2} & \cdots & h_0 \end{bmatrix}\begin{bmatrix} s_0 \\ s_1 \\ \vdots \\ s_{N-1} \end{bmatrix}+w \tag{3-12}$$

由式（3-12）可知，通过插入循环前缀，使得线性卷积转变为循环卷积。用矩阵表示式（3-12）可得

$$r = Hs + w \tag{3-13}$$

式中

$$H = \begin{bmatrix} h_0 & & & & h_{L-1} & \cdots & h_1 \\ h_1 & h_0 & & & & \ddots & \vdots \\ \vdots & h_1 & \ddots & & & & h_{L-1} \\ h_{L-1} & \vdots & \ddots & h_0 & & & \\ & h_{L-1} & & h_1 & h_0 & & \\ & & \ddots & \vdots & \vdots & \ddots & \\ & & & h_{L-1} & h_{L-2} & \cdots & h_0 \end{bmatrix} \tag{3-14}$$

为一 $N \times N$ 的循环矩阵。利用离散傅里叶变换（discrete Fourier transform，DFT）将接收数据块 $\{r_k\}_{k=0}^{N-1}$ 转为频域：

$$R_l = \sum_{k=0}^{N-1} r_k \mathrm{e}^{-\mathrm{j}\frac{2\pi lk}{N}}, \quad 0 \leqslant l \leqslant N-1 \tag{3-15}$$

则式（3-12）可表示为

$$\begin{aligned} Fr &= FHs + Fw \\ &= FHF^{\mathrm{H}} Fs + Fw \end{aligned} \tag{3-16}$$

根据循环矩阵的 DFT 对角化性质，有

$$\tilde{H} = F_N H F_N^{\mathrm{H}} \tag{3-17}$$

式中，H 为包含 $\tilde{H}$ 特征值的 $N \times N$ 对角矩阵，其对角线元素为信道的 N 个频率响应值，即

$$\tilde{H} = \mathrm{diag}\{[H_0 \quad H_1 \quad \cdots \quad H_{N-1}]^{\mathrm{T}}\} \tag{3-18}$$

式（3-16）可变为

$$R = \tilde{H} S + W \tag{3-19}$$

其中信道频域响应（channel frequency response，CFR）为 $\{H_k\}_{k=0}^{N-1}$，它是信道冲激响应 $\{h_l\}_{l=0}^{L-1}$ 的 N 点 DFT：

$$H_k = \sum_{l=0}^{L-1} h_l \mathrm{e}^{-\mathrm{j}2\pi lk/N}, \quad k = 0,1,\cdots,N-1 \tag{3-20}$$

则

$$\begin{aligned} R_k &= \sum_{m=0}^{N-1} r_m \mathrm{e}^{-\mathrm{j}\frac{2\pi km}{N}} \\ &= H_k S_k + W_k, \quad 0 \leqslant k \leqslant N-1 \end{aligned} \tag{3-21}$$

式中

$$S_k = \sum_{k=0}^{N-1} s_k \mathrm{e}^{-\mathrm{j}\frac{2\pi lk}{N}}, \quad 0 \leqslant l \leqslant N-1 \tag{3-22}$$

为式（3-1）给出的发射信号块的频域形式。从式（3-21）可以看出，通过在单载波系统中分块插入循环前缀，收发信号在频域上构成简单的线性关系。这里的 CP 是为了将信道卷积过程变成循环卷积，从而消除数据块之间的干扰，这与 OFDM 系统中的 CP 的用途相同。

根据式（3-21）可知，可在频域通过单抽头均衡器进行信道均衡。让频域信号 R 经过一个频域线性均衡器，得到均衡后的频域信号为

$$\hat{S}_l = C_l R_l, \quad 0 \leqslant l \leqslant N-1 \tag{3-23}$$

对经过均衡器的信号块 $\hat{S} = [\hat{S}_0 \ \ \hat{S}_1 \ \ \cdots \ \ \hat{S}_{N-1}]^{\mathrm{T}}$ 进行 IDFT，得到均衡后的时域信号

$$\hat{s} = F^{\mathrm{H}} \hat{S} \tag{3-24}$$

式中，$\{C_l\}_{l=0}^{N-1}$ 是频域均衡器系数。

对于迫零均衡器，频域滤波器系数 C_l 可表示为

$$C_l = \frac{1}{H_l}, \quad 0 \leqslant l \leqslant N-1 \tag{3-25}$$

对于最小均方误差均衡器，频域滤波器系数 C_l 可表示为

$$C_l = \frac{H_l^{\mathrm{H}}}{|H_l|^2 + \dfrac{\sigma_w^2}{\sigma_s^2}}, \quad 0 \leqslant l \leqslant N-1 \tag{3-26}$$

式中，σ_w^2 为噪声功率；$\sigma_s^2 = E[|s_k|^2]$ 为信号功率。

3.1.3 帧结构类型

基于循环前缀的 SC-FDE 帧格式如图 3-3 所示，它将每个数据块尾部的 M 个符号复制到数据块的首部作为循环前缀，以消除数据块间干扰的影响，如式（3-10）和式（3-12）所示。对于循环前缀单载波（cyclic prefix-single carrier，CP-SC）来说，其 BPSK 系统带宽效率可表示为

$$\eta_{\mathrm{CP}} = \frac{N}{N+M} \tag{3-27}$$

式中，有效数据长度为 N；循环前缀长度为 M；每个数据块的总长度为 $N+M$。

将式（3-4）的线性卷积变为循环卷积，处理采用如式（3-7）的插入循环前缀的形式，也可以采用插入如图 3-4 所示的独特字，独特字为一长度为 $M > L$ 的已知序列，该序列通常为具有优良自相关特性的扩频序列或 Zadoff-Chu 序列。由图 3-4 可知，其结构完全和循环前缀形式一致，不同之处在于将循环前缀替换成已知序列。对于独特字单载波（unique word-single carrier，UW-SC）系统来说，其 BPSK 系统带宽效率可表示为

$$\eta_{\mathrm{UW}} = \frac{N-M}{N} \tag{3-28}$$

比较式（3-27）和式（3-28），通常情况下，$\eta_{\mathrm{CP}} > \eta_{\mathrm{UW}}$，即 CP-SC 的带宽效率略高于 UW-SC。然而实际系统中，UW-SC 的独特字是已知信号，可以用作信道估计，此外则无须额外的导频信号。而在 CP-SC 系统中，为进行信道估计，CP-SC 系统需要插入额外的导频信号，设导频信号的长度为 P，则此时 CP-SC 系统的带宽效率降为

$$\eta_{\mathrm{CP}} = \frac{N-P}{N+M} \tag{3-29}$$

此时，合理设计系统参数，则 UW-SC 系统的带宽效率可优于 CP-SC 系统。举例来说，设数据块长度 $N = 1024$，循环前缀长度 $M = 256$，CP-SC 系统中的导频符号长度 $P = 96$，则 CP-SC 系统的带宽效率为 72.5%，UW-SC 系统的带宽效率为 75%。

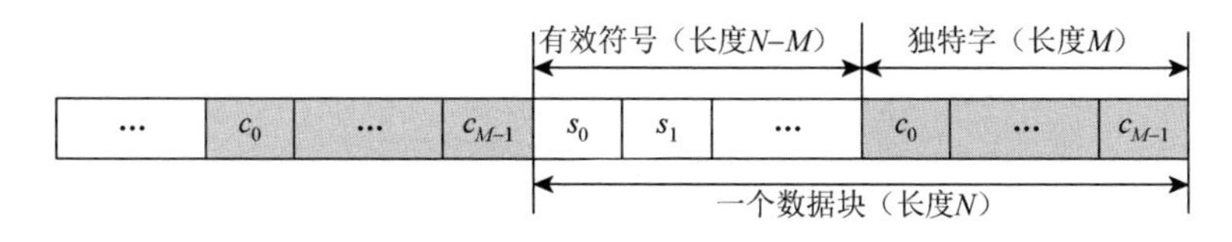

图 3-4　基于独特字的 SC-FDE 帧结构

将独特字看作 CP，在接收端可以利用单抽头频域均衡器实现检测与解码，除此之外，UW-SC 具有如下优点。

（1）从信号同步的角度看，独特字自相关性好，可以作为块同步信号，这对移动水声通信来说较为有利，可以对每个数据块进行再同步，减轻多普勒效应的影响。

（2）从信道估计的角度看，既可以利用 UW-SC 中的 UW 信号进行信道估计，也可以考虑联合已估计的数据符号和 UW 信号，进一步提高估计的精度。考虑到水声信道时变性，为降低其对通信系统性能的影响，可对各数据帧进行独立的信道估计和均衡。

（3）从多普勒估计的角度看，可以利用 UW-SC 中的 UW 信号估计多普勒频移，实现按块进行多普勒估计和补偿，以应对时变多普勒效应。

补零单载波（zero padding-single carrier，ZP-SC）的帧格式如图 3-5 所示，与 CP-SC 系统中复制信号前插的处理方式不同，它在每个数据块后插入 M 个零，当 $M > L$ 时，可消除 IBI 的干扰[13]。

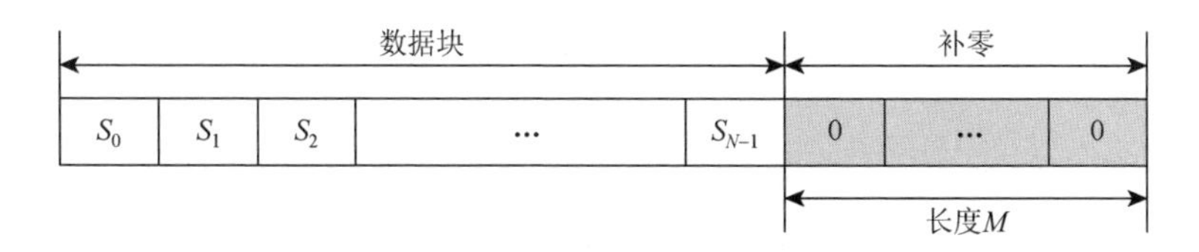

图 3-5　基于补零单载波系统帧格式

通过补零后，其数据块可表示为

$$s_{N+M}=[s_0\ \ s_1\ \ \cdots\ \ s_{N-1}\ \ 0\ \ \cdots\ \ 0]^{\mathrm{T}} \tag{3-30}$$

由于在数据块 s 前后均包含 M 个零元素，则接收信号 r 可表示为

$$\begin{bmatrix} r_0 \\ r_1 \\ \vdots \\ r_{N-1} \end{bmatrix} = -\begin{bmatrix} h_0 & & & & & & \\ h_1 & h_0 & & & & & \\ \vdots & h_1 & \ddots & & & & \\ h_{L-1} & \vdots & \ddots & h_0 & & & \\ & h_{L-1} & & h_1 & h_0 & & \\ & & \ddots & \vdots & \vdots & \ddots & \\ & & & h_{L-1} & h_{L-2} & \cdots & h_0 \end{bmatrix} \begin{bmatrix} s_0 \\ s_1 \\ \vdots \\ s_{N-1} \end{bmatrix} + \begin{bmatrix} w_0 \\ w_1 \\ \vdots \\ w_{N-1} \end{bmatrix} \tag{3-31}$$

$$\begin{cases} r_N = h_0 s_N + h_1 s_{N-1} + \cdots + h_{L-1} s_{N-L-1} \\ \quad = h_{L-1} s_{N-L-1} + \cdots + h_1 s_{N-1} \\ r_{N+1} = h_0 s_{N+1} + h_1 s_N + \cdots + h_{L-1} s_{N-L+2} \\ \quad = h_{L-1} s_{N-L+2} + \cdots + h_2 s_{N-1} \\ \quad \vdots \\ r_{N+L-2} = h_0 s_{N+L-2} + h_1 s_{N+L-3} + \cdots + h_{L-1} s_{N-1} \\ \quad = h_{L-1} s_{N-1} \end{cases} \tag{3-32}$$

由此可构造如下的矩阵关系：

$$\begin{bmatrix} r_N \\ r_{N+1} \\ \vdots \\ r_{N+L-2} \\ 0 \\ \vdots \\ 0 \end{bmatrix} = -\begin{bmatrix} & & & h_{L-1} & \cdots & h_2 & h_1 \\ & & & & \ddots & \cdots & h_2 \\ & & & & & \ddots & \vdots \\ & & & & & & h_{L-1} \\ & & & & & & \\ & & & & & & \\ & & & & & & \end{bmatrix} \begin{bmatrix} s_0 \\ s_1 \\ \vdots \\ s_{N-L-1} \\ s_{N-L+2} \\ \vdots \\ s_{N-1} \end{bmatrix} + \begin{bmatrix} w_N \\ w_{N+1} \\ \vdots \\ w_{N+L-2} \\ 0 \\ 0 \\ 0 \end{bmatrix} \tag{3-33}$$

将式（3-33）和式（3-31）相加，可得

$$\begin{bmatrix} r_0 + r_N \\ r_1 + r_{N+1} \\ \vdots \\ r_{L-2} + r_{N+L-2} \\ r_{L-1} \\ \vdots \\ r_{N-1} \end{bmatrix} = \begin{bmatrix} h_0 & & & & h_{L-1} & \cdots & h_1 \\ h_1 & h_0 & & & & \ddots & \vdots \\ \vdots & h_1 & \ddots & & & & h_{L-1} \\ h_{L-1} & \vdots & \ddots & h_0 & & & \\ & h_{L-1} & & h_1 & h_0 & & \\ & & \ddots & \vdots & \vdots & \ddots & \\ & & & h_{L-1} & h_{L-2} & \cdots & h_0 \end{bmatrix} \begin{bmatrix} s_0 \\ s_1 \\ \vdots \\ s_{N-L-2} \\ s_{N-L+2} \\ \vdots \\ s_{N-1} \end{bmatrix} + \begin{bmatrix} w_0 + w_N \\ w_1 + w_{N+1} \\ \vdots \\ w_{L-2} + w_{N+L-2} \\ \vdots \\ \vdots \\ w_N \end{bmatrix} \tag{3-34}$$

通过式（3-34）的处理，将线性卷积转换为循环卷积，其功能和式（3-12）基本一致，只是在噪声项上略有不同。对 ZP-SC 来说，其有用数据和总数据的比值和 CP-SC 一致。与 CP-SC 和 UW-SC 系统相比，ZP-SC 由于在数据块间不发送信号，可节省一定的发射功率，对能量受限的水下节点来说，是具有一定优势的。然而，由于叠加操作引入了部分噪声的影响，在相同发射功率情况下，ZP-SC 系统的误码率略高于 CP-SC 系统。

图 3-6 比较了 CP-SC 和 ZP-SC 系统的误码率性能。其中，有效数据块长度 $N=1024$，循环前缀或补零长度 $M=256$，图中所示 ZP-SC1 中所选取的叠加符号长度 $P=M=256$，ZP-SC2 中所选取的叠加符号长度 $P=100$，ZP-SC3 中所选取的叠加符号长度 $P=60$。仿真采用随机稀疏多径信道，多径扩展 $L=100$，多径条数为 15，随机分布，其中最后一条路径的扩展为 100。进行 500 次蒙特卡罗仿真，结果如图 3-6 所示。其中 ZP-SC1 和 ZP-SC2 均满足 $P>L$ 的要求，即构造式（3-34）的条件，而 ZP-SC3 由于叠加符号长度小于多径扩展，不再满足构造式（3-34）的条件。由于此时信道矩阵不再为循环矩阵，ZP-SC3 系统出现了误差平层。比较 ZP-SC1 和 ZP-SC2 可以发现，在叠加运算环节，ZP-SC1 所用接收符号数量（M）大于 ZP-SC2 所用接收符号数量（L），即引入更多的噪声分量，导致其误码率性能要差于 ZP-SC1。在误码率为 10^{-4} 时，ZP-SC1 比 CP-SC 所需信噪比高 2dB。换言之，为保证同等的误码率（10^{-4}），ZP-SC1 系统所需发射功率约为 CP-SC 系统发射功率的 1.6 倍。由此可见，直观上 ZP-SC 能节省发射功率，若采用叠加运算和 MMSE 均衡算法，其需要更高的接收信噪比，因此实际上，ZP-SC 节省能量有限。

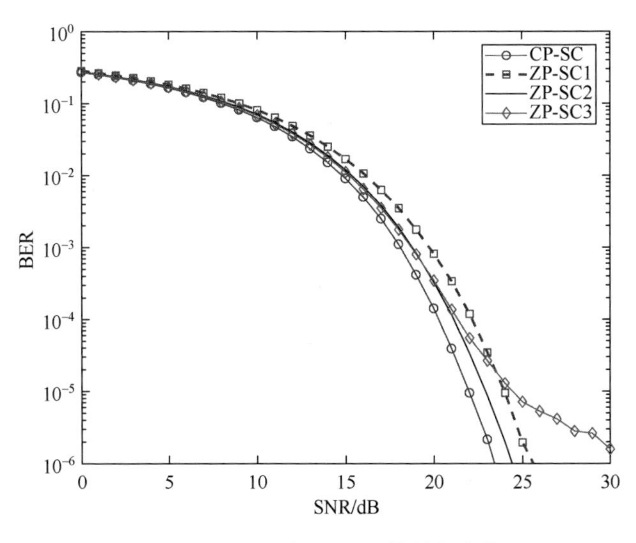

图 3-6 CP-SC 与 ZP-SC 的性能比较

3.1.4　计算量分析

对 SC-TDE 系统来说，时域均衡器逐符号计算，LMS 和 RLS 的计算量分别为 $2L+1$、$2.5L^2+4.5L$，此处的 L 为均衡器的阶数，对于一个长度为 N 的数据块来说，LMS 和 RLS 的总计算量分别为 $N(2L+1)$ 和 $N(2.5L^2+4.5L)$。对于 SC-FDE 系统来说，其计算量主要在于 IFFT 和 FFT 模块，则一个数据块的总计算量为 $N\log_2 N$。图 3-7 给出当数据块长度 $N=1024$，且均衡器阶数不同时，LMS、RLS 和SC-FDE系统对应的乘法次数，可以明显看出，当时域均衡器阶数超过6时，SC-FDE 系统的计算量最低，而当均衡器阶数为 100 时，LMS 算法的计算量超过 SC-FDE 系统计算量 1 个数量级，而 RLS 算法则超过 3 个数量级。均衡器阶数与多径扩展长度密切相关，当多径扩展越大时，均衡器阶数越高。

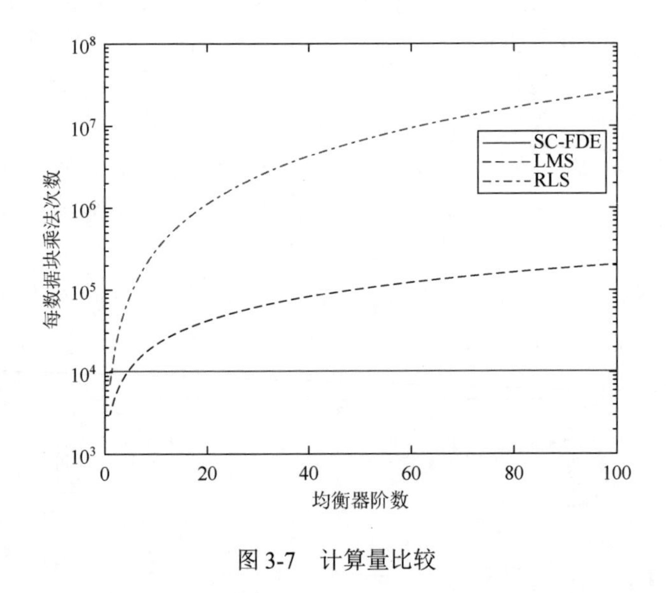

图 3-7　计算量比较

3.2　水声信道中的 SC-FDE 接收处理方法

对于 UW-SC 帧结构，由于定时误差、多普勒频移等的影响，接收信号可以表示为

$$r_k(n)=\sum_{l=0}^{L-1}h(k,l)s_k(n-l)\mathrm{e}^{\mathrm{j}(2\pi f_k nT_s+\varphi_{k,0})}+w(k,n) \tag{3-35}$$

式中，T_s 是码元符号长度；f_k 是在第 k 个数据块中的多普勒频移，主要由收发机

之间的相对运动、系统中的 A/D 和 D/A 采样误差以及水流的变化等因素引起；$\varphi_{k,0}$ 是由定时误差引起的初始相位旋转（phase rotating）；$w(k,n)$ 是加性高斯白噪声，方差为 σ^2。

对应的第 k 个接收数据块可表示为

$$r(k)=[r(k,0)\ \ r(k,1)\ \ \cdots\ \ r(k,N-1)]^{\mathrm{T}} \tag{3-36}$$

为简洁，省略掉数据块标识 k，接收信号数据块表示为[14, 16]

$$r=DHs+w \tag{3-37}$$

式中，w 为噪声向量；H 为式（3-14）所示的循环 Toeplitz 矩阵；D 为多普勒频移引起的相位旋转对角矩阵，可表示为

$$D=\mathrm{diag}\{\mathrm{e}^{\mathrm{j}\theta_0},\mathrm{e}^{\mathrm{j}\theta_1},\cdots,\mathrm{e}^{\mathrm{j}\theta_{N-1}}\} \tag{3-38}$$

对式（3-37）两边进行 DFT，并根据傅里叶变换的性质 $FF^{\mathrm{H}}=F^{\mathrm{H}}F=I$，可得接收信号的频域形式：

$$\begin{aligned}R&=Fr\\&=FDF^{\mathrm{H}}FHF^{\mathrm{H}}Fs+W\\&=\varPhi\tilde{H}S+W\end{aligned} \tag{3-39}$$

式中，$\tilde{H}$ 为式（3-18）所示的对角矩阵；相位矩阵

$$\varPhi=FDF^{\mathrm{H}} \tag{3-40}$$

为一循环矩阵，通常情况下，$\varPhi$ 的非对角线元素值与对角元素相比相对较小，可被忽略，且其对角元素相等，则

$$\varPhi=\lambda I \tag{3-41}$$

其中

$$\lambda\triangleq\varPhi(n,n)=\frac{1}{N}\sum_{k=0}^{N-1}\mathrm{e}^{\mathrm{j}\theta_k},\quad n=1,2,\cdots,N \tag{3-42}$$

对接收频域信号 R 进行均衡，可得

$$\begin{aligned}Y&=CR\\&=C\varPhi\tilde{H}S+W\end{aligned} \tag{3-43}$$

根据 MMSE 准则，则均衡器系数 C 可表示为

$$\begin{aligned}C&=(\tilde{H}^{\mathrm{H}}\varPhi^{\mathrm{H}}\varPhi\tilde{H}+\sigma^2I)^{-1}\tilde{H}^{\mathrm{H}}\varPhi^{\mathrm{H}}\\&=(|\lambda|^2\ \tilde{H}^{\mathrm{H}}\tilde{H}+\sigma^2I)^{-1}(\lambda\tilde{H}^{\mathrm{H}})\end{aligned} \tag{3-44}$$

进一步简化和近似可得[16]

$$\begin{aligned}\hat{s}&=F^{\mathrm{H}}C\varPhi\tilde{H}Fs+\hat{w}\\&=F^{\mathrm{H}}CHFs+\hat{w}\\&=\varDelta\tilde{\varPhi}s+\hat{w}\end{aligned} \tag{3-45}$$

因此Δ是一个$N \times N$的循环矩阵。实际中，矩阵Δ的非对角线元素值可被忽略，则由式（3-45）可知

$$\hat{s}_k \approx \beta_k s_k + \hat{w}_k = |\beta_k| \mathrm{e}^{\mathrm{j}\angle\beta_k} s_k + \hat{w}_k \tag{3-46}$$

由式（3-46）可知，均衡后的信号受到一个复系数β_k的影响，接收端需要对该信号进行相位补偿。

3.2.1 残余多普勒频移估计

根据式（3-37）和式（3-38），接收信号受到残余多普勒频移f_d引起的相位偏移$D = \mathrm{diag}\{\mathrm{e}^{\mathrm{j}\theta_0}, \mathrm{e}^{\mathrm{j}\theta_1}, \cdots, \mathrm{e}^{\mathrm{j}\theta_{N-1}}\}$的影响，其中

$$\theta_k = 2\pi k f_d T_s, \quad k = 0,1,\cdots,N-1 \tag{3-47}$$

利用两个连续数据块的UW序列，采用最大似然（maximum likelihood，ML）估计原理可估计残余多普勒频移。在加性高斯白噪声（additive white Gaussian noise，AWGN）信道中，接收到的第$k+1$组训练序列可表示为

$$R_{k+1} = C\mathrm{e}^{\mathrm{j}\varphi_{k+1,0}} + W_{k+1} \tag{3-48}$$

式中

$$\varphi_{k+1,0} = \varphi_{k,0} + N\Delta\varphi_k \tag{3-49}$$

因此

$$\Delta\varphi_k = \frac{\varphi_{k+1,0} - \varphi_{k,0}}{N} \tag{3-50}$$

$\Delta\varphi_k$的ML估计可表示为

$$\Delta\hat{\varphi}_k = \frac{1}{P}\angle\left(\sum_{n=0}^{P-1} r_k^*(n) r_{k+1}(n)\right) \tag{3-51}$$

由于相位$\Delta\varphi$仅在$[-\pi,\pi)$内是可分辨的，因此，当残余多普勒频移引起的相位偏移绝对量值为

$$|\Delta\varphi| \geqslant \frac{\pi}{P} \tag{3-52}$$

时，$\Delta\hat{\varphi}$的估计值是错误的。假设在一个SC-FDE数据块时间内，频移f_d不变，设水声信道时变效应相对缓和，其在一个SC-FDE分块间隔内产生的相位漂移不超过2π。

第k个数据块的残余多普勒频移可表示为

$$\hat{f}_{d,k} = \frac{\Delta\hat{\varphi}_k}{2\pi P T_s} \tag{3-53}$$

根据式（3-49），可得到第n个码元的相位偏移量为

$$\varphi_{k,n}=\varphi_{k,0}+n\tilde{\Delta}\varphi_k,\quad 0\leqslant n\leqslant N-1 \tag{3-54}$$

在旋转相位补偿之后，可得第 k 组接收信号为

$$\hat{r}_k(n)=r_k(n)\mathrm{e}^{-\mathrm{j}\varphi_{k,n}},\quad 0\leqslant n\leqslant N-1 \tag{3-55}$$

在旋转相位补偿之后，利用独特字对水声信道进行估计。

3.2.2　初始相位旋转估计与补偿

定时误差会导致接收信号的相位旋转，根据伪噪声单载波（pseudo-noise single carrier，PN-SC）的帧结构，定时误差引起的第 k 组数据的相位旋转可以通过该组的 PN 码估计获得。在 AWGN 信道中，接收到的第 k 组训练序列可表示为

$$R_k=C\mathrm{e}^{\mathrm{j}\varphi_{k,0}}+W_k \tag{3-56}$$

式中

$$R_k=\begin{bmatrix} r_k(0)\\ \vdots \\ r_k(P-1)\end{bmatrix},\quad C=\begin{bmatrix} c(0)\\ \vdots \\ c(P-1)\end{bmatrix},\quad W_k=\begin{bmatrix} w_k(0)\\ \vdots \\ w_k(P-1)\end{bmatrix}\sim N(0,\sigma^2 I_{P\times P}) \tag{3-57}$$

那么，第 k 组初始相位旋转的最大似然（ML）估计是选择 $\varphi_{k,0}$ 使得似然概率最大，为

$$\begin{aligned}\Lambda(\varphi_{k,0})&=\ln p(r_k(n)\mid\varphi_{k,0})\\ &=-\frac{1}{P}\sum_{n=0}^{P-1}\left| r_k(n)-c(n)\mathrm{e}^{-\mathrm{j}\phi_{k,0}}\right|^2\end{aligned} \tag{3-58}$$

等效于选择 $\varphi_{k,0}$ 使得

$$\hat{\Lambda}(\varphi_{k,0})=\mathrm{Re}\left\{\mathrm{e}^{-\mathrm{j}\varphi_{k,0}}\sum_{n=0}^{P-1}c^*(n)r_k(n)\right\} \tag{3-59}$$

最大。因此，初始旋转相位的 ML 估计是

$$\hat{\varphi}_{k,0}=\angle\left(\sum_{n=0}^{P-1}c^*(n)r_k(n)\right) \tag{3-60}$$

式中，$\angle(\cdot)$ 和 $(\cdot)^*$ 分别表示取相位运算和复共轭运算。

完整的 UW-SC 接收机结构如图 3-8 所示。在接收机结构中，将旋转相位的补偿置于 FFT 之前。在 UW-SC 中，每个数据组进行独立判决，包括：①估计平均多普勒频移引起的符号展宽或压缩，并进行补偿；②数据组同步；③估计由定时误差和频率偏移引起的相位旋转大小，并进行补偿；④时域稀疏信道估计；⑤FFT/IFFT 和频域均衡；⑥判决解码。

如果使用宽带信号，大的多普勒频移使得每个频率成分的变化值不相同，多普勒效应应建模成信号波形的时间尺度的变化（压缩或展宽）。这种情况下，大的多普勒频移需要重采样技术来补偿，将“宽带”问题转变成“窄带”问题。重采样之后，接收机再进行初始相位选择，残余多普勒和信道的估计的环节。

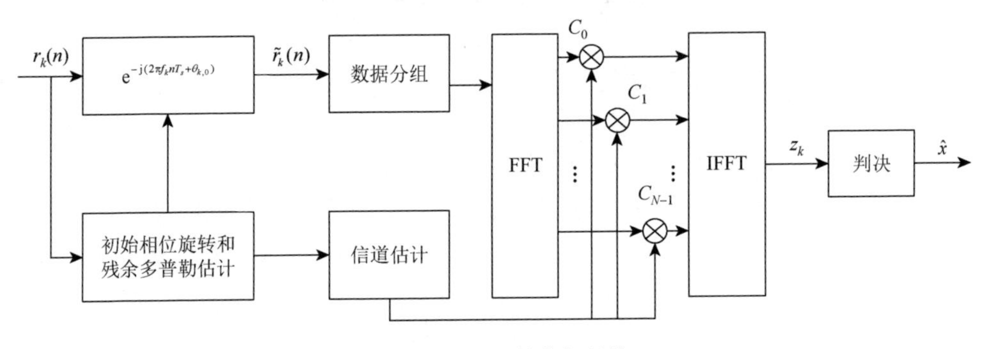

图 3-8　UW-SC 接收机结构

采用扩展长度为 80 的稀疏多径模型，多径条数为 10，其结构如图 3-9 所示。图 3-10 给出了在多普勒频移 $f_d = 2\text{Hz}$ 时对 SC-FDE 系统性能的影响，其中符号长度 $T_s = 0.2\text{ms}$，数据块长度 $N = 1024$，独特字 UW 的长度为 256，数据块数量为 16。图 3-10（a）给出了无相位补偿直接进行频域均衡后的星座图，从图中可以看到，由于相位旋转的影响，使得星座图呈现环状形式，易造成错误判决。在均衡前进行相位补偿后，可以显著改善星座图，如图 3-10（b）所示。

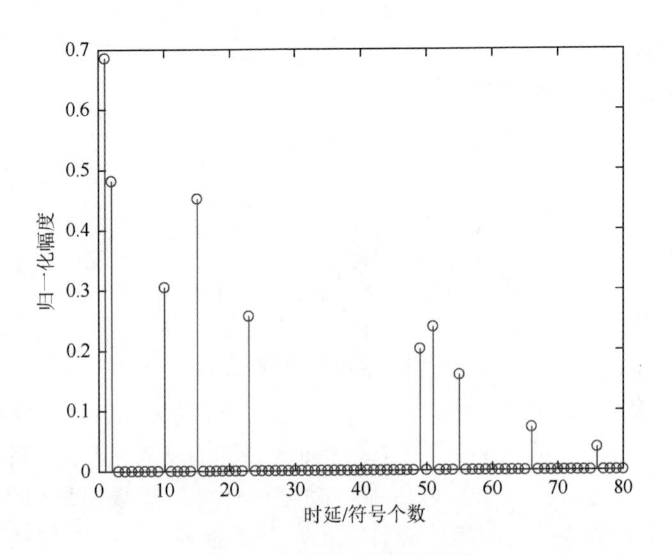

图 3-9　稀疏多径信道模型

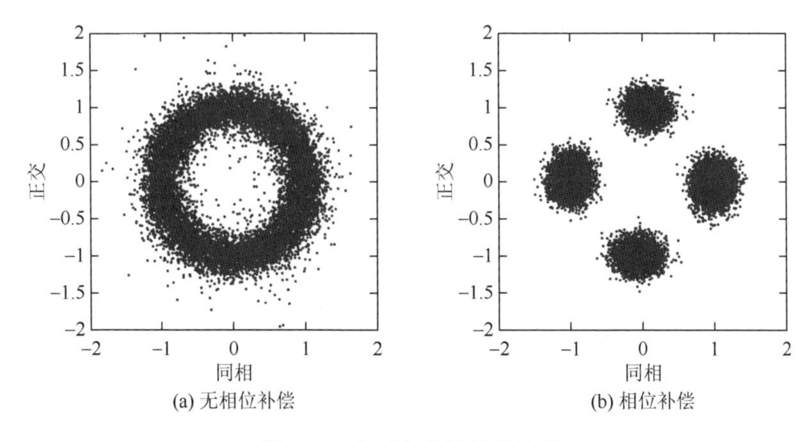

图 3-10　有无相位补偿的效果

3.3　单载波时频域联合均衡

3.3.1　时频域联合均衡系统模型

上面讨论的频域均衡器属于线性均衡器，判决反馈均衡器在频率选择性衰落水声信道中能够获得更佳性能。在常规的 DFE 中，为避免干扰后续符号，对数据符号进行逐符号判决、滤波并立即反馈的操作。因为块 FFT 信号处理中存在无法消除的延迟，所以这种即时滤波判决反馈无法在频域内完成 DFE。时频域联合均衡算法避免了上述常规 DFE 的反馈延迟问题，即前向滤波分支在频域实现，而反向滤波分支在时域实现。常规的时频域联合均衡器结构如图 3-11 所示，其反馈系数需要通过时域或频域计算获得[8]。

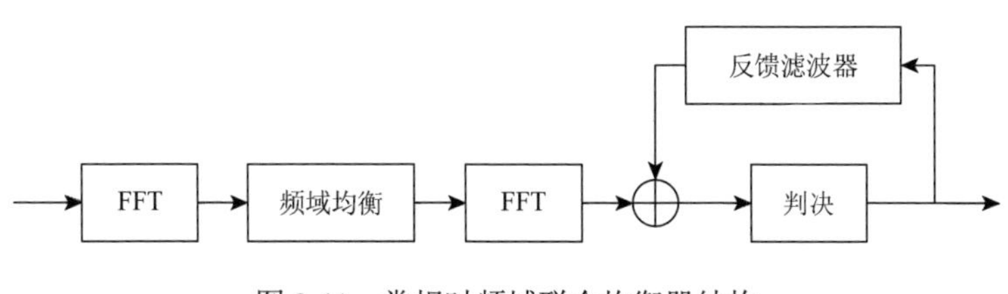

图 3-11　常规时频域联合均衡器结构

与 2.3.2 节所述的被动时反均衡方法类似，本节给出了一种 SC-FDE 系统的时域-频域联合判决反馈均衡器（hybrid time-frequency domain decision feedback equalizer，HTF-DFE），以获得一定的空间分集增益，减少信号的相位波动，消除由信道估计误差造成的残余 ISI。同时，以固定的接收机参数实现多数水声信道下的稳定传输[21]。HTF-DFE 接收机结构如图 3-12 所示，包括常规多通道频域均衡器和内嵌 DPLL 的自适应时域 DFE。多通道接收阵元子阵的数量为 P，每个子阵含 K 个阵元，子阵中 K 个阵元的接收信号通过 FFT 转换为频域形式，再进行频域联合均衡，之后通过 IFFT 变为单路时域输出信号，共计 P 路时域信号，其中 $1 \leqslant P \leqslant M$ 。此结构和 2.4 节中的子阵被动时反类似，不同之处在于频域均衡部分，其中每个支路的均衡器系数 C_k 为

$$\begin{aligned} C_k &= (\tilde{H}_k^{\mathrm{H}} \Phi_k^{\mathrm{H}} \Phi_k \tilde{H}_k + \sigma^2 I)^{-1} \tilde{H}_k^{\mathrm{H}} \Phi_k^{\mathrm{H}} \\ &\approx (|\lambda|^2 \tilde{H}_k^{\mathrm{H}} \tilde{H}_k + \sigma^2 I)^{-1} (\lambda \tilde{H}_k^{\mathrm{H}}) \end{aligned} \tag{3-61}$$

每个子阵含 K 个阵元，则 K 路信号频域联合均衡后，经 IFFT 后的时域信号可表示为

$$\begin{aligned} x_m &= F^{\mathrm{H}} X_k \\ &= F^{\mathrm{H}} \left(\sum_{k=1}^{K} C_k R_k \right), \quad 1 \leqslant m \leqslant P \end{aligned} \tag{3-62}$$

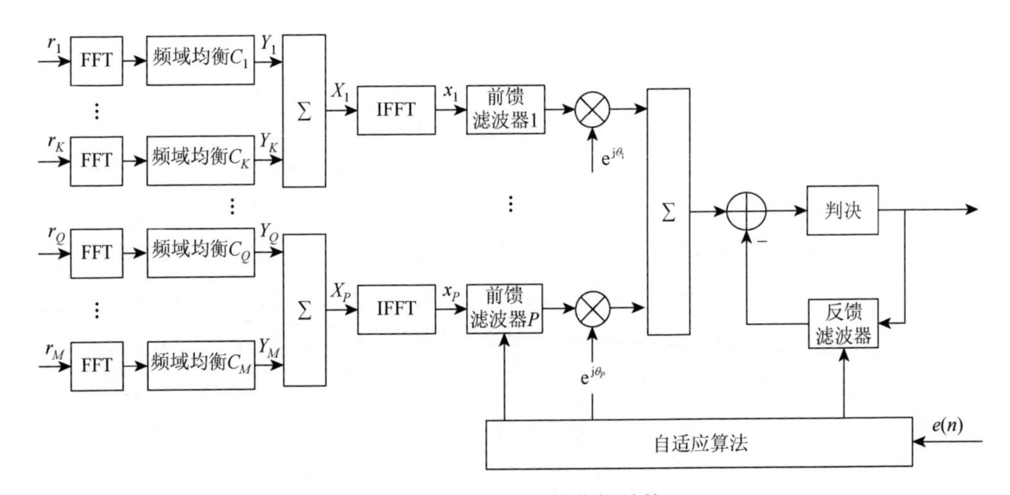

图 3-12 HTF-DFE 接收机结构

如图 3-12 所示，经过子阵频域联合均衡输出后获得 P 路时域信号，再通过 P 路内嵌二阶 DPLL 的时域自适应判决反馈均衡器，HTF-DFE 中多通道部分利用频域均衡降低了计算量，HTF-DFE 中单通道内嵌 DPLL 的判决反馈均衡器可进一步消除残余码间干扰、相位波动的影响。同时由于锁相环的因素，可以避免常规 FDE 中的相位补偿部分。

类似于单载波时域均衡章节中所述的双向判决反馈均衡器[22-24]，可以对时频域联合均衡器中的单通道时域均衡器进行双向均衡，进一步改善系统的误码率性能，此处不再赘述。

3.3.2 仿真性能分析

仿真中采用的水声信道假设为准静态信道，即在各分块中保持不变，信道冲激响应阶数为40，稀疏多径条数为7条，多径幅度服从瑞利分布。仿真信号为采用QPSK调制的UW-SC信号，分块长度为$N=1024$，独特字长度为256。码元持续时间为0.2ms，多普勒频移为1.5Hz，采用如图3-12所示的多通道时频域联合均衡器对接收信号进行处理，其中多普勒引起的相位偏移仅有后续的内嵌锁相环的自适应时域均衡器进行跟踪补偿。接收阵元数目$M=8$，频域联合均衡输出P路信号。均衡器的输出信号星座图如图3-13所示。其中，图3-13（a）为多通道频域均衡输出信号星座图，图3-13（b）和图3-13（c）分别为时频域联合均衡器输出信号星座图，可以发现，相位偏移由锁相环进行了补偿。

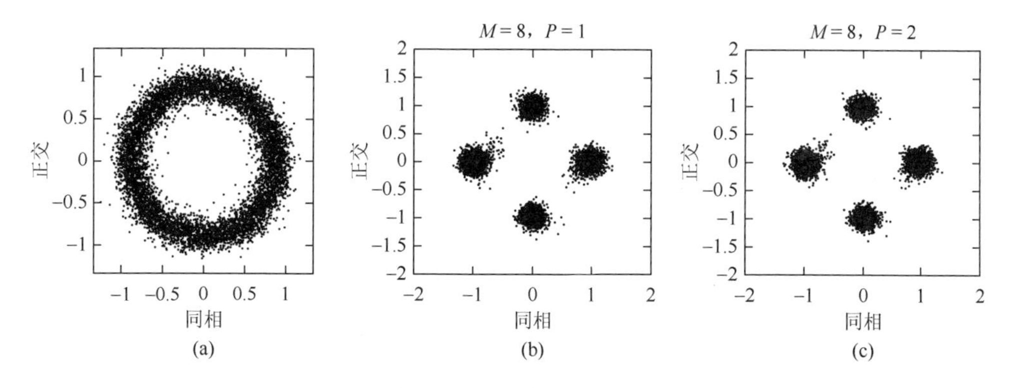

图3-13 时频域联合均衡器输出信号星座图

3.3.3 湖上试验数据处理

本节利用2018年于某水库开展的水声通信试验数据进行上述方法的验证。通信数据帧格式如图3-3所示，采用的是UW-SC格式和BPSK调制。通信信号中心频率为6kHz，符号持续时间为0.25ms，每个数据块含1024个符号，其中包括了长度为256的独特字，可知每个数据块持续时间为256ms，独特字符号持续时间为64ms。通信距离1km，接收阵包含6个接收水听器，共计传输30个数据块，含23040bit数据。各通道的信道冲激响应（CIR）如图3-14所示，可知信道多径扩展集中于25ms以内，小于独特字符号持续时间。时频域联合均衡器中的时域均衡器部分前向和反向滤波器的长度均为32。

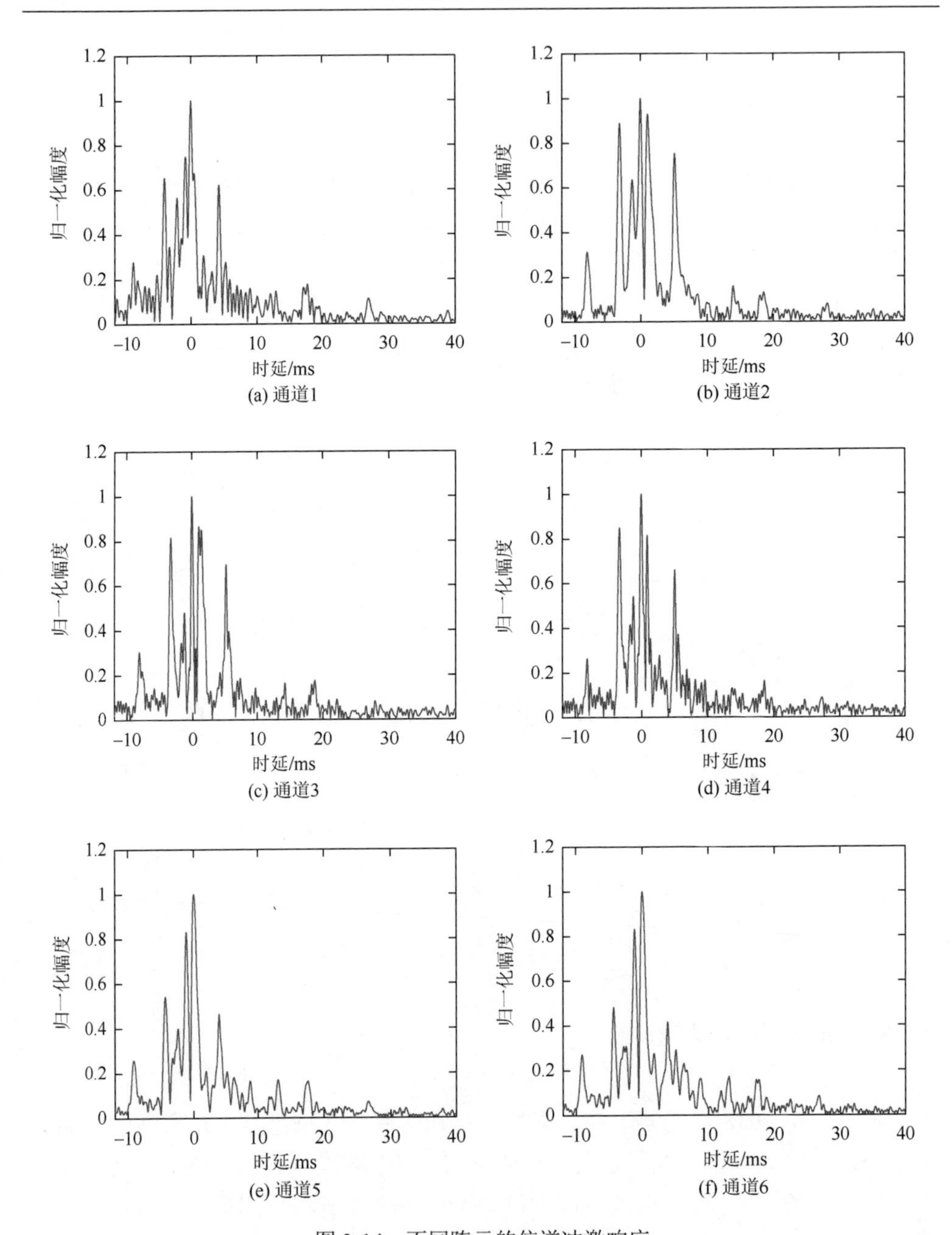

(a) 通道1　(b) 通道2　(c) 通道3　(d) 通道4　(e) 通道5　(f) 通道6

图 3-14　不同阵元的信道冲激响应

为评估均衡器效果，除了利用误码率之外，还可利用输出信噪比，其定义为

$$\mathrm{SNR}=10\lg\frac{|d_n|^2}{\dfrac{1}{N}\sum_{n=1}^{N}|d_n-\hat{d}_n|^2} \tag{3-63}$$

式中，d_n 为发射的 MPSK 信号；$\hat{d}_n$ 为均衡器输出信号；N 为发射符号数。

不同均衡器输出信号星座图如图 3-15 所示。其中，图 3-15（a）为单通道频域均衡（FDE）输出信号的星座图，误码率为7.0×10^{-2}，输出信噪比为 2.4dB；图 3-15（b）为 6 通道频域均衡输出信号的星座图，误码率为1.6×10^{-2}，输出信噪比为 3.9dB；图 3-15（c）和（d）分别为时频域联合均衡器输出信号 $P=1$ 和 $P=2$ 的星座图，误码率均为2.7×10^{-4}，输出信噪比分别为 8.2dB 和 8.6dB；图 3-15（e）

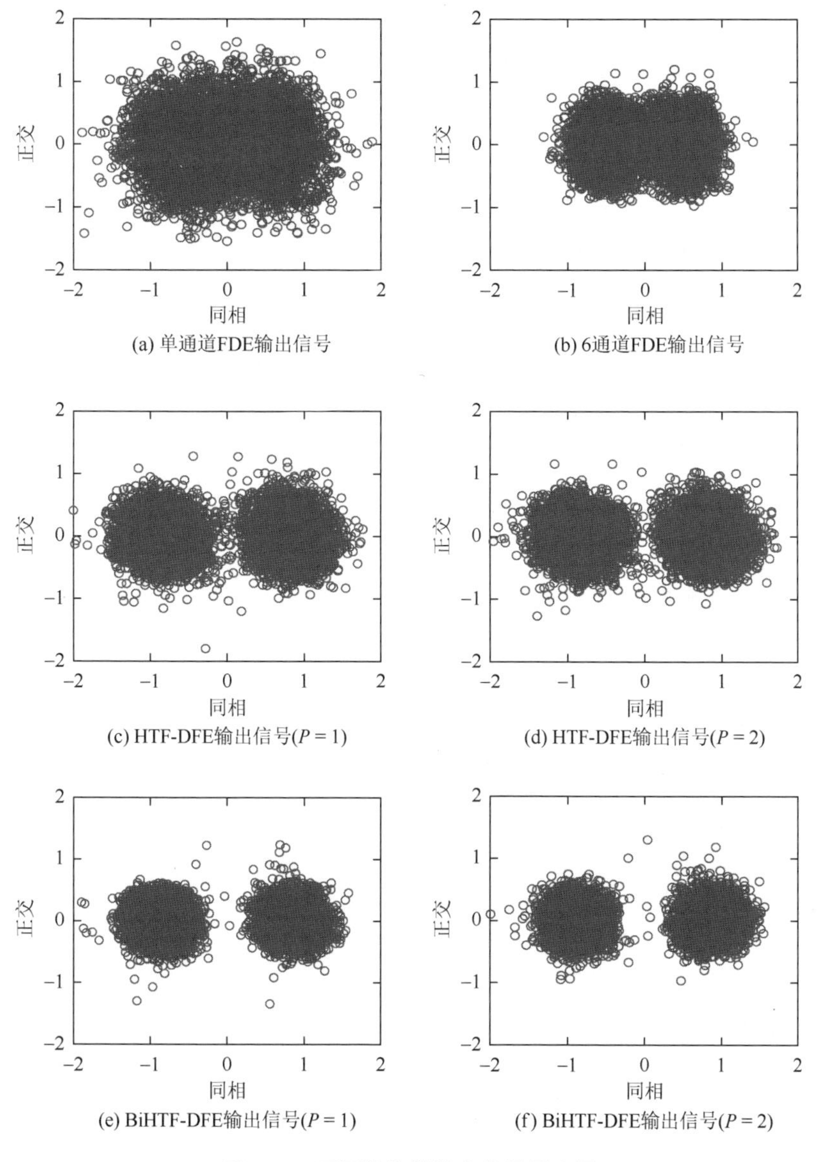

图 3-15　不同均衡器输出信号星座图

和（f）为双向时频域联合均衡器输出信号 $P=1$ 和 $P=2$ 的星座图，无误码产生，输出信噪比分别为 9.3dB 和 9.7dB。由处理结果可知，时频域联合均衡的误码率比常规多通道频域均衡误码率降低约 2 个数量级，输出信噪比提高 3.3dB 左右，双向时频联合均衡器实现无误码传输，输出信噪比则进一步提高 1.1dB。

3.4　块迭代软判决反馈均衡算法

相较于线性均衡结构，块迭代判决反馈均衡器（iterative block decision feedback equalizer，IBDFE）能有效提高系统性能[25]。图 3-16 给出了基于硬判决的判决反馈均衡结构框图。

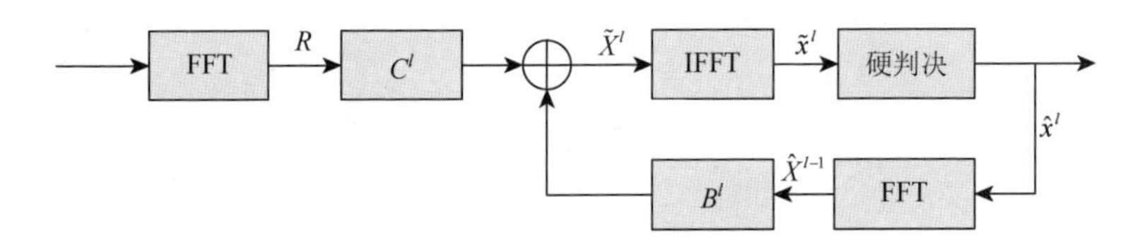

图 3-16　基于硬判决的判决反馈均衡器

接收端首先经过同步、相位补偿之后，对接收信号按长度为 N 进行分块处理。随后对分块后的信号进行 FFT，将时域信号转化成频域信号。信号经过前向均衡器滤波后，对均衡器输出符号进行符号判决，得到符号信息，将其通过反向滤波器，以消除码间干扰。其频域数学模型为

$$\tilde{X}^l=(C^l)^{\mathrm{H}}R-(B^l)^{\mathrm{H}}\hat{X}^{l-1} \tag{3-64}$$

式中，$\tilde{X}^l$ 为第 l 次迭代均衡器输出信号频域表示；R 为接收信号的频域表示；C^l 为第 l 次迭代前向滤波器系数；B^l 为第 l 次迭代反向滤波器系数；$\hat{X}^{l-1}$ 为第 $l-1$ 次迭代均衡器输出信号硬判决后的频域表示。在该模型中，频域均衡器的输出 $\tilde{X}^l$ 实际上是对来自前向通道和反向回路的信号干扰抵消结果。

发射信号的频域形式 X_k 和其估计信号的频域形式 $\hat{X}_k$ 的功率分别表示为

$$M_{X_k}=E[|X_k|^2]，\quad M_{\hat{X}_k}=E[|\hat{X}_k|^2] \tag{3-65}$$

X_k 和 $\hat{X}_k$ 的相关为

$$r_{X_k\hat{X}_k^{l-1}}=E[X_k\hat{X}_k^{(l-1)*}] \tag{3-66}$$

式中，*表示复共轭。

此时，均衡器输出信号的均方误差为

$$J^{(l)}=\frac{1}{N}\sum_{n=1}^{N}E[|\tilde{x}_n-x_n|^2]$$
$$=\frac{1}{N^2}\sum_{k=0}^{N-1}E[|C_k^l R_k-B_k^l\hat{X}_k^{l-1}-X_k|^2] \tag{3-67}$$

对于反向滤波器，还有约束条件为

$$\sum_{k=0}^{N-1}B_k^l=0 \tag{3-68}$$

最小化式（3-68），得到最优的滤波器系数为

$$B_k^l=-\frac{r_{X_k\hat{X}_k^{l-1}}}{M_{\hat{X}_k}}[H_k C_k^l-\gamma^l],\quad 0\leqslant k\leqslant N-1 \tag{3-69}$$

$$C_k^l=\frac{H_k^{\mathrm{H}}}{N\sigma_w^2+M_{X_k}\left(1-\dfrac{|r_{X_k\hat{X}_k^{l-1}}|^2}{M_{\hat{X}_k^{l-1}}M_{X_k}}\right)|H_k|^2},\quad 0\leqslant k\leqslant N-1 \tag{3-70}$$

式中，σ_w 为噪声方差。

对于第一次迭代，没有反馈的信息，所以 IBDFE 就等同于 MMSE 均衡：

$$C_k^l=\frac{H_k^{\mathrm{H}}}{N\sigma_w^2+M_{X_k}|H_k|^2} \tag{3-71}$$

上述均衡器采用的是存在性能损失的硬判决方式，且需要估计判决信号与发射信号的相关性。同时滤波器的设计过程中需要利用信道信息，而由于水声信道的时变性，利用初始训练序列估计的信道可能出现失配。在传统的 IBDFE 中，迭代时一直保持原来的信道，因此当出现信道失配时，系统性能将变得越来越差。

3.4.1　块迭代软判决反馈均衡

本节提出基于迭代信道估计的块迭代软判决反馈均衡器（iterative channel estimatio soft decision iterative block feedback equalizer，ICE-SD-IBDFE），其结构框图如图 3-17 所示。对于该均衡器的输出结果，采用软判决的方式，并将符号的

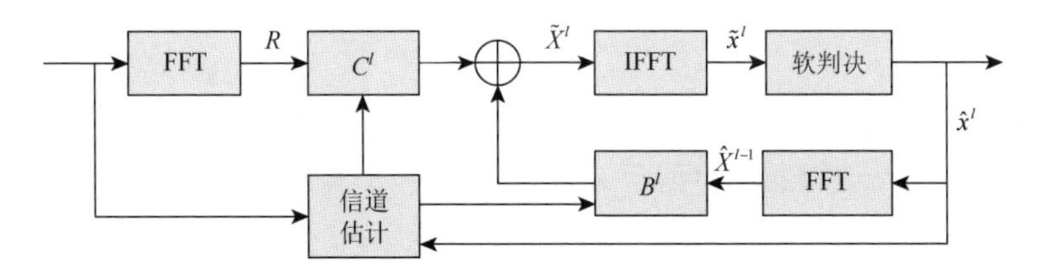

图 3-17　块迭代软判决反馈均衡器

似然比进行反馈，进而提高均衡器性能[25]。同时提出联合训练序列和面向判决的迭代信道估计方法，将反馈的符号估计结果作为迭代过程中对信道进行重新估计的依据，为了防止错误扩展的发生导致系统性能下降，对估计的信道进行加权。

对于第 l 次迭代，均衡器的输出为

$$\tilde{X}^{l}=(C^{l})^{\mathrm{H}}R-(B^{l})\hat{X}^{l-1} \tag{3-72}$$

式中，$\tilde{X}^{l}$ 为第 l 次迭代均衡器输出信号的频域形式；R 为接收信号的频域形式；C^{l} 为第 l 次迭代前向滤波器系数；B^{l} 为第 l 次迭代反向滤波器系数；$\hat{X}^{l-1}$ 为第 $l-1$ 次迭代均衡器输出信号软判决结果频域表示。在该模型中，频域均衡器的输出 $\tilde{X}^{l}$ 同样是对来自前向通道和反向回路的信号干扰抵消结果。

将软判决器输出信号 $\hat{x}_{n}^{l}$ 建模为均衡器输出信号 $\tilde{x}_{n}^{l}$ 的期望：

$$\hat{x}_{n}^{l}=E[\tilde{x}_{n}^{l}]=\sum_{i}\alpha_{i}p_{\tilde{x}_{n}^{l}}(\alpha_{i}) \tag{3-73}$$

式中，α_{i} 属于星座集合 A；$p_{\tilde{x}_{n}^{l}}(\alpha_{i})$ 表示 $\tilde{x}_{n}^{l}$ 取值为 α_{i} 的概率。

假设均衡器的输出信号误差为独立同分布的高斯随机变量（均值为零、方差为 $\tilde{\sigma}_{\tilde{w}_{n}^{l}}^{2}$）。据此，均衡器输出信号的时域模型为

$$\tilde{x}_{n}^{l}=x_{n}+\tilde{w}_{n}^{l} \tag{3-74}$$

所以后验概率 $p_{x|\tilde{x}_{n}^{l}}(\alpha_{i})$ 为

$$p_{x|\hat{x}_{n}^{l}}(\alpha_{i})=K\exp\left\{-\frac{\|\tilde{x}_{n}^{l}-\beta^{l}\alpha_{i}\|^{2}}{\tilde{\sigma}_{\tilde{w}_{n}^{l}}^{2}}\right\} \tag{3-75}$$

式中，K 为归一化因子；β^{l} 为期望信号的增益。均衡器输出误差的方差近似为

$$\tilde{\sigma}_{\tilde{w}_{n}^{l}}^{2}\approx\frac{1}{N}\sum_{n=0}^{N-1}\|\tilde{x}_{n}^{l}-\hat{x}_{n}^{l}\|^{2} \tag{3-76}$$

因此均衡器的输出 $\tilde{x}_{n}^{l}$ 的方差为

$$\sigma_{\tilde{x}_{n}^{l}}^{2}=E[\|\tilde{x}_{n}^{l}\|^{2}]-E[\|\tilde{x}_{n}^{l}\|]^{2}=M_{\tilde{x}_{n}^{l}}-\|\hat{x}_{n}^{l}\|^{2} \tag{3-77}$$

式中

$$M_{\tilde{x}_{n}^{l}}=E[\|\tilde{x}_{n}^{l}\|^{2}]=\sum\|\alpha_{i}\|^{2}p_{x|\tilde{x}_{n}^{l}},\quad x=\alpha_{i}\,|\,\tilde{x}_{n}^{l} \tag{3-78}$$

其频域的方差为

$$\varSigma^{l}=\sum_{n=0}^{N-1}\sigma_{\tilde{x}_{n}^{l}}^{2} \tag{3-79}$$

根据 MMSE 准则来设计前向滤波器和反向滤波器系数，使得滤波器噪声和剩余干扰最小。假设均衡器输出信号 $\tilde{x}_{n}^{l}$ 与输入信号 x_{n} 具有相同的统计特征，可得到滤波器系数为

$$C_{k}^{l}=\frac{(H_{k}^{l-1})^{\mathrm{H}}\varSigma^{l-1}}{\|H_{k}^{l-1}\|^{2}\varSigma^{l-1}+N\sigma_{w}^{2}} \tag{3-80}$$

$$B_k^l = C_k^l H_k^{l-1} - 1 \tag{3-81}$$

式中，σ_w^2 为噪声方差。根据文献[8]，对于期望信号增益 β^l 的初值设置为

$$\beta^0 = \frac{1}{N}\sum_{k=0}^{N-1} C_n^0 H_k^{l-1} \tag{3-82}$$

并基于 $\tilde{x}_n^l = x_n$ 的假设，剩下的迭代过程中设置为 $\beta^l = 1$，本章中则为

$$\beta^l = \frac{1}{N}\sum_{n=0}^{N-1} C_n^l H_n^{l-1} \tag{3-83}$$

为了保证迭代稳定，对前向滤波器系数进行归一化，新的滤波器系数为

$$C_k^l = \frac{\Lambda_k^l}{\Gamma} \tag{3-84}$$

$$B_k^l = C_k^l H_k^{l-1} - 1 \tag{3-85}$$

式中

$$\Lambda_k^l = \frac{(H_k^{l-1})^{\mathrm{H}}\,\Sigma^{l-1}}{\| H_k^{l-1} \|^2\,\Sigma^{l-1} + N\sigma_w^2} \tag{3-86}$$

$$\Gamma = \frac{1}{N}\sum_{k=0}^{N-1} \Lambda_k^l H_k^{l-1} \tag{3-87}$$

3.4.2　迭代信道估计

对于单载波块传输系统，在接收端处理时假设信道是准静态的，即在一个块内信道保持不变，所以大多数情况下采用最小二乘（least squares，LS）信道估计或 MMSE 信道估计这类块结构的信道估计方法。而对于第 2 章中提到的自适应信道估计方法，主要应用到逐符号估计的时域均衡系统，用来跟踪时变信道。但是在实际系统中，信道的时变性会导致利用训练序列估计信道可能出现失配的情况，因此出现了基于面向判决的信道估计方法。面向判决的信道估计将每次判决的结果作为发射信号，重新进行信道估计。这种方法适合应用于时变信道，但其缺点在于存在信道估计的噪声增强问题。

联合训练序列和面向判决的迭代信道估计，是指由插入的 PN 序列进行初次信道估计，之后对每次均衡后的结果采用面向判决的信道估计，在下一次迭代使用的信道估计结果为前面提到的两种估计方法的加权和，这样能够有效地提高信道估计精度。当通过 PN 得到初始的信道估计 H^0 后，利用 H^0 进行一次频域均衡，得到符号软信息 $\hat{X}^l$，对 $\hat{X}^l$ 进行硬判决得到符号 X_D^l。因此可以利用符号 X_D^l 进行下一次估计。此时采用 LS 信道估计方法，即

$$H_{\mathrm{LS}}^l = \frac{R}{X_D^l} = H + \frac{W}{X_D^l} = H + \epsilon^l \tag{3-88}$$

LS 信道估计方法计算简便，缺点是其信道估计对噪声比较敏感。从式（3-88）可以看出，当ϵ^l较大时，H_{LS}^l会有较大的误差。为了降低噪声影响，采用文献[26]基于 DFT 的信道估计方法。由于水声信道具有稀疏性，信道的大部分能量集中在少数的几条路径，利用这种特性可以在时域进行降噪处理。对估计的信道H_{LS}^l进行 IDFT 处理为

$$h_{\mathrm{LS},k}^l = \sum_{n=0}^{N-1} H_{\mathrm{LS}}^l \mathrm{e}^{\mathrm{j}\frac{2\pi nk}{N}} = h_k + e_k^l, \quad k = 0,1,\cdots,N-1 \tag{3-89}$$

式中，e_k^l为估计误差时域表示。通过对插入的 PN 进行相关处理，可以粗略估计信道最大时延扩展为$\hat{L}$。时域降噪处理为

$$h_{\mathrm{DFT},k}^l = \begin{cases} h_{\mathrm{DFT},k}^l, & k = 0,1,\cdots,\hat{L}-1 \\ 0, & n = \hat{L},\hat{L}+1,\cdots,N-1 \end{cases} \tag{3-90}$$

在对$h_{\mathrm{DFT},k}^l$进行 DFT 即可得到降噪后的频域信道：

$$H_{\mathrm{DFT},k}^l = \sum_{n=0}^{N-1} h_{\mathrm{DFT},k}^l \mathrm{e}^{-\mathrm{j}\frac{2\pi nk}{N}} = h_k + e_k^l, \quad k = 0,1,\cdots,N-1 \tag{3-91}$$

利用文献[27]所提方法将$H_{\mathrm{DFT},k}^l$与H^0加权合并，得到新的信道估计结果，即

$$H^l = \frac{H^0\sigma_0^2 + H_{\mathrm{DFT}}^l\sigma_{\mathrm{DFT}}^2}{\sigma_0^2 + \sigma_{\mathrm{DFT}}^2} \tag{3-92}$$

式中，σ_{DFT}^2和σ_0^2分别为H_{DFT}和H^0的方差。

3.4.3 仿真性能分析

本节对单载波块迭代均衡方法进行仿真比较分析[29]。采用的水声信道为实际试验测量所得，具体参数如表 3-2 所示，表中已对衰落系数进行了归一化处理。信道共有 5 条主要路径，最大多径时延扩展为 31.1ms。

表 3-2　水声信道参数

多径	系数	时延/ms
1	0.5791	0
2	0.6929	9.8
3	0.3370	16.4
4	0.1938	26.0
5	0.1831	31.1

仿真中数据块长度设置为 1024，其中信息数据的长度为 896，PN 序列的长度为 128。PN 序列由一个长度 127 的 m 序列加上 1 组成。仿真中信号调制为 QPSK，符号宽度设置为 0.5ms，因此有效数据通信速率为 3.5kbit/s，最大多径扩展覆盖 60 多个码元宽度。

用来对比的均衡算法有 MMSE 均衡器、低复杂度 IBDFE[18]、硬判决块迭代判决反馈均衡器（hard decision iterative block decision feedback equalizer，HD-IBDFE）和软判决块迭代判决反馈均衡器（soft decision iterative block decision feedback equalizer，SD-IBDFE）[28]。根据文献[18]设置低复杂度 IBDFE 的参数，HD-IBDFE 和 SD-IBDFE 迭代次数设置为 4 次。

图 3-18 给出了在表 3-2 所示信道下不同均衡算法的误符号率（symbol error rate，SER）曲线。很明显，信道已知情形下的性能要优于信道估计情形下的性能。根据误符号率结果，MMSE 均衡器的误符号率最高，表明其在衰落复杂的信道中的性能较差。对于 IBDFE，与 MMSE 比较，低复杂度 IBDFE 的误符号率相对较低，但依旧比 HD-IBDFE 和 SD-IBDFE 差；此外，采用软判决方式的 SD-IBDFE 的性能要优于采用硬判决方式的 HD-IBDFE。在信道已知情况下，在误符号率为 10^{-4} 时，4 次迭代的 SD-IBDFE 方法有着 2dB 的性能增益。在信道未知时，SD-IBDFE 方法的性能增益为 1dB。可以说，无论信道已知还是未知，SD-IBDFE 方法都优于 HD-IBDFE 方法。

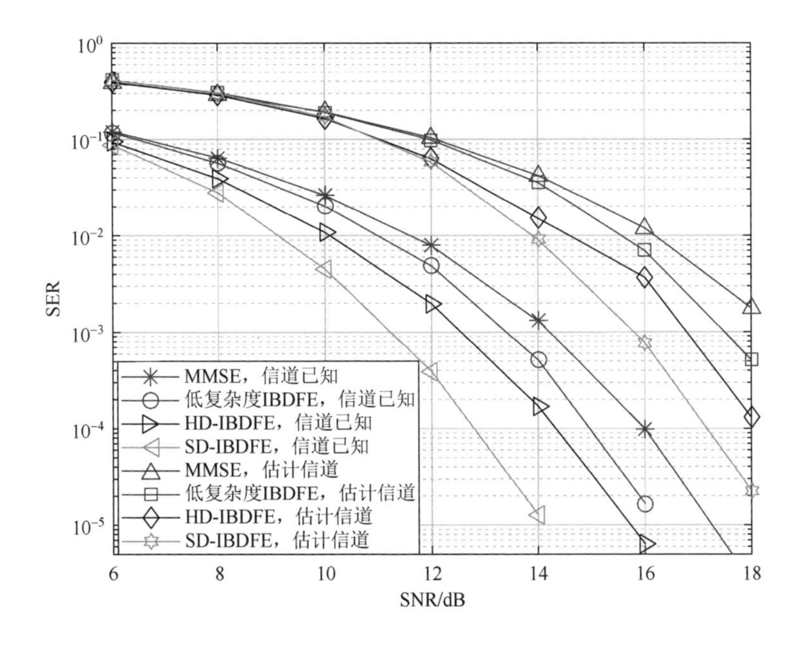

图 3-18　不同均衡算法误符号率性能仿真

3.4.4 湖上试验数据处理

本节采用 2011 年在陕西某水库进行的湖上高速率水声通信的试验数据。发射船抛锚于码头处，发射端水深约为 4m，发射换能器布放深度为 1m。接收船到达就位点后，漂浮于湖面上，速度约为 0.5kn。

就位点水深为 12.5m，接收端采用阵列接收，共 6 个接收水听器，布放深度为 3m。发射和接收换能器均无指向性。通信试验时，发射船和接收船主辅机停机，发射船和接收船之间的直线距离约为 1.8km，通信距离与水深之比大于 100，属浅水信道。湖底为泥沙，声波反射较小，但码头岸基为水泥材质，声波反射较大。

发射端利用笔记本电脑产生水声通信调制信号，通过 L2 功率放大器进行功率放大，利用功放输出信号驱动弯张型发射换能器，同时利用标准水听器监测发射声信号；接收系统由光纤水听器阵、数据采样记录仪及光电信号处理机等组成。

发射信号载波频率为 4kHz，水听器采样频率为 36kHz。发射数据帧以线性调频（linear frequency modulation，LFM）信号作为帧头，用于同步及信道探测。为防止 LFM 信号对后续数据信号构成码间串扰，在调制数据和 LFM 信号之间插入保护间隔。发射信号帧结构如图 3-19 所示。调制数据以分块的形式进行组帧传输。数据调制方式为 QPSK，发射数据为随机二进制数，发射数据共包含 30 个数据块，每个数据块包含插入的 PN 码和数据信息，PN 码长度为 256 的 *m* 序列，通信数据的码元宽度为 0.5ms，所以系统的传输速率为 4kbit/s，有效数据通信速率为 3kbit/s，有效数据量为 23040bit。

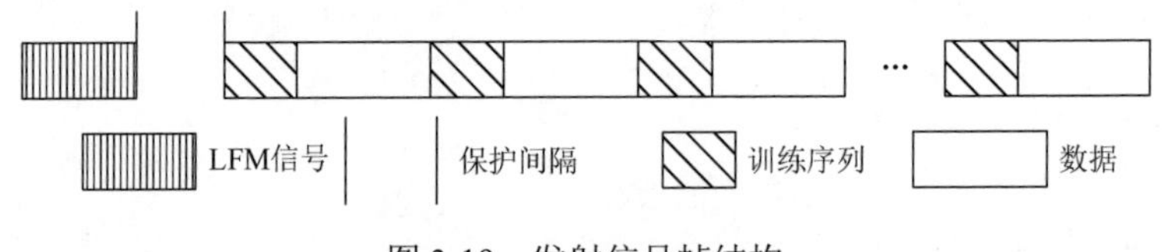

图 3-19 发射信号帧结构

接收端利用线性调频信号进行信号同步、多普勒频移估计和补偿，残余多普勒频移通过相邻的两个 PN 序列进行估计。同时利用每个数据块中插入的 PN 码进行信道估计，初始信道估计方法为压缩感知稀疏信道估计方法。图 3-20 为不同时刻对信道冲激响应的估计结果。从图中可以看出，由于水库水深较浅，并且发射端离岸边较近，造成发射声波的多次发射，使得试验水声信道为一密集多径信道。由图可见，信道具有一定的时变性，多径扩展约为 30ms，相当于 60 个码元宽度，在主路径之前有较强的多径干扰。

分别采用低复杂度 IBDFE、HD-IBDFE、SD-IBDFE（没有迭代信道估计）和 ICE-SD-IBDFE 方法对试验数据进行处理，其中低复杂度 IBDFE 迭代次数为 2 次，HD-IBDFE 和 ICE-SD-IBDFE 的最大迭代次数为 5 次。需要指出的是，1 次迭代的 IBDFE 由于没有反馈，即相当于 MMSE 均衡器。

利用湖上数据分别对 MMSE、低复杂度 IBDFE、HD-IBDFE 和本节所提出的 SD-IBDFE（没有迭代信道估计）和 ICE-SD-IBDFE 方法的性能进行分析。

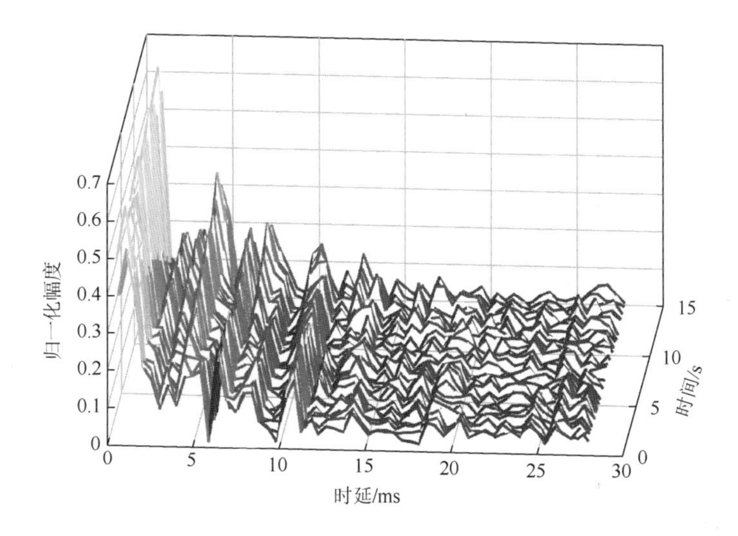

图 3-20　试验时变信道冲激响应函数图（彩图附书后）

表 3-3 给出了 QPSK 调制单通道的情况下，采用不同均衡方法和不同均衡次数的误码率结果。从表中可以看出，IBDFE 方法明显优于 MMSE 方法，采用软判决的 SD-IBDFE 明显优于相同迭代次数的硬判决 HD-IBDFE 方法。在 5 次迭代后，未采用迭代信道估计的 HD-IBDFE 系统的误码率维持在 2×10^{-2} 左右，而 SD-IBDFE 方法的误码率维持在 5×10^{-3} 左右。同时随着迭代次数的增大，两种方法的误码率都有所下降。但对于 HD-IBDFE，增加迭代次数误码率下降不大，而对于软判决方法，性能提升较为明显。

表 3-3　QPSK 调制单通道的误码率　（单位：%）

均衡器	通道 1	通道 2	通道 3	通道 4	通道 5	通道 6
MMSE 均衡	1.06	3.59	3.70	4.84	5.01	4.11
低复杂度 IBDFE	2.69	2.38	2.90	3.33	4.03	2.98
2 次 HD-IBDFE	2.36	2.20	1.92	2.89	3.22	2.42
5 次 HD-IBDFE	2.17	2.04	1.78	2.56	3.05	2.17
5 次 ICE- HD-IBDFE	0.74	0.66	0.70	1.06	0.97	0.71

续表

均衡器	通道 1	通道 2	通道 3	通道 4	通道 5	通道 6
2 次 SD-IBDFE	1.33	1.40	1.13	1.63	1.86	1.42
5 次 SD-IBDFE	0.52	0.48	0.48	0.58	0.87	0.64
5 次 ICE-SD-IBDFE	0.24	0.27	0.30	0.28	0.54	0.30

此外，采用迭代信道估计技术对于两种方法都能有效降低系统误码率，体现了迭代信道估计方法的有效性。此时 ICE-SD-IBDFE 的误码率是 ICE-HD-IBDFE 的一半，具有很大的优势。对于 HD-IBDFE 来说，采用迭代信道估计的性能提升更为明显。其原因在于原来的信道估计误差导致的错误判决可能出现错误扩展的情形。

表 3-4 给出了不同处理方法的输出信噪比。从表中可以得到，低复杂度 IBDFE 的输出信噪比低于多次迭代的 IBDFE；SD-IBDFE 的平均输出信噪比也高于 HD-IBDFE 1.5dB，进一步体现了 SD-IBDFE 的优势。

表 3-4　迭代 5 次单通道的输出信噪比对比　（单位：dB）

通道	低复杂度 IBDFE	HD-IBDFE	SD-IBDFE
1	7.98	9.11	10.64
2	8.35	9.13	10.57
3	7.91	9.06	10.26
4	7.66	8.74	10.47
5	7.28	8.60	9.94
6	7.84	9.22	10.41

图 3-21 给出了分别利用 HD-IBDFE 和 SD-IBDFE 对第 3 个接收阵元的接收信号处理后的星座图。从图中可以看出，SD-IBDFE 的星座图间隔明显大于 HD-IBDFE，并且随着迭代次数的提高，区分也越来越明显。对于输出信噪比，

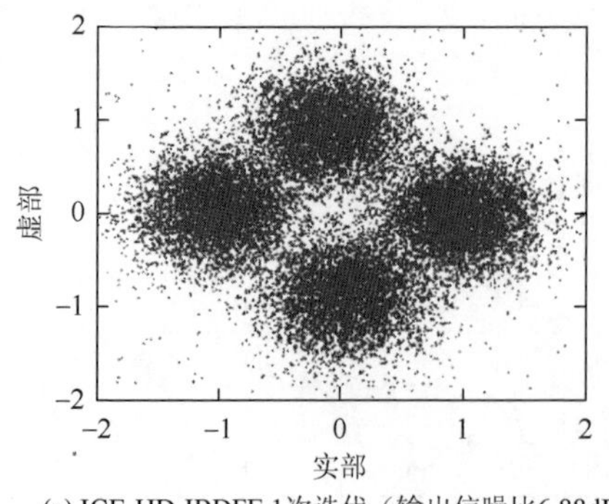

(a) ICE-HD-IBDFE 1次迭代（输出信噪比6.88dB）

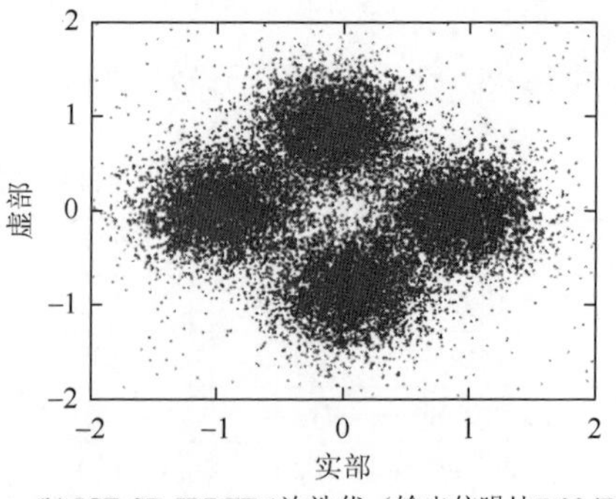

(b) ICE-SD-IBDFE 1次迭代（输出信噪比7.02dB）

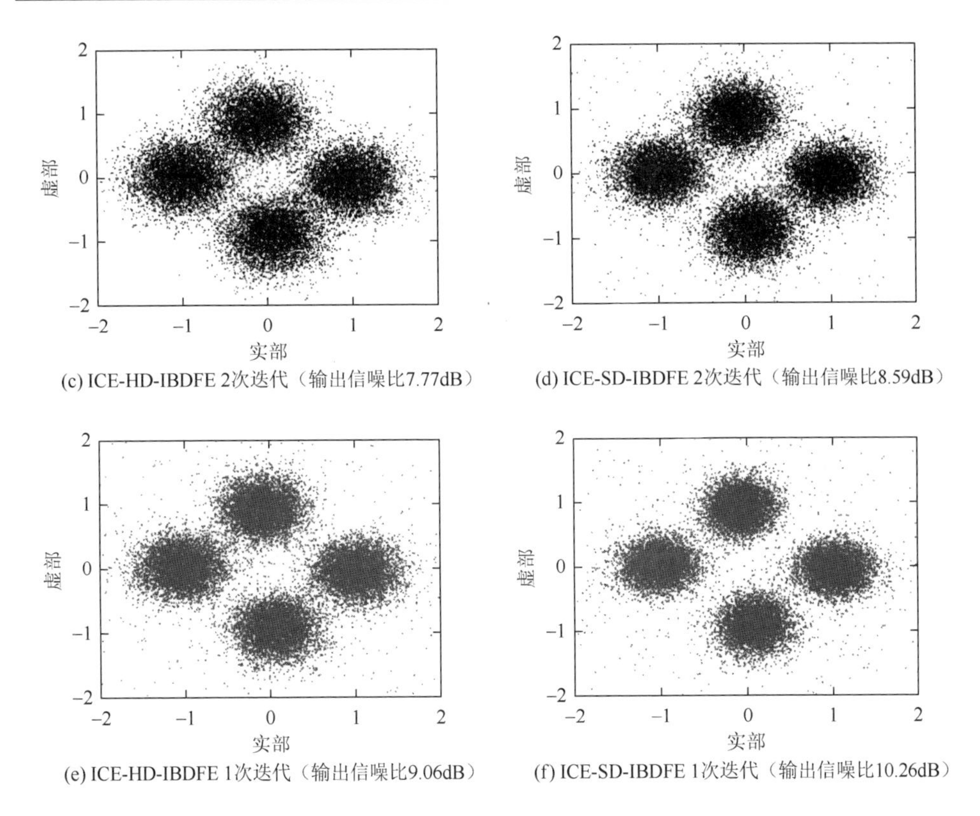

(c) ICE-HD-IBDFE 2次迭代（输出信噪比7.77dB）

(d) ICE-SD-IBDFE 2次迭代（输出信噪比8.59dB）

(e) ICE-HD-IBDFE 1次迭代（输出信噪比9.06dB）

(f) ICE-SD-IBDFE 1次迭代（输出信噪比10.26dB）

图 3-21　第 3 通道数据处理结果对比

增加迭代次数时，HD-IBDFE 的增长并不明显；而对于 SD-IBDFE，其输出信噪比的提高则相对更为明显。这表明由于 SD-IBDFE 能够避免错误判决造成的误码扩展，随着迭代次数的增大，能够明显提高 SD-IBDFE 的性能，而 HD-IBDFE 的性能提升并不显著。

3.5　本 章 小 结

本章主要对单载波频域均衡方法进行了研究。首先对单载波频域均衡系统结构进行介绍，同时介绍了常规的线性均衡方法和单载波时频域均衡方法，之后对基于块迭代的判决反馈均衡水声通信方法进行了研究。在硬判决块迭代判决反馈均衡器的基础上，提出基于迭代信道估计的软判决块迭代判决反馈均衡器(ICE-SD-IBDFE)。该均衡器通过对均衡器输出信号进行软符号判决，将得到的符号软信息反馈，以进一步消除信道影响；同时利用每次迭代中均衡器得到符号重新进行信道估计，并对得到的信道估计结果进行加权来消除错误扩展。最后，对该均衡器进行计算机仿真和湖试验证。由仿真结果可知，SD-IBDFE 算法明显优于 HD-IBDFE 算法。对所提的块迭代均衡方法进行了湖上试验验证，试验处理结果表明，该方法在通信距离为 1.8km 的浅水复杂信道条件下，单通道无编码误码率达到 10^{-3}，能实现通信速率为 4kbit/s 的通信。与其他已有的水声通信均衡处理方法相比，该均衡器能够明显提高系统性能。与非迭代信道估计的均衡器相比，采用迭代信道估计能有效提高信道估计精度，降低系统误码率。

参 考 文 献

[1] Stojanovic M，Catipovic J A，Proakis J G. Phase-coherent digital communications for underwater acoustic channels[J]. IEEE Journal of Oceanic Engineering，1994，19（1）：100-111.

[2] Stojanovic M. Recent advances in high-speed underwater acoustic communications[J]. IEEE Journal of Oceanic Engineering，1996，21（2）：125-136.

[3] Lapierre G，Beuzelin N，Labat L，et al. 1995-2005：Ten years of active research on underwater acoustic communications in Brest[J]. Europe Oceans，2005，1：425-430.

[4] 朱维庆，朱敏，王军伟，等. 水声高速图像传输信号处理方法[J]. 声学学报，2007，（5）：385-397.

[5] 刘云涛. 相位相干高速水下通信的关键技术研究[D]. 哈尔滨：哈尔滨工程大学，2004.

[6] Zhou S，Wang Z H. OFDM for Underwater Acoustic Communications[M]. New York：John Wiley & Sons，2014.

[7] Sayed A H. Adaptive Filters[M]. New York：John Wiley & Sons，2011.

[8] Falconer D，Ariyavisitakul S L，Benyamin-Seeyar A，et al. Frequency domain equalization for single-carrier broadband wireless systems[J]. IEEE Communications Magazine，2002，40（4）：58-66.

[9] Deneire L，Gyselinckx B，Engels M. Training sequence versus cyclic prefix-a new look on single carrier communication[J]. IEEE Communications Letters，2001，5（7）：292-294.

[10] Pancaldi F，Vitetta G M，Kalbasi R，et al. Single-carrier frequency domain equalization[J]. IEEE Signal Processing Magazine，2008，25（5）：37-56.

[11] Sari H，Karam G，Jeanclaud I. Frequency-domain equalization of mobile radio and terrestrial broadcast channels[J]. 1994 IEEE GLOBECOM Communications：The Global Bridge，1994，1：1-5.

[12] Sari H，Karam G，Jeanclaude I. Transmission techniques for digital terrestrial TV broadcasting[J]. IEEE Communications Magazine，1995，33（2）：100-109.

[13] Wang Z，Ma X，Giannakis G B. OFDM or single-carrier block transmissions? [J]. IEEE Transactions on Communications，2004，52（3）：380-394.

[14] Zheng Y R，Xiao C S，Yang T C，et al. Frequency-domain channel estimation and equalization for single carrier underwater acoustic communications[C]. Oceans 2007，Vancouver，2007：1-6.

[15] He C B，Huang J G，Zhang Q F，et al. Single carrier frequency domain equalizer for underwater wireless communication[C]. 2009 WRI International Conference on Communications and Mobile Computing，Kunming，2009：186-190.

[16] Zheng Y R，Xiao C S，Yang T C，et al. Frequency-domain channel estimation and equalization for shallow-water acoustic communications[J]. Physical Communication，2010，3（1）：48-63.

[17] He C B，Huang J G，Zhang Q F. Hybrid time-frequency domain equalization for single-carrier underwater acoustic communications[C]. Proceedings of the Seventh ACM International Conference on Underwater Networks and

Systems，Los Angeles，2012：1-8.

[18] 何成兵，黄建国，孟庆微，等. 基于扩频码的单载波迭代频域均衡水声通信[J]. 物理学报，2013，62（23）：207-213.

[19] He C B，Huo S Y，Han W，et al. Single carrier with multi-channel time-frequency domain equalization for underwater acoustic communications[C]. 2015 IEEE International Conference on Acoustics，Speech and Signal Processing（ICASSP），South Brisbane，2015：3009-3013.

[20] Xia M L，Rouseff D，Ritcey J A，et al. Underwater acoustic communication in a highly refractive environment using SC-FDE[J]. IEEE Journal of Oceanic Engineering，2013，39（3）：491-499.

[21] Yang T C. Correlation-based decision-feedback equalizer for underwater acoustic communications[J]. IEEE Journal of Oceanic Engineering，2005，30（4）：865-880.

[22] Ariyavisitakul S. A decision-feedback equalizer with selective time-reversal operation for high-rate indoor radio communication[J]. GLOBECOM'90：IEEE Global Telecommunications Conference and Exhibition，1990，3：2035-2039.

[23] Nelson J K，Singer A C，Madhow U，et al. BAD：Bidirectional arbitrated decision-feedback equalization[J]. IEEE Transactions on Communications，2005，53（2）：214-218.

[24] Balakrishnan J，Johnson C R. Bidirectional decision feedback equalizer：Infinite length results[J]. Conference Record of Thirty-Fifth Asilomar Conference on Signals，Systems and Computers，2001，2：1450-1454.

[25] 景连友. 水声通信中信道估计与均衡及功率分配技术研究[D]. 西安：西北工业大学，2017.

[26] Huang G，Nix A，Armour S. DFT-based channel estimation and noise variance estimation techniques for single-carrier FDMA[C]. Vehicular Technology Conference，Ottawa，2010：1-5.

[27] Lam C T，Falconer D D，Danilo-Lemoine F. Iterative frequency domain channel estimation for DFT-precoded OFDM systems using in-band pilots[J]. IEEE Journal on Selected Areas in Communications，2008，26（2）：348-358.

[28] Sun H X，Guo Y H，Kuai X Y，et al. Iterative block DFE for underwater acoustic single carrier system[J]. China Communications，2012，（7）：129-134.

[29] 景连友，何成兵，张玲玲，等. 水声通信中基于软判决的块迭代判决反馈均衡器[J]. 电子与信息学报，2016，38（4）：885-891.

第4章　单载波迭代均衡

在 Turbo 码方案中，通过将卷积码和随机交织器进行组合实现随机编码，除此之外，为了逼近最大似然译码算法，方案中运用了软输出迭代译码算法。研究人员注意到其类随机特性，采用迭代译码的思想，以及接近香农极限的误码性能，进一步引发了他们对于随机编码方式和迭代译码思想的兴趣。1995 年，Douillard 等提出了基于单发单收系统的 Turbo 均衡思想[1]。在 Turbo 均衡方案里，为了消除由多径效应引起的码间干扰（ISI），均衡器和译码器之间并非相互独立，而是被有机地联合起来。这种 Turbo 均衡方案采用的是软输出 Viterbi 算法，而信道译码则是使用最大后验（maximum a posteriori，MAP）算法[1-4]。1997 年，Bauch 等创新性地尝试将 MAP 算法与 Turbo 均衡进行结合，结果表明基于 MAP 算法的 Turbo 均衡在 6 次迭代后与香农理论极限的差距为 0.6dB[5]；同时，为了使迭代次数降低时，系统性能受到的影响较小，也讨论了三种停止准则。基于 MAP 算法的 Turbo 均衡的最大缺点在于运算复杂度过高，从而导致很难应用于实际的通信系统中。在此之后，Turbo 码的研究被各位学者不断深化，向着高效和低计算复杂度的方向发展，发展至今，已经建立了一套比较完善的 Turbo 码性能分析的理论体系[5]。早期学术界对于 Turbo 码的研究集中在译码算法、性能界限和独特编码结构上面，已经取得了很大的成果，在各方面也都走向应用阶段。

随着时间的流逝，Turbo 编码已经从一个理论性的角度逐步走向了实用的层面。一方面，该系统的理论较为完善，其优良的性能在理论上也有较为合理的说明；另一方面，Turbo 码也可实际运用到高速 DSP 技术的发展中。现在 Turbo 码也是很多通信应用领域中常用的编码和译码规范。

总体来说，Turbo 均衡可以分为频域 Turbo 均衡[6-10]和时域 Turbo 均衡[10-14]两大类。由于 Turbo 均衡具有巨大的性能优势，其在水声通信领域得到了广泛的应用[7, 15]。对于水声通信，也可以根据是否需要信道信息分为基于信道估计的 Turbo 均衡和自适应的 Turbo 均衡。通常来说，频域 Turbo 均衡常常需要根据信道参数进行滤波器设计，因此需要进行信道估计。这也导致频域均衡在时变信道下的性能较差，主要原因是时变信道下精确信道估计的难度较大。频域 Turbo 均衡的优点在于复杂度低，便于实时实现。相比之下，时域 Turbo 均衡常采用自适应的方式更新滤波器参数，因此，不需要信道估计，在时变信道下具有较好的性能。但是时域 Turbo 均衡的缺点在于复杂度高，特别是在长时延的水声信道。

4.1　Turbo 均衡

判决反馈均衡器（DFE）作为水声通信中常用的均衡器，其性能已得到大量海试验证。判决反馈均衡器的主要思想是利用已判决的符号来提高后续符号的估计性能。典型的自适应判决反馈均衡器是在后面跟着一个解交织器和一个解码器作为纠正错误输出的一种方法。然而，均衡器中反馈回来的错误有可能会产生更多的符号错误，导致错误扩展。

Turbo 均衡结构的主要思想是在解码器和均衡器之间（通过一个交织器）迭代地交换信息（硬信息或软信息）。因此，Turbo 均衡又被称为迭代均衡。Turbo 均衡与判决反馈均衡的区别在于，判决反馈均衡利用输出的硬判决，而 Turbo 均衡为了避免性能损失，会交换译码器和均衡器之间的软信息。由于需要交换软信息，接收机需要对均衡器和解码器进行一些修改。考虑到判决反馈均衡器在水声通信中的重要地位，本章重点介绍基于判决反馈均衡结构的 Turbo 均衡技术。

4.1.1　基本原理

水声通信的目标是在复杂的海洋环境中，利用声信号将信源信息可靠传输到信宿。在水声通信系统中，接收机可充分利用译码反馈信息，较传统均衡和译码分离的水声通信接收机性能显著改善。水声通信发射机框图如图 4-1 所示。

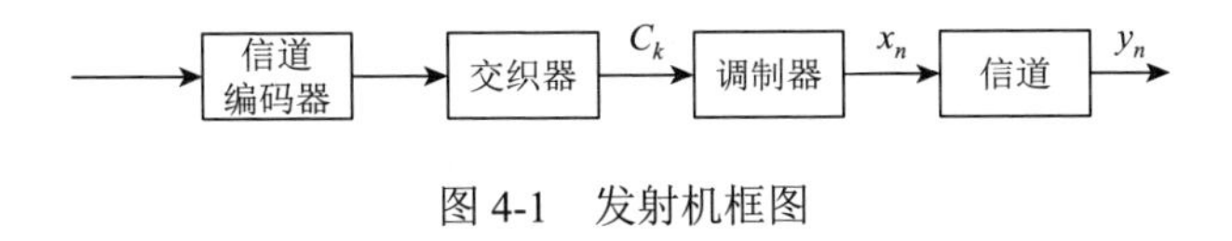

图 4-1　发射机框图

发射机的发射过程可分为下列步骤。

（1）发射端进行信道编码，将 K 个二进制数据流转换为二进制编码序列。

（2）为避免数据传输过程中出现连续突发性的错误，造成在接收端无法正确还原发送信号，利用交织器打乱编码序列的初始顺序，得到新的二进制序列。

（3）将交织得到的比特序列 $c_k(k=0,1,\cdots,K-1)$ 根据所选的调制方式，通过星座图映射得到新的调制符号 x_n。

（4）调制符号 x_n 在成形滤波后，经过信道传输到接收端。

假设在发射机部分选用的是 BPSK 调制方式，为了简化推导过程，在接收机完全同步的假设下，可以将符号间隔采样后的 n 时刻接收信号表示为

$$y_n = \sum_{k=0}^{L-1} h_k x_{n-k} + w_n \tag{4-1}$$

式中，L 为信道阶数；h_k 为水声信道第 k 条路径的幅度值；w_n 为噪声。

传统水声通信接收机中，信道均衡与译码过程彼此分离，即接收机的各个组成模块之间传递硬判决信息。接收机在进行均衡处理后，将处理信息送至译码器进行译码和判决。译码器和均衡器之间没有任何反馈，造成信息浪费及损失。Turbo均衡可以通过在均衡器和译码器之间多次迭代交换对数似然比（log likelihood ratio，LLR）信息，联合处理接收信号，而使用传统水声通信接收机时，其均衡与译码过程分离，相较而言 Turbo 均衡性能显著提升，在带宽受限的水声信道中应用前景广阔。

Turbo 系统的接收结构由均衡器、译码器、交织器和解交织器组成，具体结构如图 4-2 所示。图中，均衡器和译码器之间利用外部对数似然比 $L^E(c_k)$ 和 $L^D(c_k)$ 形成了一个完整的反馈回路，经过均衡器和译码器之间多次迭代交换观测比特的似然比信息，不断改善发射符号的估计精度。

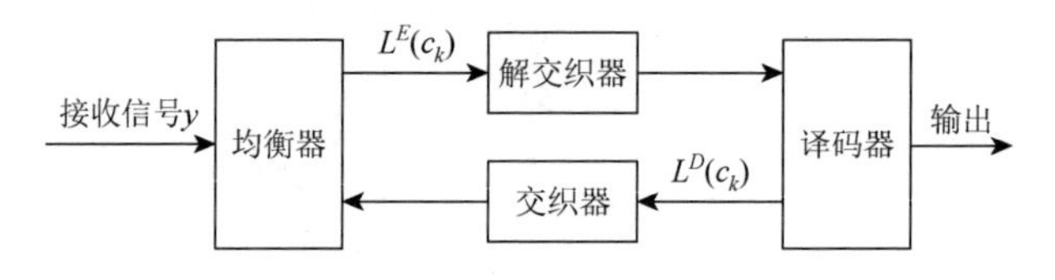

图 4-2　Turbo 系统的接收结构

第 k 比特的对数似然比可定义为

$$L(c_k) = \ln \frac{P(c_k = 0)}{P(c_k = 1)} \tag{4-2}$$

式中，$L(c_k)$ 为第 k 比特的软判决形式，表示 c_k 取值为“1”或“0”的可能性大小。同样，定义第 k 比特的条件似然比为

$$L(c_k \mid y) = \ln \frac{P(c_k = 0 \mid y)}{P(c_k = 1 \mid y)} \tag{4-3}$$

式中，$L(c_k \mid y)$ 表示在接收到信号 y 后，序列中第 k 比特 c_k 取值为“1”或“0”的可能性。由于信道编码以及信道的记忆特性，c_k 的取值受前后编码比特的影响，在计算其后验概率时需要考虑前后比特的作用。这里假设比特序列 c 为全部编码比特的集合，可得到

$$P(c_k = c \mid y) = \sum_{\forall c: c_k = c} P(c \mid y) = \sum_{\forall c: c_k = c} \frac{P(y \mid c) P(c)}{P(y)} \tag{4-4}$$

式中，$c \in \{0,1\}$；$P(c)$ 表示比特序列 c 的先验概率。假设比特间统计独立，即

$$P(c)=\prod_{k=1}^{K}P(c_k)$$

将其代入式（4-4），得到比特 c_k 的条件似然比为

$$L(c_k\mid y)=\ln\frac{\sum_{\forall c:c_k=0}P(y\mid c)\prod_{i=1}^{K}P(c_i)}{\sum_{\forall c:c_k=1}P(y\mid c)\prod_{i=1}^{K}P(c_i)}$$

$$=\ln\frac{\sum_{\forall c:c_k=0}P(y\mid c)\prod_{i=1,i\neq k}^{K}P(c_i)}{\sum_{\forall c:c_k=1}P(y\mid c)\prod_{i=1,i\neq k}^{K}P(c_i)}+L(c_k) \tag{4-5}$$

此处定义

$$L^E(c_k)=\ln\frac{\sum_{\forall c:c_k=0}P(y\mid c)\prod_{i=1,i\neq k}^{K}P(c_i)}{\sum_{\forall c:c_k=1}P(y\mid c)\prod_{i=1,i\neq k}^{K}P(c_i)} \tag{4-6}$$

则均衡器输出的外部似然比可表示为

$$L^E(c_k)=L(c_k\mid y)-L(c_k) \tag{4-7}$$

式中，$L(c_k\mid y)$ 为比特 c_k 的后验似然比；$L(c_k)$ 为比特 c_k 的对数似然比。同样，译码器反馈的外似然比信息 $L^D(c_k)$ 可表示为

$$L^D(c_k)\triangleq\ln\left(\frac{P(c_k=0\mid L(c_1),\cdots,L(c_K))}{P(c_k=1\mid L(c_1),\cdots,L(c_K))}\right)-\ln\left(\frac{P(c_k=0)}{P(c_k=1)}\right) \tag{4-8}$$

在式（4-8）中，为改善当前比特的估计精度，需要用到前后比特提供当前比特的取值信息。在达到迭代停止条件后，译码器利用后验似然比 $L(c_k\mid y)$ 对信息比特 c_k 进行判决，具体可表示为

$$\hat{c}_k=\begin{cases}0, & L(c_k\mid y)\geqslant 0\\ 1, & L(c_k\mid y)<0\end{cases} \tag{4-9}$$

4.1.2　卷积编码

卷积编码是水声通信中常用的信道编码，本节重点描述基于卷积码的 Turbo 均衡。卷积码是一种典型的非分组码，通常表示为 (n,k,N)，即将 k 比特编码成 n 比特，编码的约束长度 N 表示相互约束码段的长度。卷积码的编码特点包括任意时刻编码器输出的 n 比特，与当前输出的 k 比特和之前的 $N-1$ 个 k 比特都有关系，因此卷积码具有记忆性。由此可知，在编码过程中，有 $n\times N$ 个码元相互关联。为了

充分利用卷积码的相关性，通常设置n和k为较小值，因此在相同编码效率的前提下，使卷积码比分组码的性能更佳；而且在纠错能力同等的前提下，卷积码的实现比分组码更简单。卷积码的编码效率表示为$\eta_c = k/n$。如图 4-3 所示为(2, 1, 3)卷积码的编码器示意图。

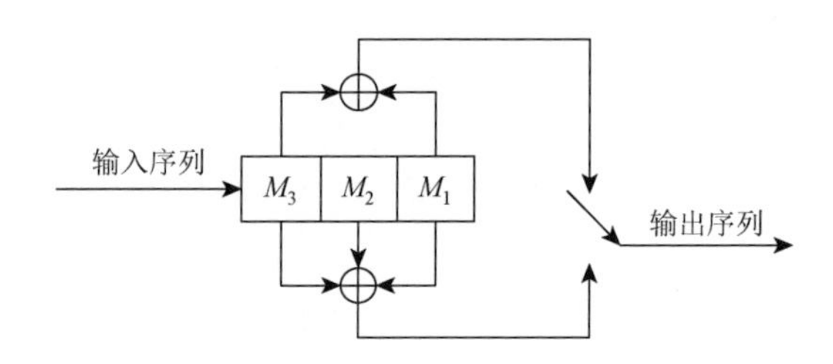

图 4-3　(2, 1, 3)卷积码编码器

另外，还可以用生成多项式的方式表示卷积码。如果将参与异或的位设为 1，不参与异或的位设为 0，以图 4-3 的编码器示意图为例，第一个编码结果只有第一个和第三个寄存器进行异或，对应二进制码字 101；第二个编码结果是三个寄存器都进行异或，对应的二进制码字为 111，这两个二进制码字用八进制来表示就是 5、7，对应的编码方式为(5, 7)编码。这就是卷积码的生成码字，想要确定卷积码的码型，只需要确定生成码字。在许多其他资料中，时延算子也能表示生成码字，即

$$G(D) = [G_1(D), G_2(D)] = [1 + D^2, 1 + D + D^2] \tag{4-10}$$

式中，D 表示延迟 1bit，即上个时刻的输入码元；D^2 表示延迟 2bit，即上两个时刻的输入码元，以此类推。

如果要较为直观地表示卷积编码，可以使用状态转移图。先对编码寄存器的各状态进行相应的标定，然后定下编码规则，这就是状态图法。图 4-4 为(5, 7)编码的状态转移图，其中按从左到右的顺序，依据寄存器的内容所代表的二进制数的大小作为状态标号的下标，因为(5, 7)卷积码所使用的寄存器总的状态数为$2^2 = 4$，其对应的状态标号分别为$S_0 = 00, S_1 = 01, S_2 = 10, S_3 = 11$，等号左边是状态标号，右边是寄存器内容。由于只有 0 或者 1 两种输入信息，所以每次更新后，相应的状态和编码输出的可能情况也只有两种，例如，t时刻的状态为$S_0 = 00$，那么输入信息为 1 时，$t+1$时刻的状态为$S_1 = 01$，输入信息为 0 时，$t+1$时刻的状态为$S_0 = 00$。

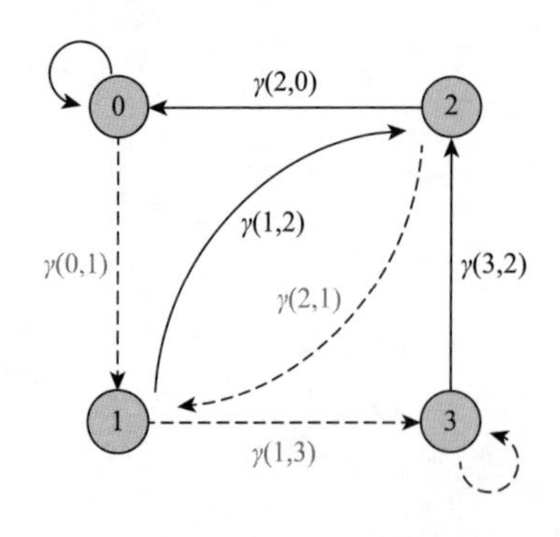

图 4-4　状态转移图（彩图附书后）

在图 4-4 中显示的是各个状态之间转换和

输入信息的关系，输入信息为 0 用实线来表示，输入信息为 1 用虚线来表示。$\gamma(a,b)$ 表示状态从 a 转换到 b，输入信息是 1 用红色来表示，输入信息是 0 用黑色来表示。从状态转移图中，可以很容易地知道各个状态的转换关系，以及状态和输入信息之间的关系，从而研究卷积码的编码规则。

4.1.3　交织器

在通信系统中进行 Turbo 均衡时，交织器是不可或缺的重要部分。编码器的性能以及最终的均衡结果将会被交织器的设计直接影响。交织器的作用有多种，其中最为主要的是使编码过程相对独立，而起到改善通信信号衰落的作用，以及离散信号在信道传输过程中产生的突发性差错，并通过编码纠正这种突发性差错，改善通信的效果。高性能交织器的设计原则及其普遍特点如下[1]。

（1）通过适当地增加交织器的长度，从而提高译码器的性能。

（2）交织器应该最大限度地将输入序列随机化，从而最大化两个字编码过程的相对独立性。

实际上，交织器的工作原理是：相互交换和随机排列输入数据序列中各个元素的位置，输出最后得到的交织编码之后的数据序列。解交织的过程与交织的过程相对应，是将数据序列恢复为原始输入数据序列的过程。

为方便描述，假设交织器的输入数据序列为

$$X=[x_1\ x_2\ \cdots\ x_N],\quad x_i\in\{0,1\},\quad i=1,2,\cdots,N \tag{4-11}$$

那么获得交织器输出的数据序列为

$$\tilde{X}=[\tilde{x}_1\ \tilde{x}_2\ \cdots\ \tilde{x}_N],\quad \tilde{x}_i\in\{0,1\},\quad i=1,2,\cdots,N \tag{4-12}$$

交织的过程将输入数据序列 X 中各个元素的位置进行相互交换和随机排列，输出经过交织编码之后的数据序列 $\tilde{X}$ 。定义集合 $A=\{1,2,\cdots,N\}$ ，则可以用一个一一映射索引的函数对应交织编码的过程，即

$$F(A\to A): j=F(i),\quad i,j\in A \tag{4-13}$$

式中，索引 i 和 j 分别是输入数据序列 X 与经过交织后输出的数据序列 $\tilde{X}$ 中的索引。那么，式（4-13）所描述的一一映射索引的函数映射可以表示为

$$F_N=\{F(1),F(2),\cdots,F(N)\} \tag{4-14}$$

下面介绍常用的分组交织器和伪随机交织器及其基本思想。

（1）分组交织器是一种结构设计简单、使用方便的交织器，结构如图 4-5 所示。其核心思想是：输入数据序列看作一个 $M\times N$ 的矩阵，以按行写入

图 4-5　分组交织器系统示意图

的方式存储数据，以按列的方式读出数据，实现输入数据的位置变换。其优点是结构简单，设计方便，较为有效地降低突然性差错带来的影响。

分组交织器的交织映射函数表示为

$$I_i = [(i-1) \bmod n] + [(i-1)/n] + 1, \quad i = 1,2,\cdots,N \tag{4-15}$$

式中，N 是交织长度。如图 4-5 所示，数据按顺序写入，读出序列为 $x_1, x_6, x_{11}, x_{16}, x_2, \cdots, x_{15}, x_{20}$，完成行列式交织过程。

（2）伪随机交织器的交织映射是随机生成的，系统框图如图 4-6 所示。基本工作原理为：对于长度为 N 的数据序列，首先将序列按原本的次序写入储存器中，标记序列元素的位置，之后产生 N 个 0～1 的随机数，按照所产生随机数的大小顺序对原输入数据序列进行重新排列即完成伪随机交织的过程。例如，对于 8 个输入数据序列 $[x_1\ x_2\ x_3\ x_4\ x_5\ x_6\ x_7\ x_8]$，生成的 8 个随机数分别为 0.6797，0.8177，0.7461，0.3972，0.6655，0.1812，0.7160，0.0618。假设进行由小到大的排列，则交织后的数据为 $[x_8\ x_6\ x_4\ x_5\ x_1\ x_7\ x_3\ x_2]$。在 MATLAB 仿真软件中，可以使用函数 randperm 很方便地产生伪随机交织序列。

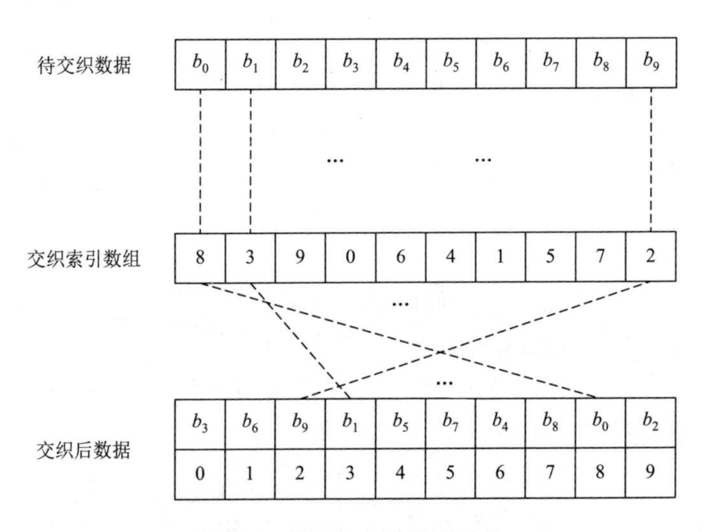

图 4-6　伪随机交织器示意图

4.1.4　MAP 算法

1974 年，Bahl 等提出 BCJR（Bahl，Cocke，Jelinek，and Raviv）算法，该算法能够运用到线性分组码或者卷积码中[16]。BCJR 算法又有 MAP 算法或者前向后向算法的别称，它使误比特率达到最小的方式是估算码字中各比特的最大后验概率。

通常情况下译码器的输入是接收序列 y 和由均衡器输入的先验似然比信息

$L(c_k)$，输出是后验似然比信息 $L(c_k \mid y)$。每个时刻的输入比特信息都会使当前时刻的系统状态产生定向的改变，所以每一个时刻 k 的输入比特概率可以用所有 k 时刻输入比特引起的状态转移事件的概率的集合来代替。即

$$L(c_k \mid y) = \ln \frac{\sum_{S+} P\{s_k = s', s_{k+1} = s \mid y\}}{\sum_{S-} P\{s_k = s', s_{k+1} = s \mid y\}} = \ln \frac{\sum_{S+} P\{s_k = s', s_{k+1} = s, y\}}{\sum_{S-} P\{s_k = s', s_{k+1} = s, y\}} \tag{4-16}$$

单独编码器的编码过程可以认为是一个 Markov 过程，即时刻 k 之后的状态只与时刻 k 的状态和发生的事件有关，而与时刻 k 之前的状态和发生过的事件无关。利用条件概率公式 $p(a,b) = p(a)p(b \mid a)$ 对式（4-16）进行分解：

$$\begin{aligned} P(s_k, s_{k+1}, y) &= P(s_k, y_1, \cdots, y_{k-1}) P(s_{k+1}, y_k \mid s_k) P(y_{k+1}, \cdots, y_N \mid s_{k+1}) \\ &= \alpha_k(s_k) \gamma_k(s_k, s_{k+1}) \beta_{k+1}(s_{k+1}) \end{aligned} \tag{4-17}$$

式中，α_k、β_{k+1} 可以用 γ_k 分别进行正向、反向递推：

$$\alpha_k(s_k) = \sum_S \alpha_{k-1}(s_{k-1}) \gamma_{k-1}(s_{k-1}, s_k) \tag{4-18}$$

$$\beta_k(s_k) = \sum_S \beta_{k+1}(s_{k+1}) \gamma_k(s_k, s_{k+1}) \tag{4-19}$$

其中对于初始边界值的设定，一般情况下编码时期系统的初始状态为 0，即对应的开始时刻系统状态为 0 的概率值为 1，对应的 $\alpha_1 = [1\,0\,0\,0]^{\mathrm{T}}$。而对于 β 则分成两种情况：一种情况是在编码过程中在末尾加入一定数量的 0 使得系统的最终状态变为 00，对应的 $\beta_{k+1} = [1\,0\,0\,0]^{\mathrm{T}}$；另一种情况是编码时并未加入 0，对应的系统最终状态未知，此时可设置为最终时刻的系统各状态的概率相等，对应于 $\beta_{k+1} = [1111]^{\mathrm{T}}$。

在 BCJR 算法的全部过程中，关键的是 $\gamma_k(s_k, s_{k+1})$ 的计算：

$$\begin{aligned} \gamma_k(s_k, s_{k+1}) &= P(s_{k+1}, y_k \mid s_k) = P(s_{k+1} \mid s_k) P(y_k \mid s_k, s_{k+1}) \\ &= \begin{cases} P(b_k = b) P(c_{k,1} = c \mid y) P(c_{k,2} = c' \mid y), & (k, k+1) \in B \\ 0, & (k, k+1) \notin B \end{cases} \end{aligned} \tag{4-20}$$

式中，b_k、$c_{k,1}$、$c_{k,2}$ 分别代表 k 时刻的输入比特、第一个输出比特和第二个输出比特；B 是所有可能的转移状态的集合，定义为

$$B = \{(00),(01),(12),(13),(20),(21),(32),(33)\}$$

定义 $P(b_k = 0) = P(b_k = 1) = 1/2$，$P(c_{k,1} = c \mid y)$、$P(c_{k,2} = c' \mid y)$ 则是根据式（4-21）和式（4-22）以及利用输入到译码器的先验似然比信息求得：

$$P(c_{n,j} = 0) = \frac{1}{1 + \mathrm{e}^{L^E(c_{n,j})}} \tag{4-21}$$

$$P(c_{n,j}=1)=\frac{\mathrm{e}^{L^E(c_{n,j})}}{1+\mathrm{e}^{L^E(c_{n,j})}} \tag{4-22}$$

在$\alpha_k(s_k)$、$\gamma_k(s_k,s_{k+1})$、$\beta_{k+1}(s_{k+1})$的计算公式都推导出来之后，就可以进行整个译码算法的核心步骤：利用这三个变量进行译码。由前面分析可知，时刻 k 输入比特的概率值等于该输入比特所引起的所有可能的状态变化的概率之和。所以先将所有可能的状态转移情况汇聚成表 4-1，其中加粗部分表示第 k 时刻输入比特为 1 的转换，未加粗部分表示输入比特为 0 时的转换，0 代表不存在该转换。

表 4-1　状态转移表

$S(k)$	$S(k+1)$			
	0	1	2	3
0	$\gamma(0,0)$	$\boldsymbol{\gamma}(\mathbf{0},\mathbf{1})$	0	0
1	0	0	$\gamma(1,2)$	$\boldsymbol{\gamma}(\mathbf{1},\mathbf{3})$
2	$\gamma(2,0)$	$\boldsymbol{\gamma}(\mathbf{2},\mathbf{1})$	0	0
3	0	0	$\gamma(3,2)$	$\boldsymbol{\gamma}(\mathbf{3},\mathbf{3})$

从表 4-1 中可以看出，k 时刻确定状态的情况下，输入比特 0 和 1 都对应着一种状态转换。将表 4-1 中的数值以 k 时刻的状态值为行索引，$k+1$ 时刻的状态值为列索引，转换而成的状态转移矩阵 P_k 为

$$\{P_k\}_{i,j}=\begin{cases}\gamma_k(s_i,s_j), & (i,j)\in B\\ 0, & (i,j)\notin B\end{cases} \tag{4-23}$$

实际求似然比的时候需要将 0 和 1 对应的集合分离出来，为此定义如下的输入比特转换矩阵：

$$A^0=\begin{bmatrix}1&0&0&0\\0&0&1&0\\1&0&0&0\\0&0&1&0\end{bmatrix},\qquad A^1=\begin{bmatrix}0&1&0&0\\0&0&0&1\\0&1&0&0\\0&0&0&1\end{bmatrix} \tag{4-24}$$

式中，A^0、A^1分别表示输入比特为 0、1 时的状态转移矩阵。以两者的第一行为例进行说明：第一行表示 k 时刻的状态值为 00，输入比特为 0 则 $k+1$ 时刻状态为 00，对应列也就是第一列的值为 1；输入比特为 1 时 $k+1$ 时刻状态为 01，对应列也就是第二列的值为 1。所以可以用如下公式将 0 和 1 的集合分离出来：

$$D_k^0=A^0\odot P_k \tag{4-25}$$

$$D_k^1=A^1\odot P_k \tag{4-26}$$

式中，⊙表示元素相乘。则 k 时刻的输入比特的条件似然比可以求解为

$$L(b_k \mid y) = \ln \frac{\alpha_k^{\mathrm{T}} D_k^0 \beta_{k+1}}{\alpha_k^{\mathrm{T}} D_k^1 \beta_{k+1}} \tag{4-27}$$

MAP 译码器的输出结果既需要输入比特的似然比信息来进行输入比特的判决，还需要反馈回均衡器的输出比特的似然比信息作为均衡器的先验信息。同样，以(5, 7)编码方式为例定义如下的输出比特的转化矩阵：

$$A_1^0 = \begin{bmatrix} 1 & 0 & 0 & 0 \\ 0 & 0 & 1 & 0 \\ 0 & 1 & 0 & 0 \\ 0 & 0 & 0 & 1 \end{bmatrix}, \quad A_1^1 = \begin{bmatrix} 0 & 1 & 0 & 0 \\ 0 & 0 & 0 & 1 \\ 1 & 0 & 0 & 0 \\ 0 & 0 & 1 & 0 \end{bmatrix} \tag{4-28}$$

$$A_2^0 = \begin{bmatrix} 1 & 0 & 0 & 0 \\ 0 & 0 & 0 & 1 \\ 0 & 1 & 0 & 0 \\ 0 & 0 & 1 & 0 \end{bmatrix}, \quad A_2^1 = \begin{bmatrix} 0 & 1 & 0 & 0 \\ 0 & 0 & 1 & 0 \\ 1 & 0 & 0 & 0 \\ 0 & 0 & 0 & 1 \end{bmatrix} \tag{4-29}$$

式中，矩阵的上标表示输入比特信息；下标表示输出比特的位数。与上述输入比特的似然比信息求解方式相似，对应的编码比特的似然比可按如下公式计算：

$$L(\hat{c}_{1,k} \mid y) = \ln \frac{\alpha_k^{\mathrm{T}} D_{1k}^0 \beta_{k+1}}{\alpha_k^{\mathrm{T}} D_{1k}^1 \beta_{k+1}} \tag{4-30}$$

$$L(\hat{c}_{2,k} \mid y) = \ln \frac{\alpha_k^{\mathrm{T}} D_{2k}^0 \beta_{k+1}}{\alpha_k^{\mathrm{T}} D_{2k}^1 \beta_{k+1}} \tag{4-31}$$

译码器输出的外部似然比信息就是求得编码比特的似然比信息之后，与输入到译码器的先验似然比信息相减得到的差值，也是输入到均衡器的先验信息。均衡器利用这个似然比信息从而可以求得符号 x_n 的软估计值作为反馈输入：

$$\overline{x}_n = E(x_n) = \sum_{s_i \in S} s_i \cdot P(x_n = s_i) \tag{4-32}$$

4.1.5　LOG-MAP 和 MAX-LOG-MAP 算法

就理论而言，运用 BCJR 算法计算每一个信息比特的后验概率，准确率很高，但是如果要在实际中运用该算法，存在两个困难：一是相应的运算量巨大，二是对于四舍五入误差，敏感度非常高。因此在对 Turbo 码进行实际运用操作时，特别是在硬件实现的时候，往往将把完整的 BCJR 算法置于对数域中并进行处理，这就是 LOG-MAP 和 MAX-LOG-MAP 算法的由来；将乘除法变换成相对简单的加减法，这是放到对数域的最大优势，这样能给硬件系统节省许多资源。然而这增加了原来的乘除法则的计算难度，但是乘除法可以使用对数公式来近似计算：

$$\ln(e^x + e^y) = \max(x, y) + \ln[1 + \exp(-|y - x|)] \tag{4-33}$$

能够用一个取最大值函数与一个修正函数的和对应原来的加法，当 x、y 的差距较大时，修正函数逐渐向 0 趋近。可以得到结论，近似地使用最大值函数来计算加法是可行的，MAX-LOG-MAP 算法就是使用这种近似来计算加法，即

$$\ln(e^x + e^y) \approx \max(x, y) \tag{4-34}$$

对 BCJR 算法中的正向递归取自然对数，可以得到：

$$\bar{\alpha}_k(s') = \ln[\alpha_k(s')] = \ln\left\{\sum_{s\in S}\exp[\bar{\alpha}_{k-1}(s') + \bar{\gamma}_{k-1}(s', s)]\right\} \tag{4-35}$$

对于 MAX-LOG-MAP 算法，式（4-35）的求和运算可以用最大值函数代替，即

$$\bar{\alpha}_k(s') = \max_{s\in S}[\bar{\alpha}_{k-1}(s') + \bar{\gamma}_{k-1}(s', s)] \tag{4-36}$$

同样地，LOG-MAP 和 MAX-LOG-MAP 算法下的反向递推过程可以分别表示为

$$\bar{\beta}_k(s) = \ln[\beta_k(s)] = \ln\left\{\sum_{s'\in S}\exp[\bar{\beta}_{k+1}(s) + \bar{\gamma}_k(s', s)]\right\} \tag{4-37}$$

$$\bar{\beta}_k(s) = \max_{s\in S}[\bar{\beta}_{k+1}(s) + \bar{\gamma}_k(s', s)] \tag{4-38}$$

4.2　时域迭代均衡

Turbo 均衡是利用均衡器和译码器不断交换软信息来提高均衡性能。对于均衡器来说，需要在每一次均衡过程中使用前一次译码器反馈的软信息。因此，需要对均衡器结构进行修改。对于水声通信系统的时域均衡处理方法，判决反馈均衡器（DFE）是最常用的均衡器，本节以此均衡器为基础，介绍相关时域迭代均衡技术。

判决反馈均衡器的输入数据分为两部分：前向滤波器的输入和反向滤波器的输入。在 Turbo 均衡的第一次迭代时，系统没有反馈输入，所以这时的均衡器与常规的判决反馈器相同。有关判决反馈器内容，在本书前面章节已经介绍，这里不再赘述。

经过第一次迭代均衡后，均衡器的输出符号可以表示为

$$\hat{x}_k = \mu x_k + \eta_k \tag{4-39}$$

式中，μ 为偏移系数；η_k 是均值为 0、方差为 σ^2 的高斯白噪声。μ 和 σ^2 的估计值可以利用下列公式求得：

$$\hat{\mu} = \frac{1}{K}\sum_{k=1}^{K}\frac{\hat{x}_k}{\tilde{x}_k} \tag{4-40}$$

$$\hat{\sigma}^2 = \frac{1}{K}\sum_{k=1}^{K}|\hat{x}_k - \hat{\mu}\tilde{x}_k| \tag{4-41}$$

式中，K 为编码后调制符号的分组长度；$\tilde{x}_k$ 为硬判决后对应的符号值，$\tilde{x}_k \in S$，$S = \{s_1, s_2, \cdots, s_{2^m}\}$ 为调制符号集，m 为调制阶数。

利用 $\hat{\mu}$ 和 $\hat{\sigma}^2$ 可以求得条件概率 $p(\hat{x}_k \mid x_k = s_i)$ 为

$$p(\hat{x}_k \mid x_k = s_i) = \frac{1}{\pi\hat{\sigma}^2}\exp\left(\frac{-|\hat{x}_k - \hat{\mu}s_i|^2}{\hat{\sigma}^2}\right) \tag{4-42}$$

同时结合符号的先验概率，均衡器输出的似然比 $L^E(c_{k,j})$ 可按照下面公式进行计算：

$$L^E(c_{k,j}) = \ln\left(\frac{\sum\limits_{\forall \boldsymbol{c}:c_{k,j}=0} p(\hat{x}_k \mid x_k = s_i)\prod\limits_{\forall j':j'\neq j}(P(c_{k,j'}))}{\sum\limits_{\forall \boldsymbol{c}:c_{k,j}=1} p(\hat{x}_k \mid x_k = s_i)\prod\limits_{\forall j':j'\neq j}(P(c_{k,j'}))}\right) \tag{4-43}$$

式中，$c_{k,j}$ 表示第 k 个传输符号的第 j 比特；$P(c_{k,j'})$ 表示第 k 个传输符号的第 j' 比特取 0 或 1 的先验概率，可按下列公式进行计算：

$$P(c_{k,j'} = 0) = \frac{1}{1+\mathrm{e}^{L^D(c_{k,j})}} \tag{4-44}$$

$$P(c_{k,j'} = 1) = \frac{\mathrm{e}^{L^D(c_{k,j})}}{1+\mathrm{e}^{L^D(c_{k,j})}} \tag{4-45}$$

式中，$\mathrm{e}^{L^D(c_{k,j})}$ 是上一次迭代时译码器输出的软信息，在第一次迭代的时候，译码器还没有开始工作，无先验信息，其值为 1。

计算得到的外似然比 $L^E(c_{k,j})$ 经解交织后作为输入送入译码器，其中译码器采用 MAP 算法进行译码并输出两者之间的差值：

$$L^D(c_k) \triangleq \ln\left(\frac{P(c_k = 0 \mid L(c_1),\cdots,L(c_K))}{P(c_k = 1 \mid L(c_1),\cdots,L(c_K))}\right) - \ln\left(\frac{P(c_k = 0)}{P(c_k = 1)}\right) \tag{4-46}$$

对译码器输出的软信息 $L^D(c_k)$ 进行交织，并进行符号映射，得到符号 x_k 的符号软估计值：

$$\overline{x}_k = E(x_k) = \sum_{s_i \in S} s_i \cdot P(x_k = s_i) \tag{4-47}$$

式中

$$P(x_k = s_i) = \prod_{j=1}^{m} P(c_{k,j} = s_{i,j}) \tag{4-48}$$

表示 x_k 取值为 s_i 的概率；$\prod$ 为乘法运算。定义 $s_{i,j} \in (0,1)$，$P(c_{k,j} = 1) = \frac{\mathrm{e}^{L^D(c_{k,j})}}{1+\mathrm{e}^{L^D(c_{k,j})}}$、$P(c_{k,j} = 0) = \frac{1}{1+\mathrm{e}^{L^D(c_{k,j})}}$ 分别表示第 k 个符号第 j 比特取 1 或 0 的概率。这样，当得到译码符号软估计后，在接下来的均衡器输出为

$$\hat{x}_k = \sum_{i=1}^{I}(f_k^i)^{\mathrm{H}} y_k^i \mathrm{e}^{-\mathrm{j}\hat{\theta}_k^i} - (g_k)^{\mathrm{H}}\overline{x}_k \tag{4-49}$$

式中，$y_k^i = [y_{k-N_b}^i \; y_{k-N_b-1}^i \cdots y_{k+N_f}^i]^{\mathrm{T}}$ 表示 k 时刻第 i 个通道的接收信号；$\overline{x}_k = [\overline{x}_{k-M_b}$

$\bar{x}_{k-M_b+1}\ \cdots\ \bar{x}_{k-1}\ \ 0\ \ \bar{x}_{k+1}\ \cdots\ \bar{x}_{k+M_f}]^{\mathrm{T}}$ 为 k 时刻反馈的符号软估计值构成的向量，通常情况下，$M_f \geqslant N_f$，$M_b \geqslant N_b$，即 ISI 抵消器要完全消除前向滤波器残余的 ISI。这样不断迭代，直到译码完全正确或达到译码次数上限。

总体而言，时域 Turbo 均衡与常规的自适应判决反馈均衡的区别在于：Turbo 均衡将译码器反馈的符号软信息作为反向滤波器的输入，而常规的判决反馈均衡器将已判决符号作为反向滤波器的输入。

4.3 频域迭代均衡

时域 Turbo 均衡算法的缺点在于复杂度较高。与时域 Turbo 均衡算法相比，频域 Turbo 均衡算法的计算相对简单，可以满足性能和计算复杂度的平衡，有更好的实施应用前景。根据均衡器结构分类，频域 Turbo 均衡分为两种类型，包括线性频域 Turbo 均衡和判决反馈频域 Turbo 均衡。

线性频域 Turbo 均衡滤波器的推导类似于单载波线性频域均衡。在线性频域 Turbo 均衡系统中，主要是基于 MMSE 准则的线性均衡器，将译码器输出的信息作为先验信息重新输入线性滤波器中。这种均衡器结构简单，但是性能相对于频域 Turbo 判决反馈均衡稍差。线性频域 Turbo 均衡的结构框图如图 4-7 所示。相对于线性频域 Turbo 均衡结构，判决反馈频域 Turbo 均衡结构稍复杂，计算复杂度相对较高，但是性能较好。本节重点介绍判决反馈频域 Turbo 均衡结构。

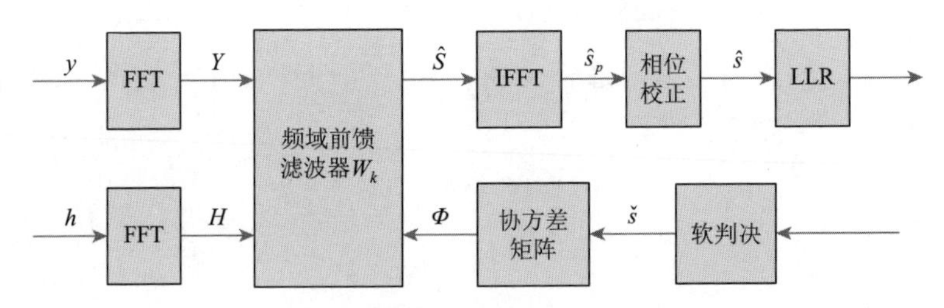

图 4-7　线性频域 Turbo 均衡器

对于判决反馈频域 Turbo 均衡器，同样能够分为两种类型，包括时域判决反馈的频域均衡器（frequency domain equalizer with time domain decision feedback，FDE-TDDF）和频域判决反馈的频域均衡器（frequency domain equalizer with frequency domain decision feedback，FDE-FDDF）[7]。

4.3.1 频域判决反馈的频域均衡

图 4-8 给出了 FDE-FDDF 结构框图。该均衡器的前向滤波器和反向滤波器均工作在频域。

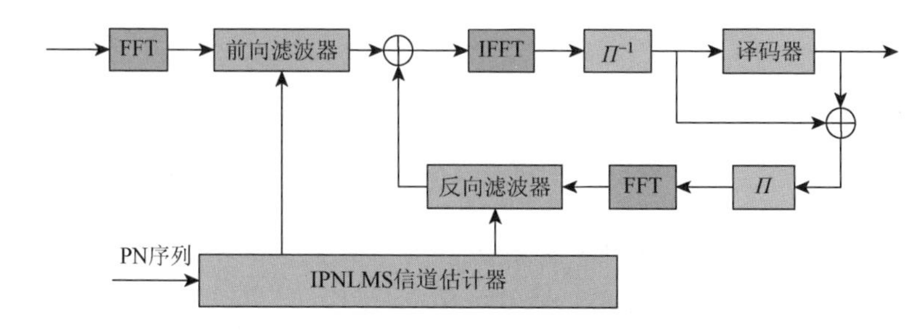

图 4-8　FDE-FDDF 结构框图

第 i 次迭代的均衡器输出可以表达为

$$\tilde{x}^{(i)} = F^{\mathrm{H}}(W^{(i)}y - B^{(i)}F\hat{x}^{(i)}) \tag{4-50}$$

式中，F 、F^{H} 分别代表傅里叶变换矩阵和傅里叶逆变换矩阵；y 是接收序列 r 的频域形式，可以表示为

$$y = Fr = DFx + Fn \tag{4-51}$$

这里将信道矩阵 $h_{k\times k}$ 分解为 $F^{\mathrm{H}}DF$ 。其中 D 的对角元素即为信道的频域响应 h_k ，可以表示为

$$h_k = \sum_{l=0}^{K-1} h(l)\mathrm{e}^{-\mathrm{j}2\pi kl/K}, \quad k = 0,1,\cdots,K-1 \tag{4-52}$$

而 $W^{(i)} = \mathrm{diag}\{w_0^{(i)}, w_1^{(i)}, \cdots, w_{K-1}^{(i)}\}$ 和 $B^{(i)} = \mathrm{diag}\{b_0^{(i)}, b_1^{(i)}, \cdots, b_{K-1}^{(i)}\}$ 分别为前向和反向滤波器的系数，它们是根据 MMSE 准则计算得到的，即保证 $E(|\tilde{x}^{(i)} - x|^2)$ 的值最小。数据块的均方误差可以表示为

$$\begin{aligned}\frac{1}{K}\sum_{k=0}^{K-1} E|\tilde{x}_k^{(i)} - x_k|^2 = &\frac{\sigma^2}{K}\sum_{k=0}^{K-1}|w_k^{(i)}|^2 + \frac{1}{K}\sum_{k=0}^{K-1}|w_k^{(i)}|^2|h_k|^2 \\ &- \frac{2}{K}\mathrm{Re}\{w_k^{(i)}h_k(1 + b_k^*\rho_k^{(i)})\} + \frac{\rho_k^{(i)}}{K}\sum_{k=0}^{K-1}|b_k|^2 \\ &+ \frac{2}{K}\mathrm{Re}\left\{\sum_{k=0}^{K-1} b_k\right\} + 1\end{aligned} \tag{4-53}$$

式中，$\rho_k^{(i)} = E(x_k^*\hat{x}_k^{(i-1)}),\ k = 0,1,\cdots,K-1$，由下面公式计算：

$$\begin{aligned}\rho_k^{(i)} &= E(x_k^*\hat{x}_k) = E(x_k^*E(x_k)) \\ &= E(x_k)E(x_k)^* = |E(x_k)|^2\end{aligned} \tag{4-54}$$

$$\rho = \frac{1}{K}\sum_{k=0}^{K-1}\rho_k \tag{4-55}$$

将式（4-53）对 w_k 进行求导并令其等于 0，可以得到 MMSE 准则下最优的前向滤波器系数：

$$w_k^{(i)} = \frac{h_k^*(1+b_k)}{\sigma^2 + |h_k|^2}, \quad k = 0,1,\cdots,K-1 \tag{4-56}$$

将式（4-56）代入式（4-53）中，并用拉格朗日乘法可以得到反向滤波器系数为

$$b_k^{(i)} = \frac{\lambda(\sigma^2 + |h_k|^2) - \sigma^2}{(\sigma^2 + |h_k|^2) - \rho|h_k|^2} \tag{4-57}$$

$$\lambda = \sigma^2 \frac{\sum_{k=0}^{K-1} \frac{1}{(\sigma^2 + |h_k|^2) - \rho|h_k|^2}}{\sum_{k=0}^{K-1} \frac{\sigma^2 + |h_k|^2}{(\sigma^2 + |h_k|^2) - \rho|h_k|^2}} \tag{4-58}$$

每次迭代处理之后频域均衡器的输出信号可表示为

$$\tilde{x}_n = \mu_n x_n + \eta_n \tag{4-59}$$

式中，μ_n 表示偏移因子；η_n 为高斯白噪声，服从均值为 0、方差为 σ_w^2 的正态分布：$\eta_n \sim \mathcal{N}(0,\delta_w^2)$。偏移因子和噪声方差可以通过求平均近似求得：

$$\hat{\mu} = \frac{1}{N}\sum_{n=1}^{N}\frac{\tilde{x}_n}{\overline{x}_n} \tag{4-60}$$

$$\hat{\sigma}_w^2 = \frac{1}{N}\sum_{n=1}^{N}|\tilde{x}_n - \hat{\mu}\overline{x}_n| \tag{4-61}$$

式中，$\overline{x}_n$ 为 $\tilde{x}_n$ 的硬判决值。对应的条件概率密度函数（probability density function，PDF）可以表示为

$$p(\tilde{x}_n | x_n = a_m) = \frac{1}{\pi\sigma_w^2}\exp\left(-\frac{|\tilde{x}_n - \mu_n a_m|^2}{\sigma_w^2}\right) \tag{4-62}$$

式中，a_m 为映射的星座图符号。考虑到符号调制的先验概率，均衡器输出的外部似然比信息可以按照下面公式进行计算：

$$L_e(c_{n,j}) = \ln\frac{\sum_{\forall a_m:b_{n,j}=0} p(\tilde{x}_n | x_n = a_m)\prod_{\forall j':j'\neq j} p(c_{n,j'} = b_{n,j'})}{\sum_{\forall a_m:b_{n,j}=1} p(\tilde{x}_n | x_n = a_m)\prod_{\forall j':j'\neq j} p(c_{n,j'} = b_{n,j'})} \tag{4-63}$$

式中，$p(c_{n,j'} = b_{n,j'})$ 为输入的先验信息。得到的似然比信息经解交织后作为新的先验信息输入译码器进行译码判决，同时输出似然比信息之间的差值用于下一次迭代。

4.3.2 仿真性能分析

对单载波块传输结构下的频域 Turbo 均衡器性能进行计算机仿真分析。发射

端采用编码效率为 1/2 的卷积编码，生成多项式为(171, 133)。编码生成的二进制信息随机交织之后进行 QPSK/8PSK 符号映射。N 设定为 512，即接收端每次 FFT 处理的长度为 512。PN 长度为 126，对应的单个数据块的数据符号个数为 386。每次循环过程中数据块个数为 20，QPSK 调制方式的原始比特数目为 7720，8PSK 调制方式下的比特数目则为 11520。仿真所用信道为文献[17]所提供的多组慢时变复杂多径信道，相关信道冲激响应如图 4-9 所示，仿真噪声为加性高斯白噪声。

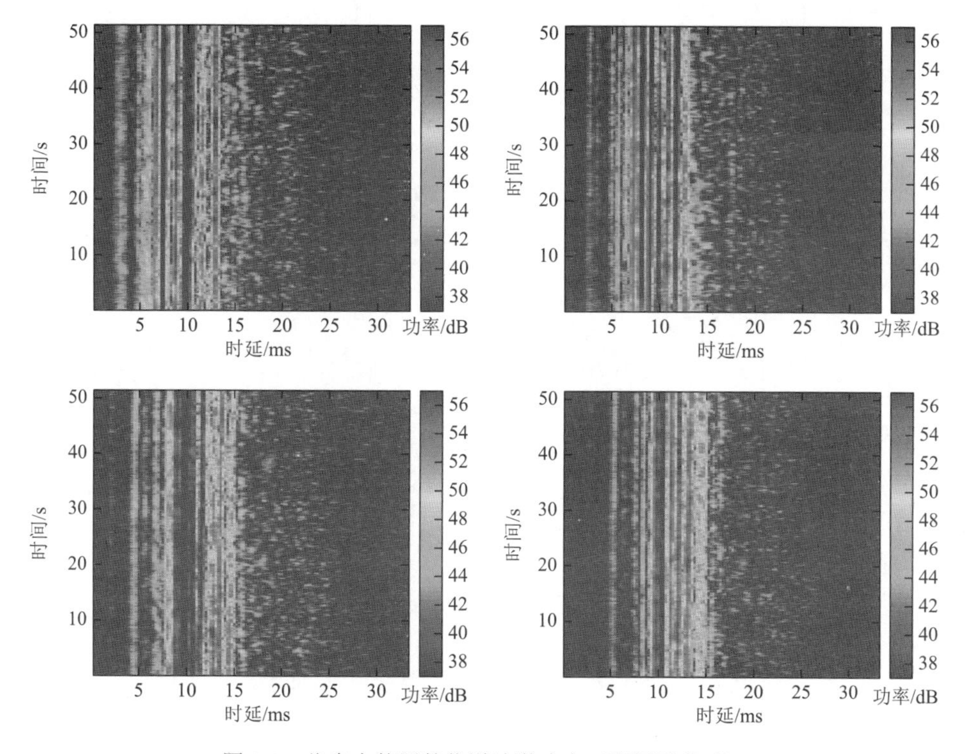

图 4-9　仿真中使用的信道冲激响应（彩图附书后）

为了进行比较，仿真中也给出了最小二乘（LS）和正交匹配追踪（orthogonal matching pursuit，OMP）信道估计算法下的误码性能。QPSK 和 8PSK 调制方式下基于单载波块传输结构的频域 Turbo 均衡的性能曲线分别如图 4-10 和图 4-11 所示。由图 4-10 和图 4-11 的曲线可以看出，无论何种信道估计方法，随着迭代次数的增多，系统的误码率是逐渐降低的，但是降低幅度越来越小。IPNLMS 信道估计方法下，在误码率 10^{-4} 这一量级，QPSK 调制 1 次迭代比未迭代性能改善约 3.5dB，而 3 次迭代相比 1 次迭代则改善不到 1dB。8PSK 调制下 1 次迭代比未迭代的性能提升约 7dB，3 次迭代比 1 次迭代改善 1.5dB 左右。实际使用中要综合考虑计算量和误码性能，从而选择合适的迭代次数。LS 与 OMP 信道估计下的性能也大体一致。

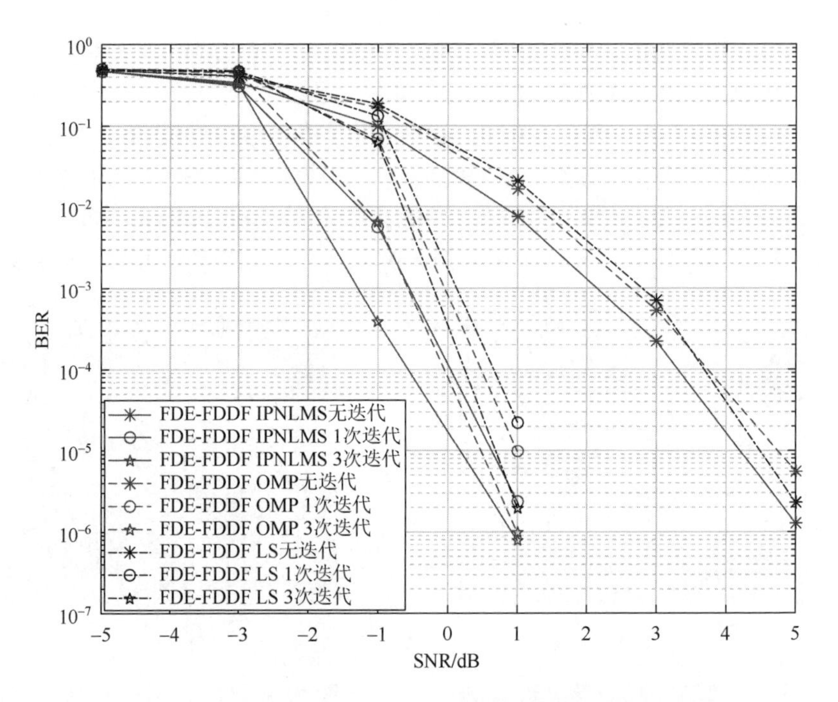

图 4-10　三种估计信道下 QPSK 误码率曲线图（彩图附书后）

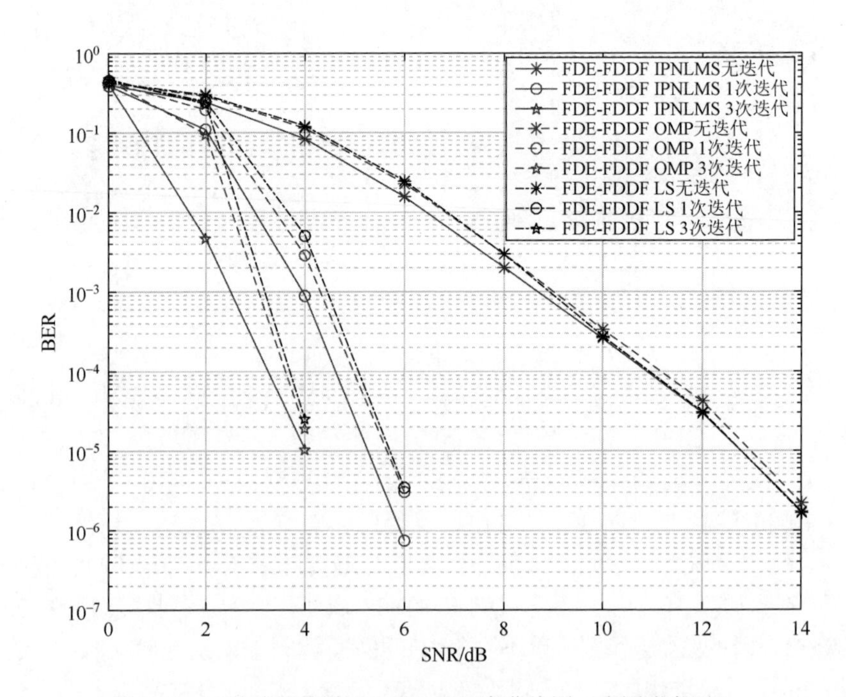

图 4-11　三种估计信道下 8PSK 误码率曲线图（彩图附书后）

此外对 3 种信道估计算法的误码性能进行比较，可以看出 IPNLMS 信道估计下的性能相对于其他两种估计方法也有一个较明显的提升。以 3 次迭代误码率达到 10^{-4} 这一量级为准，在 QPSK 调制下 IPNLMS 信道估计的误码性能相对于 OMP 信道估计下的性能提升约 0.5dB，相对于 LS 估计方法则提升 0.8dB 左右。8PSK 调制下 IPNLMS 信道估计的性能则比 OMP 估计的性能提升约 0.4dB，相对于 LS 估计方法则提升 0.5dB 左右。这是由于 IPNLMS 进行信道估计时考虑到水声信道的稀疏特性，所估计的信道结果更加精确，在后续迭代均衡过程中有着更加良好的性能。

4.3.3　湖上试验数据分析

作者所在课题组于 2015 年 1 月在某水库进行了湖上试验研究。试验所在位置湖底地形比较平坦，经过测深仪测试，水深为 45～50m。通过温深仪测量试验区域水温，水温基本恒定。

发射换能器在水下 20m 处，发射声源级大约为 183dB。通信试验时，发射和接收两船分别用 GPS 定位，测量出其水平距离约为 10.8km。系统工作频带为 5.5～9.5kHz，采样率为 120kHz。发射端采用编码速率为 1/2 的卷积码，生成多项式为 (171, 133)，编码之后的二进制信息随机交织之后进行 QPSK/8PSK 符号映射后分组插入 PN 序列。接收端采用多水听器接收处理。

图 4-12 显示的是某水库水声通信试验时的信道冲激响应，它反映了信道冲激响应随时间的变化。由图可知，最大多径扩展长度约为 15ms，相当于 60 个码元宽度，并且能量集中在少数路径上，具有一定的稀疏特性。

对应的多通道处理结果如表 4-2 所示，迭代均衡之后的星座图如图 4-13 所示，随着迭代均衡的进行，系统的性能是逐渐提升的。在四通道合并增益下，QPSK 和 8PSK 在 3 次迭代下都可以实现无误码传输。相对而言，IPNLMS 信道估计下的性能最好，证明了所提的基于稀疏信道估计的单载波频域 Turbo 均衡水声通信系统的优良性能。

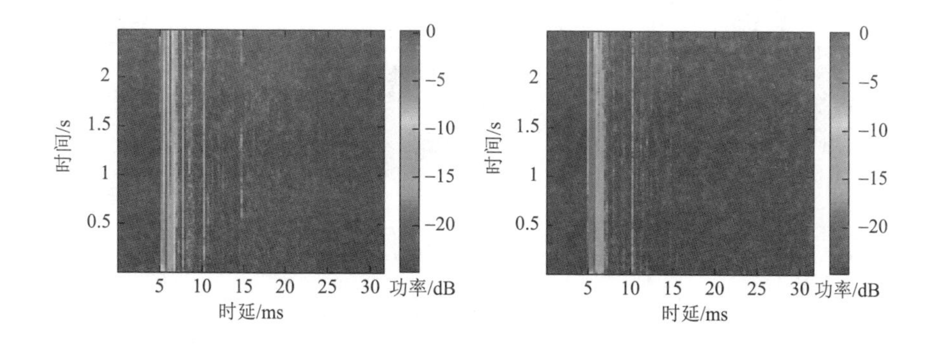

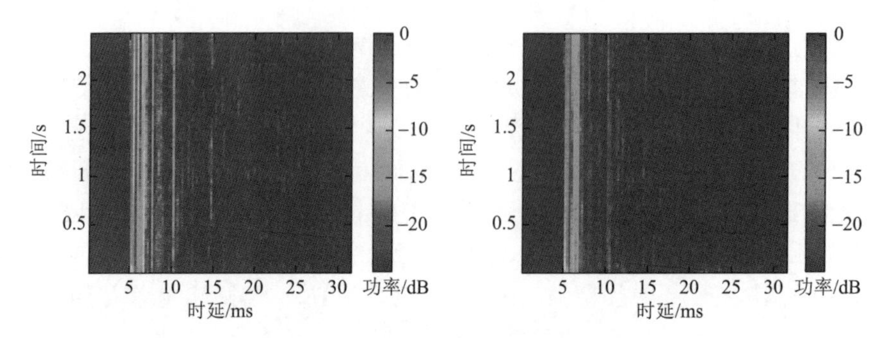

图 4-12　某水库信道冲激响应（彩图附书后）

表 4-2　多通道 FDE-FDDF 误码性能表

映射方式	信道估计算法	无编码	未迭代	1 次迭代	3 次迭代
QPSK	IPNLMS	1.55×10^{-2}	0	0	0
	LS	1.78×10^{-2}	0	0	0
	OMP	2.03×10^{-2}	0	0	0
8PSK	IPNLMS	7.00×10^{-2}	0	0	0
	LS	7.32×10^{-2}	2.63×10^{-5}	0	0
	OMP	7.81×10^{-2}	0	0	0

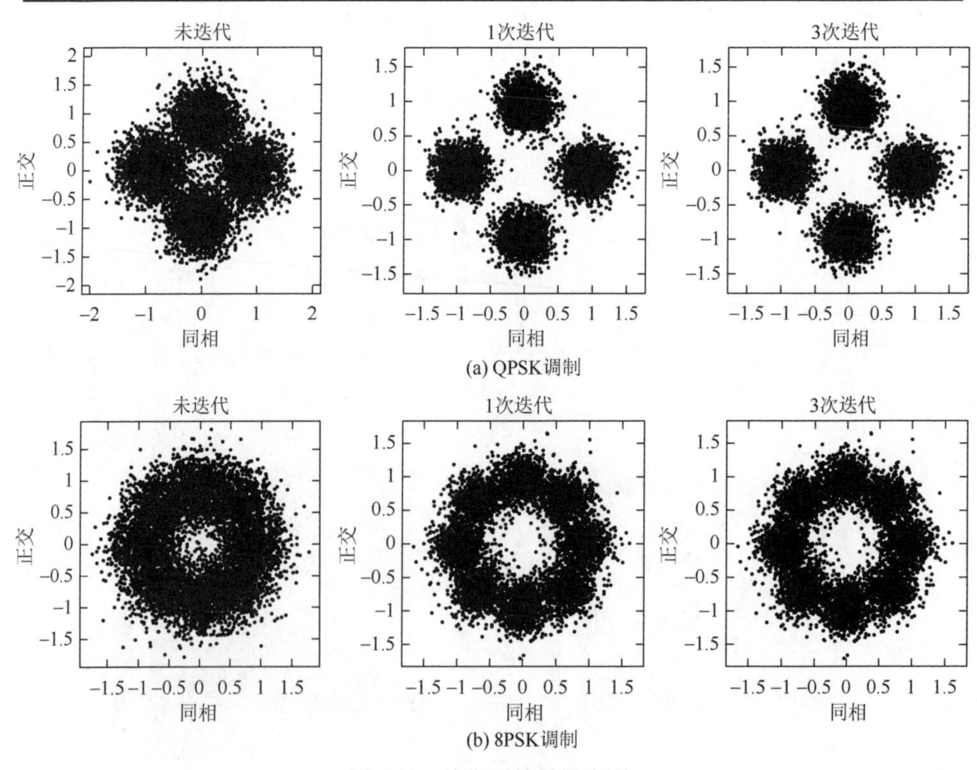

图 4-13　均衡后符号星座图

由于试验环境较好，接收端有着较高的信噪比，因此本节方法在迭代进行之前即可实现无误码水声通信。为了进一步验证水声通信中频域迭代均衡的性能，将在试验中采集的真实噪声数据叠加到通信数据中，降低接收端信噪比。并将加噪处理之后的数据按照上述方法重新处理，相关误码结果如表 4-3 所示。从表中可以看出，随着迭代的进行，系统的误码率是逐渐降低的，即性能有着明显的提升。在运用 IPNLMS 信道估计算法的条件下，采用 QPSK 调制方式时，当初始误码率为 1.30×10^{-1} 时，3 次迭代之后误码率降到 7.42×10^{-4}；采用 8PSK 调制方式时，当初始误码率为 1.12×10^{-1} 时，3 次迭代之后误码率可降到 5.17×10^{-5}。

表 4-3　加噪声多通道 FDE-FDDF 误码性能表

映射方式	信道估计算法	无编码	未迭代	1 次迭代	3 次迭代
QPSK	IPNLMS	1.30×10^{-1}	3.91×10^{-2}	4.92×10^{-3}	7.42×10^{-4}
	LS	1.62×10^{-1}	1.28×10^{-1}	3.32×10^{-2}	1.29×10^{-3}
	OMP	1.38×10^{-1}	9.58×10^{-2}	1.30×10^{-2}	1.03×10^{-3}
8PSK	IPNLMS	1.12×10^{-1}	1.28×10^{-2}	3.54×10^{-4}	5.17×10^{-5}
	LS	1.43×10^{-1}	5.38×10^{-2}	1.42×10^{-3}	7.29×10^{-4}
	OMP	1.33×10^{-1}	4.26×10^{-2}	2.28×10^{-3}	5.62×10^{-4}

此外也给出了软判决符号的星座图，如图 4-14 所示。相对于常规均衡后符号的星座图形，由解码器输出的外部信息得到的软判决符号的星座图能更直观地看出迭代的增益效果。由于软解码器的使用，软判决符号也比均衡后符号的星座图更加可靠。由图 4-14 可以看出，两种调制方式下随着迭代的进行，软判决符号逐渐向映射的星座点收敛，到第 3 次迭代时已基本收敛到有效星座点。这体现了迭代均衡的增益效果。

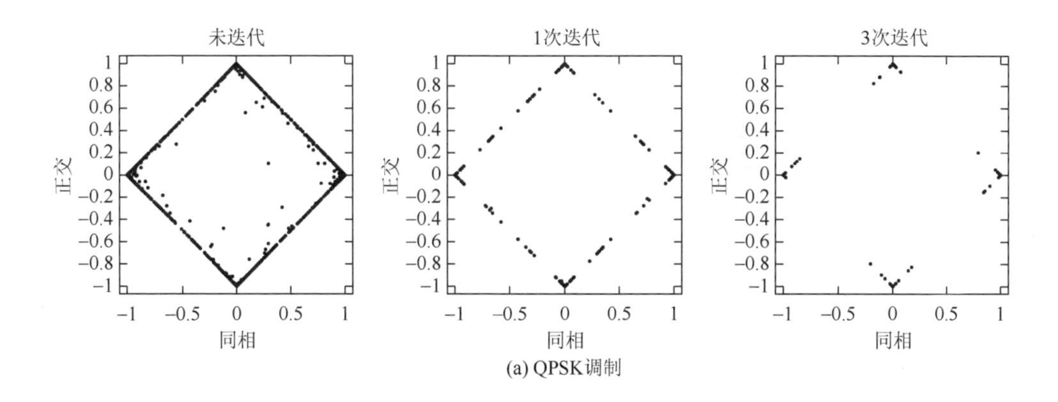

(a) QPSK调制

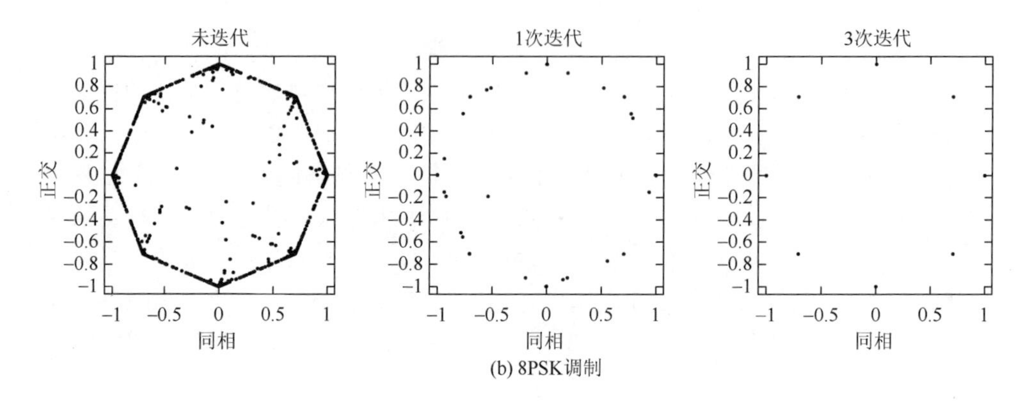

图 4-14　软判决符号星座图

4.4　时频域 Turbo 均衡

4.4.1　单载波时频域 Turbo 均衡

水声信道具有较大的时延扩展，码间干扰能达到几十甚至几百个码元长度，因此时域 Turbo 均衡系统的计算复杂度很高。而频域 Turbo 均衡性能依赖信道估计精度，在时变信道下性能较差。因此，可以考虑将两种技术进行结合，先利用频域 Turbo 均衡进行预处理，降低码间干扰范围，接下来用时域 Turbo 均衡消除残余的码间干扰，这就是时频域 Turbo 均衡（time-frequency domain turbo equalization，TFDTE）[18]。

图 4-15 给出了 TFDTE 的结构框图。接收信号经过多通道频域均衡之后，将输出结果合并成单路信号进行时域判决反馈均衡处理。因为频域均衡后信号的信道冲激响应通常是短暂且接近时不变的，所以单通道 DFE 滤波器的长度可以设置成一个较小的值，从而可以保证整体计算复杂度有限增加的情况下有效提升系

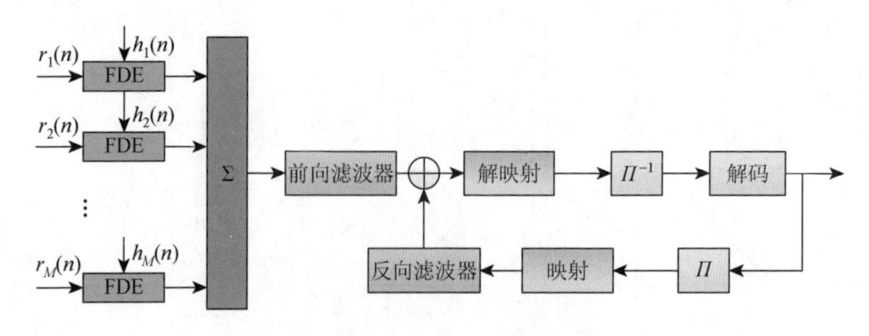

图 4-15　TFDTE 的结构框图

统性能。特别地，针对时变信道来说，单载波块传输体系进行频域均衡是假定每个数据块的持续时间内信道保持不变的前提下进行的，所以在时变信道条件下频域均衡处理之后的信号仍会有残余 ISI 存在。因此通过后续连续符号处理的单通道时域 Turbo 均衡可进一步消除残余 ISI，显著改善系统性能。

4.4.2　单载波双向时频域 Turbo 均衡

在时频域 Turbo 均衡的基础上，在输入端和输出端各加上了一个时间反转操作，这就是单载波双向时频域 Turbo 均衡技术的定义。用时间反转操作对接收信号进行处理，这相当于先将发射信号进行时间反转处理，再将其发射到时间反转信道，进而得到反向的时频域 Turbo 均衡。一般情况下，水声信道的冲激响应并不对称，因此正向时频域 Turbo 均衡所对应的信道冲激响应和反向时频域 Turbo 均衡所对应的信道冲激响应并不相同。而且时频域 Turbo 均衡器的符号反馈在传播时可能会发生误差，正向时频域 Turbo 均衡器的误差传播是从前往后的，而对于反向时频域 Turbo 均衡器，均衡器先检测后面的码元，再检测前面的码元，如果存在误差传播，前一个码元会受到后一个码元的误差判决的影响，这和正向时频域 Turbo 均衡的误差传播形式不同，因此两个均衡器输出结果可能大不相同。综合二者的输出，利用双向均衡的多样性，提取双向均衡的增益，从而达到进一步消除误差的目的。

单载波双向时频域 Turbo 均衡包含两个并行的常规时频域 Turbo 均衡结构，其中一个结构只对接收信号进行常规的均衡处理，另外一个结构先对接收信号进行时间反转操作，之后再进行均衡处理。单载波双向时频域 Turbo 均衡结构框图如图 4-16 所示。

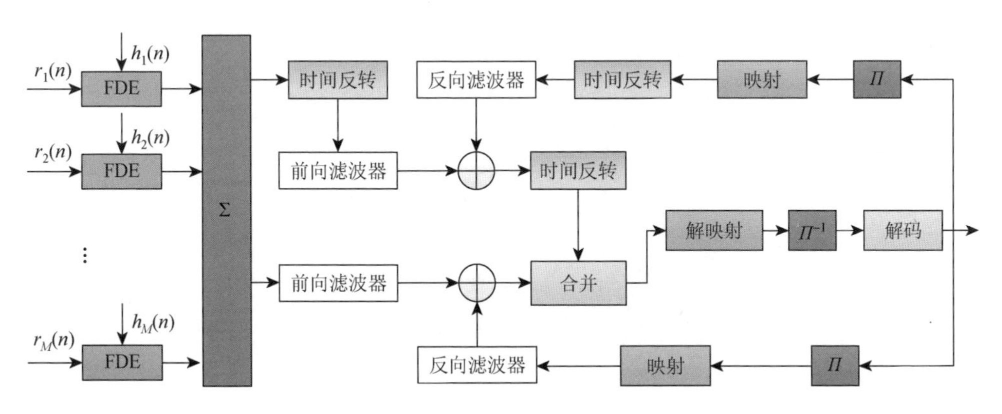

图 4-16　单载波双向时频域 Turbo 均衡结构框图

4.4.3 仿真性能分析

本节对时频域 Turbo 均衡进行计算机仿真分析。发射信号帧结构采取单载波块传输结构，如图 4-17 所示。其中前后导引信号的作用是正向或者反向时域 Turbo 均衡时对时域均衡器的系数进行训练。表 4-4 给出了仿真参数设置。

图 4-17 时频域 Turbo 均衡信号帧结构

表 4-4 时频域 Turbo 均衡仿真参数

参数名	参数值
FFT 输入数据点数量	512
PN 长度	126
前后导引信号长度	386
接收阵元	4
映射方式	QPSK/8PSK
编码生成多项式	(171, 133)
前向/反向滤波器长度	16

图 4-18 给出了经过多通道频域 MMSE 均衡之后合并得到的单路信号等效信道冲激响应图。从图中可以看出，初步均衡处理之后的信号冲激响应主要集中在

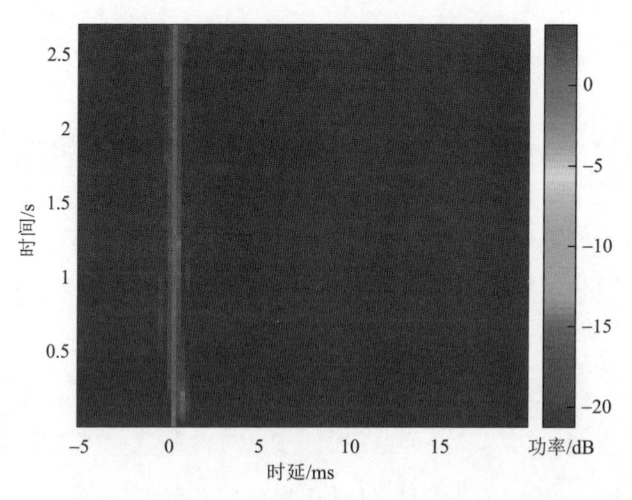

图 4-18 多通道频域 MMSE 均衡后等效信道冲激响应图（彩图附书后）

一条主路径上，所以在后续时域 Turbo 均衡处理的时候可以将前向和反向滤波器的长度设置成很小的参量，从而让系统保证一个较低的计算量。QPSK 和 8PSK 调制方式下时频域 Turbo 均衡的误码率曲线图分别如图 4-19、图 4-20 所示。

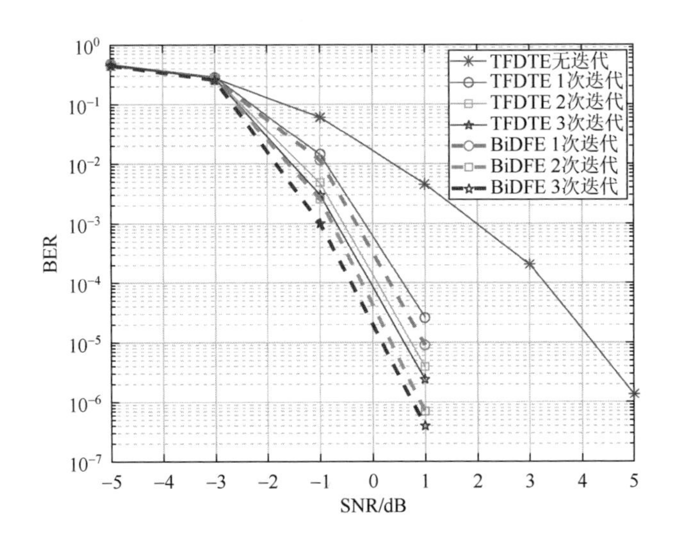

图 4-19 QPSK 信号时频域 Turbo 均衡误码性能图（彩图附书后）

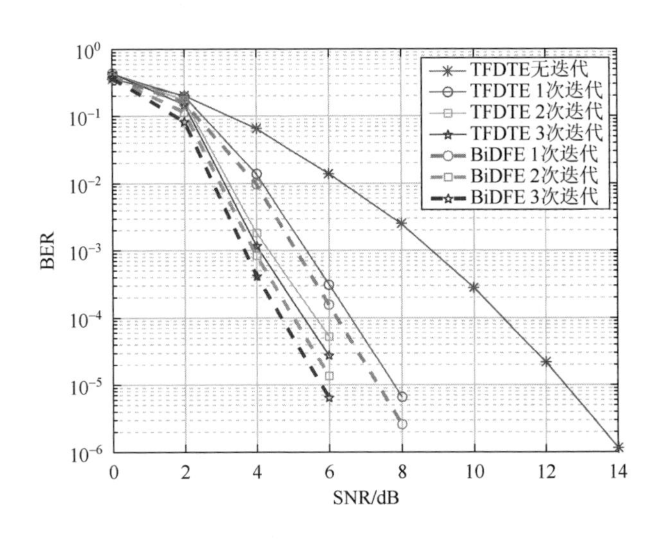

图 4-20 8PSK 信号时频域 Turbo 均衡误码性能图（彩图附书后）

从图 4-19 和图 4-20 可以看出以下几个方面。

（1）随着迭代次数的增加，系统的误码性能逐渐提升，但是提升幅度越来越小。当误码率达到 10^{-4} 时，QPSK 调制方式下，单向/双向均衡下迭代 1 次下的性能比未迭代前提升 2.70dB/2.95dB，第 3 次迭代则比第 1 次迭代仅仅提升 0.60dB/0.75dB；8PSK 调制下，单向/双向均衡下迭代 1 次的性能比未迭代前提升 4.22dB/4.58dB，第 3 次迭代则比第 1 次迭代仅仅提升 1.28dB/1.54dB。

（2）对单向均衡方式和双向均衡方式下的系统性能进行比较，可以看出双向均衡的性能要优于单向均衡。TFDTE 无迭代时仅仅是对多通道 MMSE 均衡后的信号进行译码处理，所以采用 QPSK 和 8PSK 调制时两者的性能完全一致，迭代开始之后性能开始出现差别。仍然以 10^{-4} 这一量级为准，QPSK 调制下第 1 次迭代双向均衡的性能比单向均衡提升 0.25dB，第 3 次迭代下则双向均衡到达 10^{-4} 需要的信噪比降低 0.40dB；8PSK 调制下第 1 次迭代后双向均衡的性能提升 0.36dB，第 3 次迭代下双向均衡的性能则比单向方式提升 0.62dB。

4.4.4 湖上试验数据分析

对 2015 年 1 月的试验数据进行处理分析，多通道频域 MMSE 均衡处理得到信号的等效信道冲激响应图如图 4-21 所示，均衡之后的信道冲激响应基本收敛于一条主路径中，同时时延长度短并基本保持时不变，与仿真结果一致。

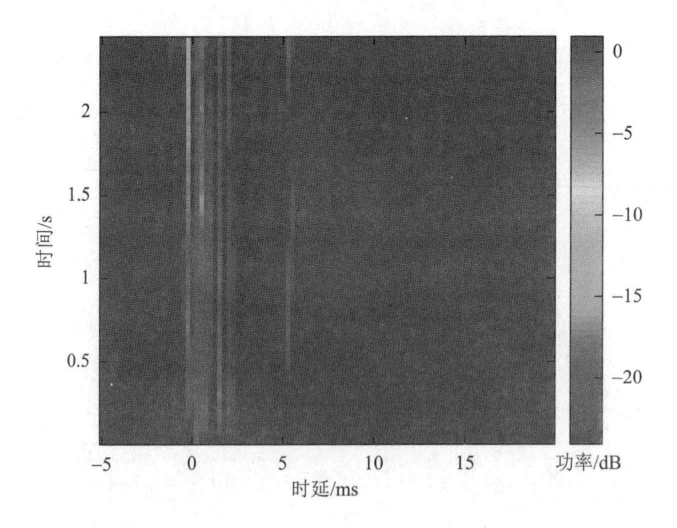

图 4-21 多通道频域 MMSE 均衡后等效信道冲激响应图（彩图附书后）

频域均衡之后的信号分别进行单向时域均衡的 TFDTE 和双向时域均衡的 BiDFE，误码率结果如表 4-5 所示，均衡之后符号的星座图如图 4-22 所示。从表 4-5

中可以看出，无论单向 DFE 还是 BiDFE，在试验中均实现了无误码水声通信，星座图中也可以看出迭代的增益效果。

表 4-5　多通道时频域 Turbo 均衡误码性能表

映射方式	均衡方式	无编码	未迭代	1 次迭代	3 次迭代
QPSK	TFDTE	1.55×10^{-2}	0	0	0
	BiDFE			0	0
8PSK	TFDTE	7.00×10^{-2}	0	0	0
	BiDFE			0	0

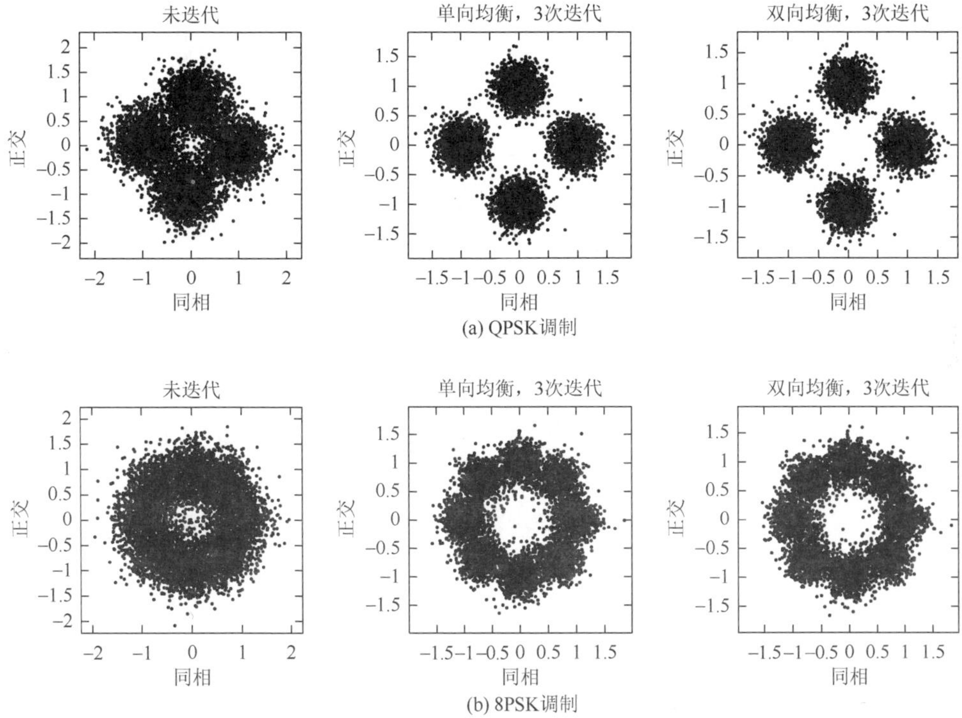

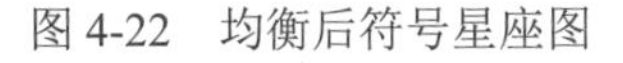

图 4-22　均衡后符号星座图

迭代开始之前系统无误码，同时均衡后符号的星座图对比无法直观看出单向和双向均衡的差异。因此通过比较每次迭代的输出信噪比，来对单向和双向均衡的性能进行对比，结果如表 4-6 所示，从表中可以明显看出以下几个方面。

表 4-6　多通道时频域 Turbo 均衡输出信噪比　　（单位：dB）

映射方式	均衡方式	未迭代	1 次迭代	2 次迭代	3 次迭代
QPSK	TFDTE	6.79	11.75	12.02	12.03
	BiDFE		11.98	12.24	12.25
8PSK	TFDTE	7.33	11.23	11.42	11.43
	BiDFE		11.42	11.61	11.61

（1）无论 QPSK 调制还是 8PSK 调制方式，随着迭代的进行输出信噪比逐渐增加但是增幅越来越小，此结论与仿真结果一致。

（2）对单向均衡和双向均衡的输出信噪比进行比较可以看出，双向均衡的结果要略优于单向均衡，QPSK 调制方式，3 次迭代下，单向均衡的输出信噪比要比双向均衡低 0.22dB；8PSK 调制方式，3 次迭代下双向均衡输出信噪比比单向均衡输出结果也高出约 0.18dB。这都表明双向均衡系统性能更加有优势，但是这种优势却是以计算量的增加而实现的，实际使用中要综合考虑性能和计算量。

为了进一步验证所提的单载波时域 Turbo 均衡系统的迭代性能，与频域 Turbo 均衡试验部分相同地将内记噪声数据与接收数据进行叠加以降低接收信噪比。处理的误码结果以及对应的软判决符号星座图分别如表 4-7 以及图 4-23 所示，输出信噪比则如表 4-8 所示。因此可以看出以下几个方面。

（1）两种映射方式下随着迭代的进行系统的性能都是逐渐提高的；QPSK 调制下译码之前误码率为 1.18×10^{-1}，3 次迭代单向均衡和双向均衡之后的误码率分别可达 5.18×10^{-5}、0，误码率大幅度降低。从输出信噪比来看，两种均衡方式 3 次迭代下输出信噪比分别比迭代前提升了 4.20dB 和 4.55dB。8PSK 调制下译码之前误码率为 1.22×10^{-1}，3 次迭代单向均衡和双向均衡之后的误码率分别可达 5.10×10^{-4}、1.87×10^{-4}，对应的信噪比也分别提升了 3.10dB 和 3.40dB。

（2）对单双向均衡结果进行对比。

①从误码性能表可以看出，双向均衡方式下迭代 1 次和迭代 3 次的误码率均略微低于单向均衡。

②从软判决符号星座图可以看出，双向均衡的处理效果要略好于单向均衡。以 3 次迭代的效果为准，无论 QPSK 还是 8PSK 调制，双向均衡下的软判决符号星座图都收敛到有效星座点，而单向均衡则部分未收敛。

③从输出信噪比来比较分析，迭代开始之后双向均衡的输出信噪比要高于单向均衡：QPSK 调制方式，3 次迭代下双向均衡的输出信噪比较单向均衡高出 0.35dB；8PSK 调制方式，3 次迭代下双向均衡输出信噪比比单向均衡输出结果高约 0.30dB。

表 4-7　加噪声多通道时频域 Turbo 均衡误码率性能表

映射方式	均衡方式	无编码	未迭代	1 次迭代	3 次迭代
QPSK	TFDTE	1.18×10^{-1}	2.71×10^{-2}	3.11×10^{-3}	5.18×10^{-5}
	BiDFE			1.68×10^{-3}	0
8PSK	TFDTE	1.22×10^{-1}	1.99×10^{-2}	5.08×10^{-3}	5.10×10^{-4}
	BiDFE			3.05×10^{-3}	1.87×10^{-4}

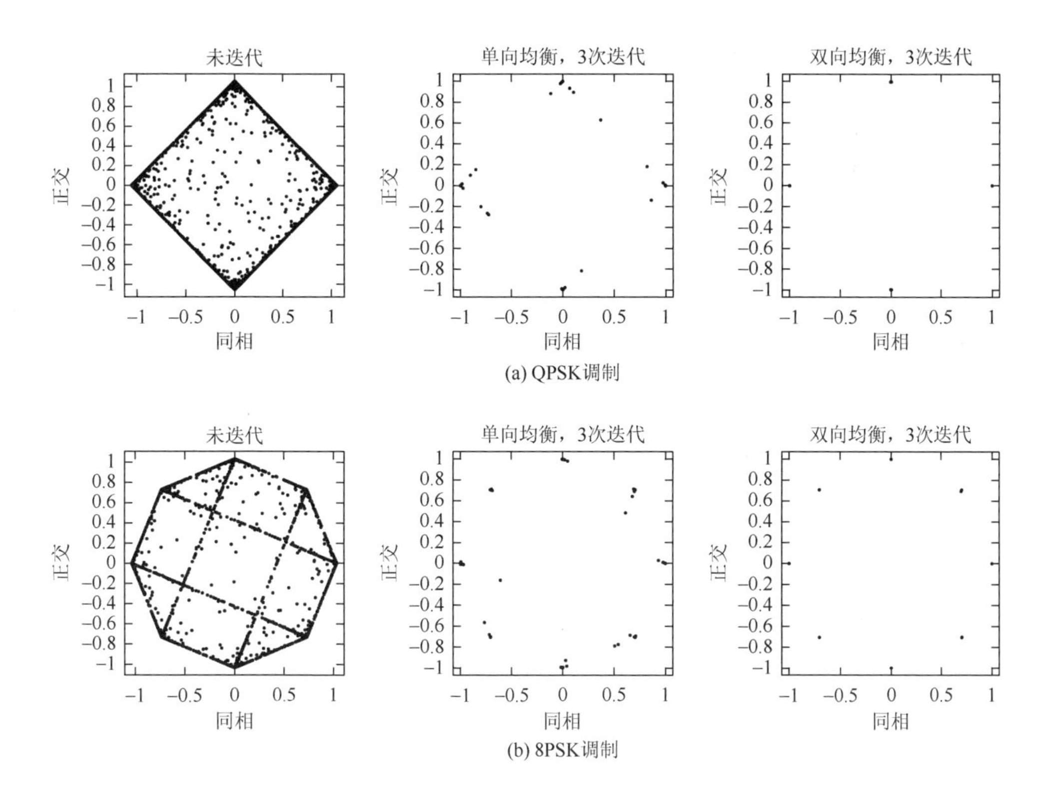

图 4-23　软判决符号星座图

表 4-8　加噪声多通道时频域 Turbo 均衡输出信噪比　（单位：dB）

映射方式	均衡方式	未迭代	1 次迭代	2 次迭代	3 次迭代
QPSK	TFDTE	1.36	4.11	5.36	5.56
	BiDFE		4.43	5.74	5.91
8PSK	TFDTE	4.72	6.68	7.59	7.82
	BiDFE		6.95	7.92	8.12

4.5 基于 BLMS 的频域自适应 Turbo 均衡

4.5.1 频域自适应均衡器

时域 Turbo 均衡复杂度较高，而频域均衡性能受信道的时变性影响较为明显。因此，研究人员提出了频域自适应均衡结构[19]。该均衡器工作在频域，通过自适应算法直接更新滤波器系数，因此不需要根据信道进行滤波器系数设计，从而不需要信道估计。与时域自适应均衡类似，这种均衡器的工作模式也能够分为两种类型，包括训练模式与直接判决模式。在训练阶段，接收端利用训练序列来调整滤波器系数，以确保滤波器收敛到稳态；训练阶段结束后，均衡器转换为直接判决模式，利用输出的硬判决结果来计算判决误差。

图 4-24 给出了基于分块最小均方（block least mean square，BLMS）算法的频域自适应均衡器（adaptive frequency domain equalizer，AFDE）结构图。接收数据以逐子块的方式进行处理，长为 N_d 的接收数据首先被分割为长度为 N 的子块。在处理第 k 个子块时，输入均衡器的数据 $r_m(k)$ 由三部分组成：$y_m^f(k)$ 、$y_m(k)$ 和 $y_m^b(k)$ 。其信号表达式分别为

$$\begin{cases} y_m^f(k)=[y((k-1)N-N_f+1)\ \ y((k-1)N-N_f+2)\ \cdots\ y((k-1)N)]^{\mathrm{T}} \\ y_m(k)=[y((k-1)N+1)\ \ y((k-1)N+2)\ \cdots\ y(kN)]^{\mathrm{T}} \\ y_m^b(k)=[y(kN+1)\ \ y(kN+2)\ \cdots\ y(kN+N_b)]^{\mathrm{T}} \\ r_m(k)=[y_m^f(k);y_m(k);y_m^b(k)] \end{cases} \tag{4-64}$$

从式（4-64）中可以看出，在第 k 个子块解调过程中，考虑了因果部分和非因果部分的干扰。

此时，滤波器输入信号的频域形式为

$$R_m(k)=Fr_m(k) \tag{4-65}$$

用 $W_m(k)$ 表示第 k 个数据子块的滤波器系数，那么，均衡器的输出可以表示为

$$\begin{aligned} \hat{X}(k)&=\sum_{m=1}^{M}W_m(k)\odot R_m(k) \\ &=\sum_{m=1}^{M}Z_m(k) \end{aligned} \tag{4-66}$$

式中，$\odot$ 表示向量逐元素相乘。输出信号的时域表示为

$$\begin{aligned} \hat{x}(k)&=F^{\mathrm{H}}\hat{X}(k) \\ &=\sum_{m=1}^{M}F^{\mathrm{H}}Z_m(k) \end{aligned} \tag{4-67}$$

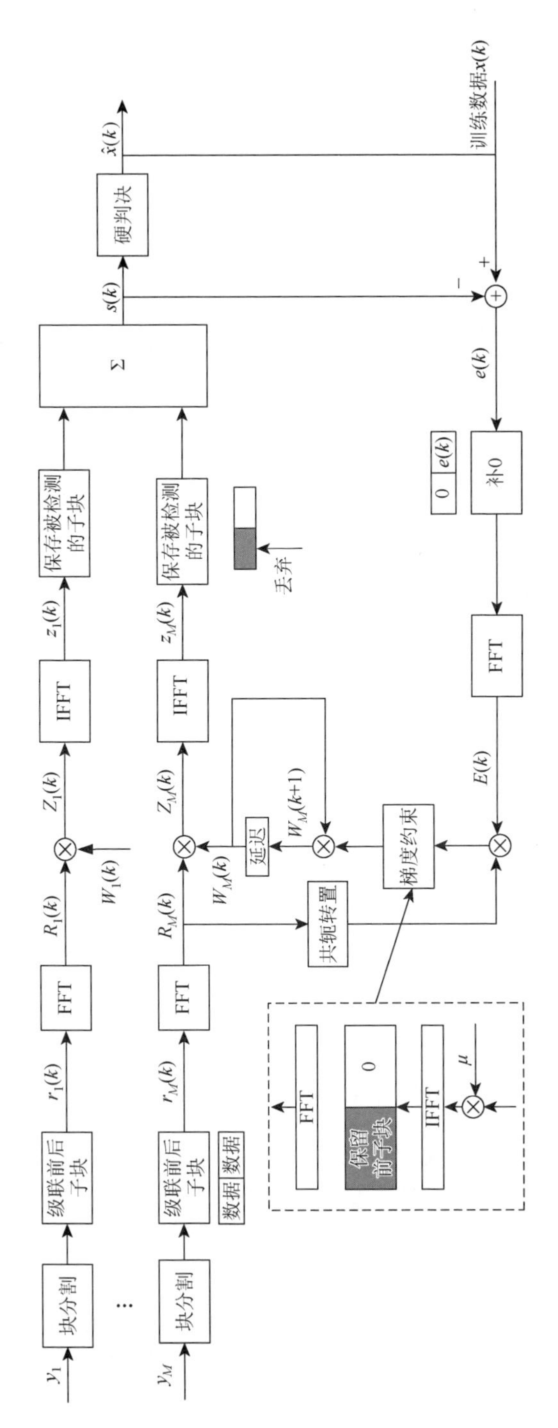

图 4-24 基于 BLMS 算法的频域自适应均衡器结构图

$r_m(k)$ 中前 N_f 个数据已在之前的处理中估计得到，而尾部的 N_b 个数据尚未估计，因此将这两部分丢弃，只保留第 k 个数据子块。此操作通过一个分块矩阵 T 来实现，T 的表达式为

$$T=[0_{N\times N_f}\quad I_{N\times N}\quad 0_{N\times N_b}] \tag{4-68}$$

这样，经过多通道合并后，第 k 个数据子块的最终估计值可以表示为

$$\hat{x}(k)=T\hat{x}(k)=\sum_{m=1}^{M}TF^{\mathrm{H}}Z_m(k) \tag{4-69}$$

对于时变水声信道，滤波器系数应该能够跟踪信道变化。采用频域块归一化最小均方（frequency domain block normalization least mean square，FDBNLMS）算法来更新滤波器系数。相比于 LMS 算法，NLMS 算法通过变化的自适应步长来加快收敛速度。对于 FDBNLMS 算法，滤波器系数的更新方程为

$$W_m(k+1)=W_m(k)+\frac{\mu_f FGF^{\mathrm{H}}R_m^{\mathrm{H}}(k)\odot E(k)}{\varepsilon+R_m^{\mathrm{H}}(k)R_m(k)} \tag{4-70}$$

式中，μ_f 是滤波器的自适应步长；ε 是一个固定的正则化系数，避免 0 做除数；G 是梯度约束矩阵，为了确保频域 NLMS 算法和时域 NLMS 算法的完全对应，其表达式为

$$G=\begin{bmatrix} I_{N_f\times N_f} & 0_{N_f\times N} & 0_{N_f\times N_b} \\ 0_{N\times N_f} & 0_{N\times N} & 0_{N\times N_b} \\ 0_{N_b\times N_f} & 0_{N_b\times N} & 0_{N_b\times N_b} \end{bmatrix} \tag{4-71}$$

$E(k)$ 是误差向量的频域表示，其时域表示为

$$e(k)=\begin{cases} x(k)-\hat{x}(k), & kN\leqslant L_{\mathrm{train}} \\ \hat{x}(k)-\hat{x}(k), & \text{其他} \end{cases} \tag{4-72}$$

这里，L_{train} 表示训练序列长度。因为只关心当前要检测的数据块，频域误差向量可以表示为

$$E(k)=F[0_{N_f\times 1};e(k);0_{N_f\times 1}] \tag{4-73}$$

相比基于 MMSE 的频域均衡，频域自适应均衡技术的优点在于不需要在发射端插入 CP，也不需要在接收端进行信道估计。上述频域自适应均衡在时不变或者慢时变条件下展现出了很好的性能。但如果信道是具有长多径延迟扩展的快速时变信道，频域自适应均衡则会面临一些挑战，主要是因为与 RLS 算法相比，LMS 算法固有的缺点是收敛速度相对较慢，而 BLMS 算法则加剧了这一缺点。BLMS 算法每 N 个符号更新一次滤波器系数，N 与数据子块长度保持一致。一方面，频域自适应均衡需要在数据开始时插入一定长度的训练序列确保滤波器收敛到稳态，较大的 N 则会导致较长的训练序列，这造成了频谱效率的损失；另一方面，

为了跟踪信道动态，N 应该选择一个较小的值，但滤波器的长度必须大于信道延迟扩展。对于传统的 FDBNLMS 算法来说，可能会出现滤波器长度不足的情况导致稳态 MSE 增加。因此，N 的选择会造成收敛速度和频谱效率之间的冲突。为了解决上述的问题，本章提出了一种新的频域自适应均衡方法在快速时变水声信道上实现频域均衡。

4.5.2　频域直接自适应 Turbo 均衡

在传统的 FDBNLMS 算法中，滤波器更新的频率与数据子块的长度保持一致。为此，可以采用一种滑动窗口机制来分离这两个参数。进一步，在线性频域均衡器的基础上，选择采用频域的判决反馈均衡结构，并将其与软译码器结合，实现频域直接自适应 Turbo 均衡器（frequency domain direct adaptive turbo equalizer，FDDA-TEQ）[19]。图 4-25 给出了 FDBNLMS 的频域自适应判决反馈均衡器的结构框图。

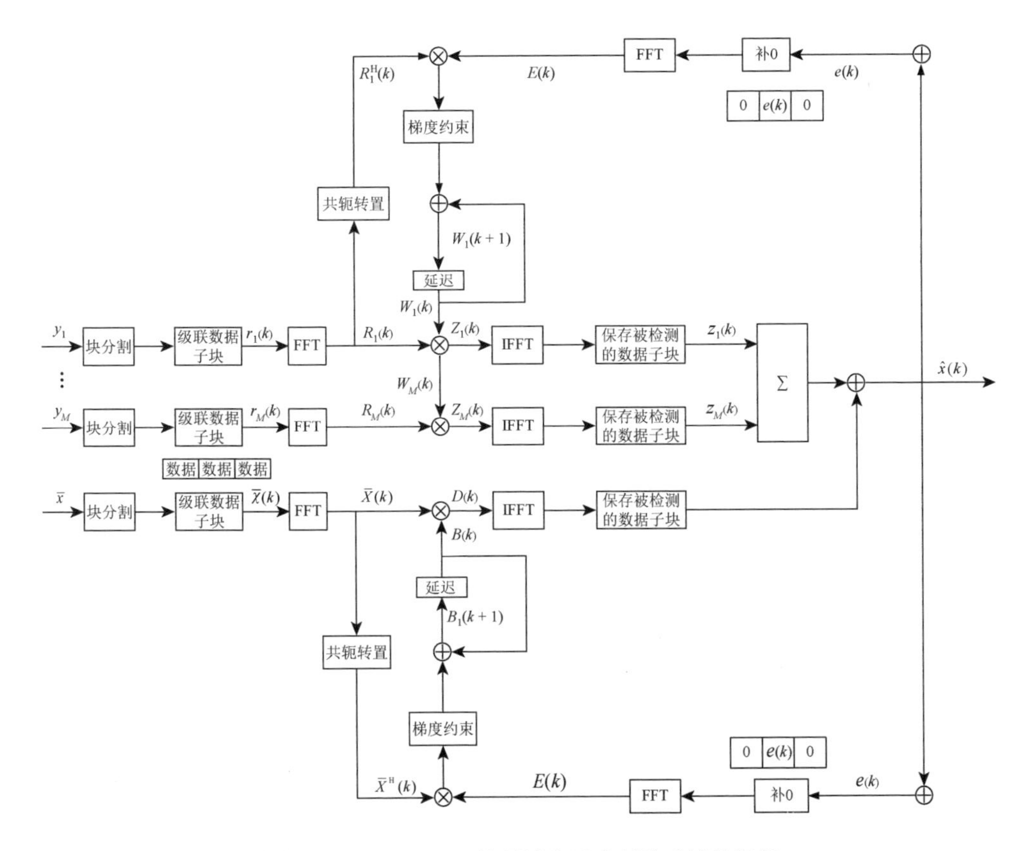

图 4-25　FDBNLMS 的频域自适应判决反馈均衡器

在第 k 个数据子块的处理过程中，前向滤波器的输入数据为

$$
\begin{cases}
y_m^f(k)=[y_m((k-1)N_s-N_f+1)\ \ y_m((k-1)N_s-N_f+2)\ \cdots\ y_m((k-1)N_s)]^{\mathrm{T}} \\
y_m(k)=[y_m((k-1)N_s+1)\ \ y_m((k-1)N_s+2)\ \cdots\ y_m((k-1)N_s+N)]^{\mathrm{T}} \\
y_m^b(k)=[y_m((k-1)N_s+N+1)\ \ y_m((k-1)N_s+N+2)\ \cdots\ y_m((k-1)N_s+N_b)]^{\mathrm{T}} \\
r_m(k)=[y_m^f(k);y_m(k);y_m^b(k)]
\end{cases}
\tag{4-74}
$$

同理，反向滤波器的输入数据为

$$
\begin{cases}
\overline{x}^f(k)=[\overline{x}(k-1)N_s-N_f+1\ \ \overline{x}(k-1)N_s-N_f+2\ \cdots\ \overline{x}(k-1)N_s]^{\mathrm{T}} \\
\overline{x}^b(k)=[\overline{x}(k-1)N_s+N+1\ \ \overline{x}(k-1)N_s+N+2\ \cdots\ \overline{x}(k-1)N_s+N_b]^{\mathrm{T}} \\
\overline{x}(k)=[\overline{x}^f(k);0_{N\times 1};\overline{x}^b(k)]
\end{cases}
\tag{4-75}
$$

第 k 次处理和第 $k+1$ 次处理有一部分数据是重叠的，$N_s(N_s<N)$ 是滑动窗口步长。图 4-26 给出了所提出的 AFDE 接收机的滑动窗口策略。

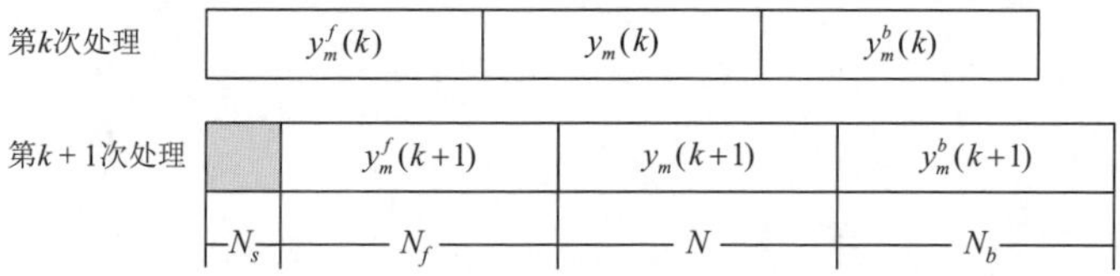

第k次处理	$y_m^f(k)$	$y_m(k)$	$y_m^b(k)$	
第k+1次处理		$y_m^f(k+1)$	$y_m(k+1)$	$y_m^b(k+1)$
	N_s	N_f	N	N_b

图 4-26　滑动窗口策略

基于该滑动窗口策略，滤波器系数每 N_s 个符号更新一次。N_s 可以根据信道的时变程度进行选择。当信道是快速时变时，N_s 需要尽量小以跟踪信道变化；当信道是时不变或者慢时变时，N_s 可以选择一个较大的值从而降低复杂度。

$\overline{x}(k)$ 中间数据块置 0 的目的是不考虑当前检测的第 k 个数据块内部相邻符号间的干扰。需要注意的是，第一次 Turbo 均衡时因为没有先验信息可用，反向滤波器的输入为 0。

经过 FFT 后，滤波器输入信号的频域形式为

$$
\begin{cases}
R_m(k)=Fr_m(k) \\
\overline{X}(k)=F\overline{x}(k)
\end{cases}
\tag{4-76}
$$

用 $W_m(k)$ 表示第 k 个数据子块的前向滤波器系数；$B(k)$ 表示反向滤波器系数。这样，自适应滤波过程可以表示为

$$
\begin{aligned}
\hat{X}(k)&=\sum_{m=1}^{M}W_m(k)\odot R_m(k)+B(k)\odot\overline{X}(k) \\
&=\sum_{m=1}^{M}Z_m(k)+\mathcal{X}(k)
\end{aligned}
\tag{4-77}
$$

式中，$\odot$ 表示向量逐元素相乘。将 IFFT 运用到前向滤波器输出和反向滤波器输出，得到时域滤波信号：

$$\begin{aligned}\hat{x}(k) &= F^{\mathrm{H}}\hat{X}(k) \\ &= \sum_{m=1}^{M} F^{\mathrm{H}} Z_m(k) + F^{\mathrm{H}}\mathcal{X}(k)\end{aligned} \tag{4-78}$$

同样利用分块矩阵 T 来丢弃第 k 个数据子块的相邻数据。经过多通道合并后，第 k 个子块的最终估计值可以表示为

$$\begin{aligned}\hat{x}(k) = T\hat{x}(k) &= \sum_{m=1}^{M} TF^{\mathrm{H}} Z_m(k) + TF^{\mathrm{H}}\mathcal{X}(k) \\ &= \sum_{m=1}^{M} z_m(k) + \mathcal{X}(k)\end{aligned} \tag{4-79}$$

传统 FDBNLMS 算法在非因果环境或者滤波器长度不足的情况下会面临稳态 MSE 增加的问题。对于水声通信，信道延迟扩展通常会达到数十到数百个符号间隔，这经常会出现滤波器长度不足的情形。为了解决这个问题，本节采用一种改进的 FDBNLMS 算法。改进后的滤波器更新方程为

$$\begin{cases} W_m(k+1) = W_m(k) + \dfrac{FGF^{\mathrm{H}}\mu_f FGF^{\mathrm{H}} R_m^{\mathrm{H}}(k)\odot E(k)}{\varepsilon + R_m^{\mathrm{H}}(k)R_m(k)} \\ B(k+1) = B(k) + \dfrac{FGF^{\mathrm{H}}\mu_b FGF^{\mathrm{H}} \bar{X}^{\mathrm{H}}(k)\odot E(k)}{\varepsilon + \bar{X}^{\mathrm{H}}(k)\bar{X}(k)} \end{cases} \tag{4-80}$$

如图 4-27 所示，相比于传统的 FDBNLMS 算法，改进后的算法增加了 1 组 FFT/IFFT 处理。

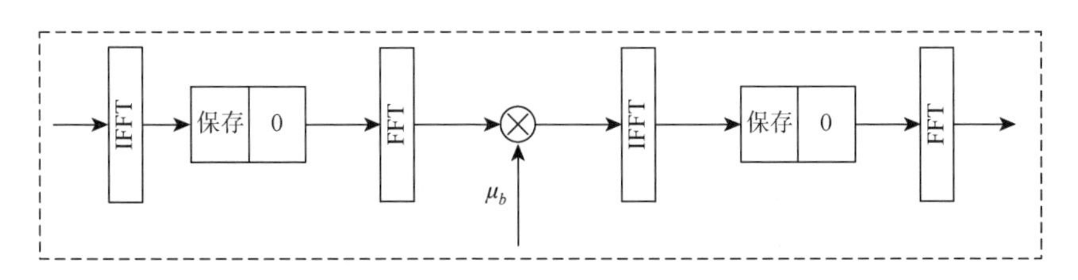

图 4-27 改进的梯度约束

正如之前提到的，频域自适应均衡需要加入较长的训练序列以确保滤波器收敛到稳态。但较长的训练序列会降低频谱效率。通过采用所提出的滑动窗口机制，已经加快了收敛速率。基于时域数据重用技术的启发，为了进一步缩短训练序列的长度，本节提出了一个迭代接收机结构来重用数据以增强性能。频域均衡在整个数据块内被重复执行多次。需要注意的是，该重用机制在训练模式和决策导向模式下都适用。第 $i-1$ 次迭代结束后的滤波器系数用 $W_m^{i-1}(K)$ 和 $B^{i-1}(K)$ 来表示，

则在第 i 次迭代开始时滤波器向量为

$$\begin{cases} W_m^i(1) = W_m^{i-1}(K) \\ B^i(1) = B^{i-1}(K) \end{cases} \tag{4-81}$$

式中，$i(i \leqslant I)$ 表示迭代次数。随着迭代次数的增加，滤波器稳定性也逐渐增加，自适应步长应该逐步减小。这里采用一个指数遗忘因子来减小自适应步长。最后，滤波器更新方程被表示为

$$\begin{cases} W_m^i(k+1) = W_m^i(k) + \dfrac{\gamma^{i-1} FGF^{\mathrm{H}} \mu_f FGF^{\mathrm{H}} R_m^{\mathrm{H}}(k) \odot E(k)}{\varepsilon + R_m^{\mathrm{H}}(k) R_m(k)} \\ B^i(k+1) = B^i(k) + \dfrac{\gamma^{i-1} FGF^{\mathrm{H}} \mu_b FGF^{\mathrm{H}} \bar{X}^{\mathrm{H}}(k) \odot E(k)}{\varepsilon + \bar{X}^{\mathrm{H}}(k) \bar{X}(k)} \end{cases} \tag{4-82}$$

式中，$\gamma(\gamma < 1)$ 是一个遗忘因子。

以最后一次内层迭代的输出作为滤波器的最终输出，送入解码器进行软译码，即

$$\hat{x}(k) = \hat{x}^I(k) \tag{4-83}$$

式中，$\hat{x}^I(k)$ 为达到最大迭代次数的最终输出，I 为最大迭代次数。有关译码部分，已经在 4.1.4 节介绍，这里不再赘述。

4.5.3 仿真性能分析

本节利用仿真来验证 FDDA-TEQ 的性能。在仿真中，通信系统有 1 个发射机和 2 个水听器。系统参数设置为：载频 10kHz，带宽 5kHz，通信距离 3000m，水深 50m，发射机距离水面 30m，两个接收机分别位于水面下 24m 和 28m，间隔 4m。使用 Bellhop 模型产生仿真信道[20]，产生的信道冲激响应和散射函数如图 4-28 所示，信道延迟扩展为 10ms，约为 50 个符号周期，最大多普勒频移约为 2Hz。

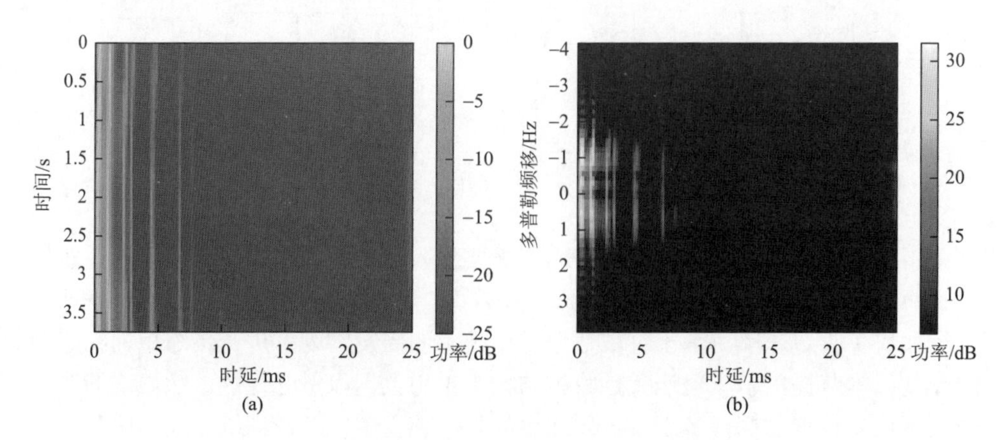

图 4-28 仿真信道冲激响应和散射函数（彩图附书后）

仿真采用 QPSK 调制，每次发射数据帧为 1280×9 个 QPSK 符号。选用传统的卷积码作为信道编码，编码的速率为 1/2，生成的多项式为$(G_1,G_2)=(7,5)$。每一帧发射数据包括 9 个数据块，每个数据块包括头部的 256 个训练序列和 1024 个信息符号。

在 FDDA-TEQ 中，设置内层迭代次数$I_{\text{inner}}=2$，外层迭代次数$I_{\text{outer}}=3$，前向滤波器和反向滤波器自适应步长分别为$\mu_f=0.2$，$\mu_b=0.01$。数据子块长度$N=32$，因果干扰和反因果干扰的长度分别设置为$N_f=32$，$N_b=10$。

图 4-29 给出了当N_s变化时 BER 的变化趋势。当外层迭代次数一致时，比较不同的N_s对误码性能的影响。在第 1 次迭代时，随着N_s逐渐增加，BER 逐渐增大。这是因为较小的N_s使滤波器更新得更为频繁，可以更好地跟踪信道变化，从而获得较好的性能。当$\text{BER}=10^{-3}$、外层迭代次数$I_{\text{outer}}=1$时，$N_s=8$相比于$N_s=32$大约有 5.5dB 的信噪比增益。当$\text{BER}=10^{-4}$、外层迭代次数$I_{\text{outer}}=1$时，$N_s=8$相比于$N_s=16$大约有 1dB 的信噪比增益。

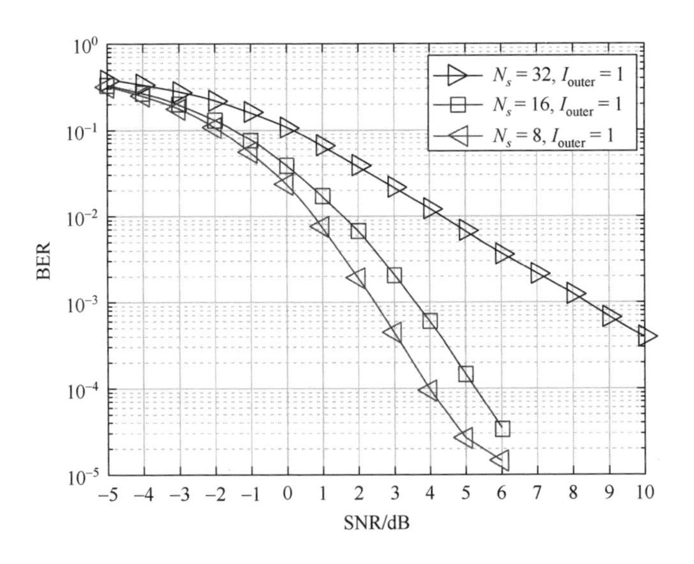

图 4-29 不同的N_s对误码性能的影响

固定$N_s=8$，保持其他参数不变，改变内层迭代的次数来验证所提出的迭代接收机的有效性，仿真结果如图 4-30 所示。从图 4-30 中可以看出，随着内层迭代次数的增加，BER 下降。当$\text{BER}=10^{-4}$、$I_{\text{outer}}=1$时，增加一次内层迭代约有 2dB 的信噪比增益；$I_{\text{outer}}=2$时，约有 1.5dB 的信噪比增益。但随着外层迭代次数的增加，内层迭代带来的增益非常有限。这是因为随着外层迭代次数的增加，滤波器已经趋于完美收敛，再增加内层迭代次数带来的增益就非常小了。

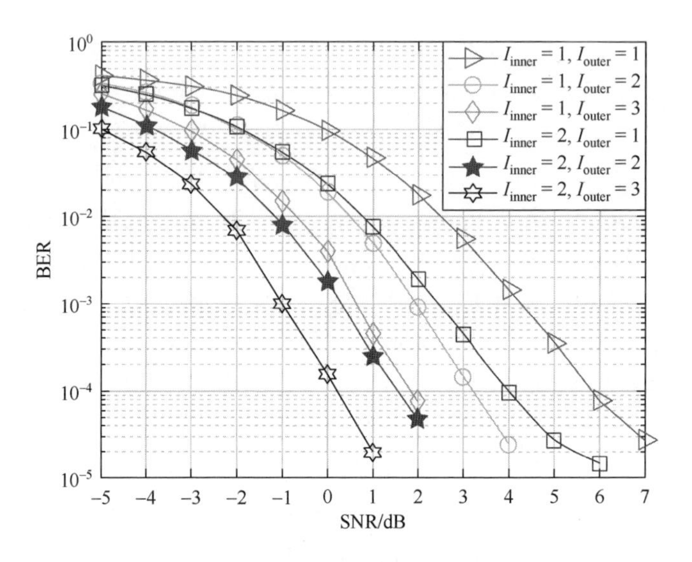

图 4-30　不同的 I_{inner} 对误码性能的影响

将基于 NLMS 算法的时域 Turbo 均衡器（time domain direct adaptive turbo equalizer，TDDA-TEQ）和基于信道估计的频域 Turbo 均衡器（frequency domain channel estimation turbo equalizer，FDCE-TEQ）与频域直接自适应 Turbo 均衡（FDDA-TEQ）进行性能对比。为了保持导频开销一致，在 TDDA-TEQ 和 FDCE-TEQ 中，训练序列和导频长度也为 256 个 QPSK 符号，导频开销 $\kappa=0.25$ 。数据子块大小 $N=32$ ，滑动窗口步长 $N_s=8$，内层迭代次数 $I_{\text{inner}}=1$，外层迭代次数 $I_{\text{outer}}=3$ 。未编码 BER 结果和编码 BER 结果如图 4-31 和图 4-32 所示。从图 4-31 中可以看出，在第一次外层迭代时，FDDA-TEQ 和 TDDA-TEQ 的性能非常接近，FDCE-TEQ 性能最差。随着迭代次数的增加，FDDA-TEQ 的性能要优于其他两种方法。这个结论从图 4-32 同样可以得到。从图 4-32 中可以看出，对于 FDDA-TEQ 和 TDDA-TEQ 方法，尽管二者的未编码 BER 性能非常接近，但在解码之后 FDDA-TEQ 性能优于 TDDA-TEQ。在 $\text{BER}=10^{-3}$ 、$I_{\text{outer}}=1$时，FDDA-TEQ 相比于 TDDA-TEQ 有大约 2dB 的性能增益。通过分析未编码 BER 的错误分布，发现 TDDA-TEQ 的错误比较集中。通过交织/解交织器未能打乱这种错误分布，导致严重的错误传播现象，进而影响解码后的性能。与 TDDA-TEQ 相反，FDDA-TEQ 的错误分布比较分散，交织/解交织可以起到良好的作用。这体现了 FDDA-TEQ 的优异性。

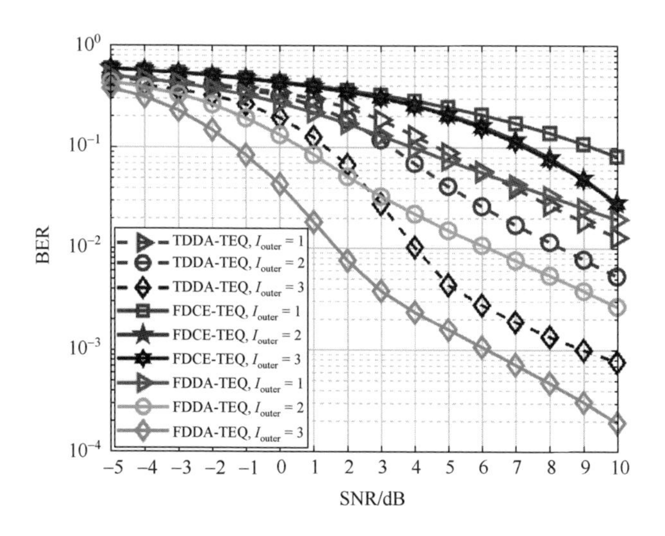

图 4-31　FDDA-TEQ 和其他方法未编码 BER 性能的对比（彩图附书后）

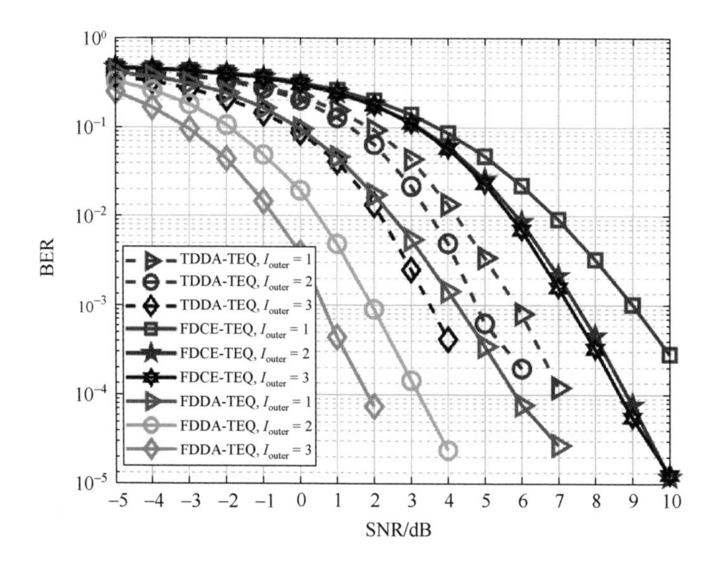

图 4-32　FDDA-TEQ 和其他方法编码 BER 性能的对比（彩图附书后）

4.5.4　湖上试验数据分析

本节用实际湖试数据来评估所提出方法的性能。两组数据通信距离分别为 700m 和 1000m。该试验由中国科学院声学研究所分别于 2015 年 11 月和 2016 年 5 月在某湖进行。试验区域平均水深约 50m，发射机位于水面下 8m。接收端有 4 个水听器，顶部水听器距水面约 16m，相邻两个水听器的间距为 1.2m 左右。试验采用 QPSK 调制，中心频率为 12kHz，带宽为 6kHz，采样频率为 96kHz。两组试验具体的参数如表 4-9 所示。

表 4-9　试验参数设置

参数	数值
通信距离/m	700、1000
接收机数量	4
载频/kHz	12
带宽/kHz	6
采样频率/kHz	96
发射数据	69×2336
时延/ms	10
编码方式	卷积码
编码速率	1/2

图 4-33 给出了发射端的发射数据帧结构。整个通信过程中共发送 69 个数据帧，每个数据帧包含 2336 个 QPSK 符号。数据帧前和帧后各有一个升双曲调频（hyperbolic frequency modulation，HFM）信号用作帧同步和多普勒估计，此外在所有数据开始时加一个降 HFM 信号用于数据同步。HFM 信号和保护间隔均为 2048 个采样点。在两次试验中，信道编码方式都选用卷积码，设置编码速率为 1/2，生成多项式为 $(G_1,G_2)=(5,7)$。在 700m 的试验中，发射机到顶部水听器和底部水听器的冲激响应分别如图 4-34（a）和（b）所示，信道散射函数分别如图 4-35（a）和（b）所示；1000m 的试验中，发射机到顶部水听器和底部水听器的冲激响应估计值分别如图 4-34（c）和（d）所示，信道散射函数分别如图 4-35（c）和（d）所示。

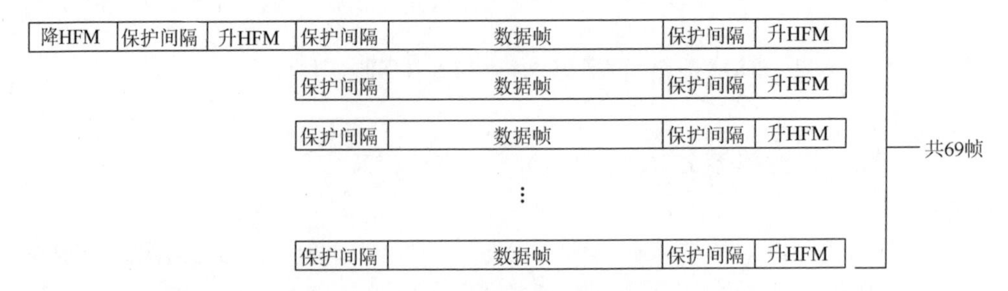

图 4-33　发射数据帧结构

从图 4-35（a）和（b）中可以看出，在 700m 试验期间，水温条件相对稳定，信道时变性并不明显。而 1000m 试验则相反，信道时变较为明显，多普勒频移达到约 2Hz。两组试验信道延迟扩展大约 10ms，近似等于 60 个符号周期。

对于 FDDA-TEQ 方法，训练序列长度为 200，即 $N_t = 200$。其余参数分别设置如下：数据子块长度 $N = 100$，因果和反因果干扰长度分别为 $N_f = 100$，$N_b = 30$。滑动窗口步长 $N_s = 8$，遗忘因子 $\gamma = 0.8$。前向滤波器自适应步长为 $\mu_f = 10$，反向滤波器自适应步长为 $\mu_b = 0.2$。内层自适应迭代的次数为 $I_{\text{inner}} = 3$，外层 Turbo 的次数为 $I_{\text{outer}} = 3$，除非另有说明，否则所提出方法的内层迭代次数固定。

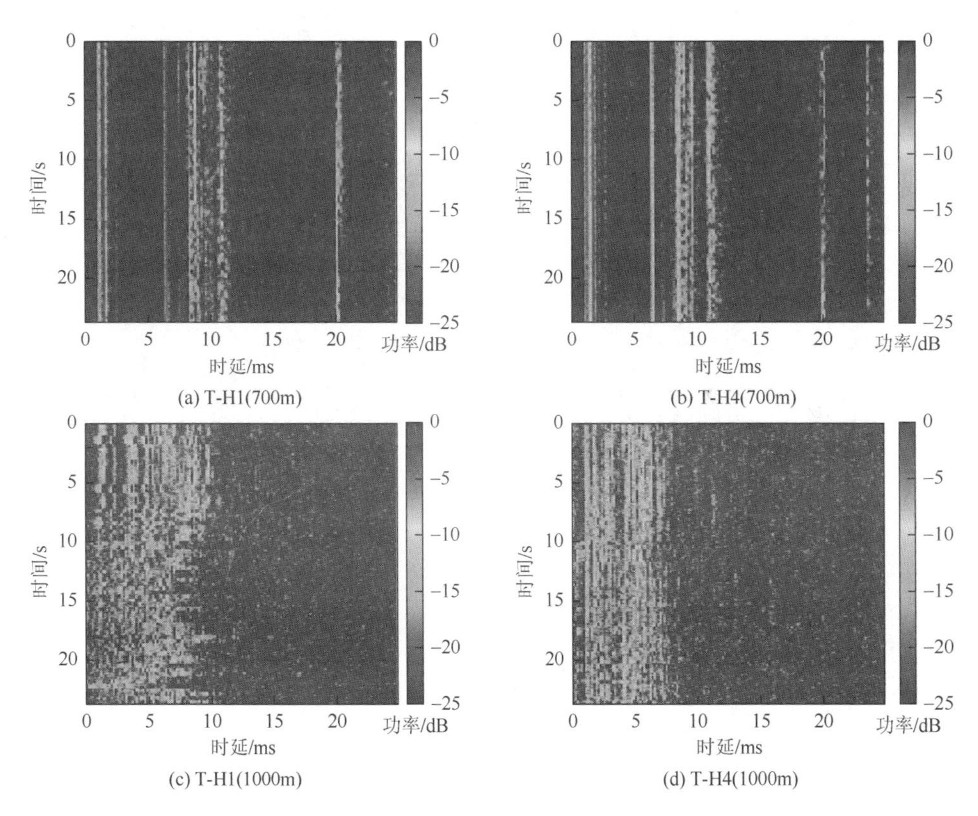

(a) T-H1(700m)　(b) T-H4(700m)
(c) T-H1(1000m)　(d) T-H4(1000m)

图 4-34　700m 和 1000m 传输的信道冲激响应（彩图附书后）

T 代表发射机；H1 代表顶部水听器；H4 代表底部水听器

为了保持导频开销一致，TDDA-TEQ 和 FDCE-TEQ 的训练数据和导频也设置为 200 个 QPSK 符号，分别用来确保滤波器收敛和信道估计，导频开销 $\kappa = 0.1$。三种方法在 1000m 和 700m［单输入多输出（single input multiple output，SIMO）］传输中的编码 BER 性能比较如表 4-10 和表 4-11 所示，均衡后符号的星座图如

图 4-36 和图 4-37 所示。两幅图中，分图（a）～（c）为 TDDA-TEQ 星座图，分图（d）～（f）为 FDCE-TEQ 星座图，分图（g）～（i）为 FDDA-TEQ 星座图。

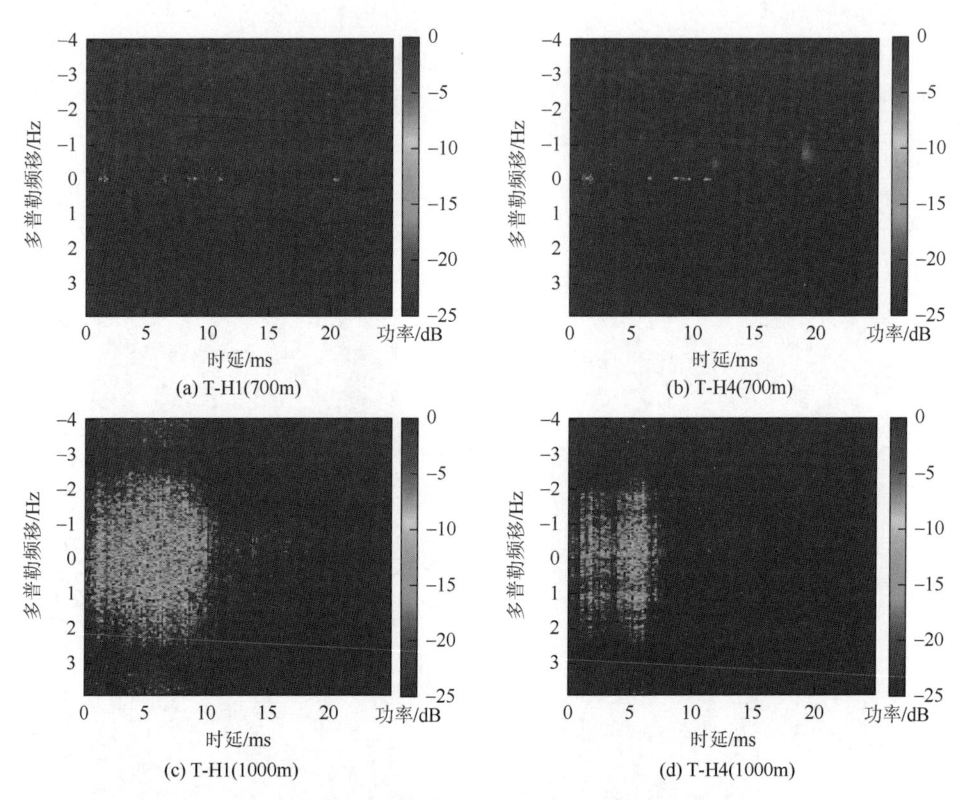

图 4-35　信道散射函数（彩图附书后）

T 代表发射机；H1 代表顶部水听器；H4 代表底部水听器

表 4-10　1000m 传输时编码 BER 性能

算法	$I_{outer}=1$	$I_{outer}=2$	$I_{outer}=3$
TDDA-TEQ	0.5995×10^{-4}	0.1499×10^{-4}	0
FDCE-TEQ	0.0226	0.0039	0.0019
FDDA-TEQ	0	0	0

表 4-11　700m 传输时编码 BER 性能

算法	$I_{outer}=1$	$I_{outer}=2$	$I_{outer}=3$
TDDA-TEQ	0	0	0
FDCE-TEQ	0.0015	0	0
FDDA-TEQ	0	0	0

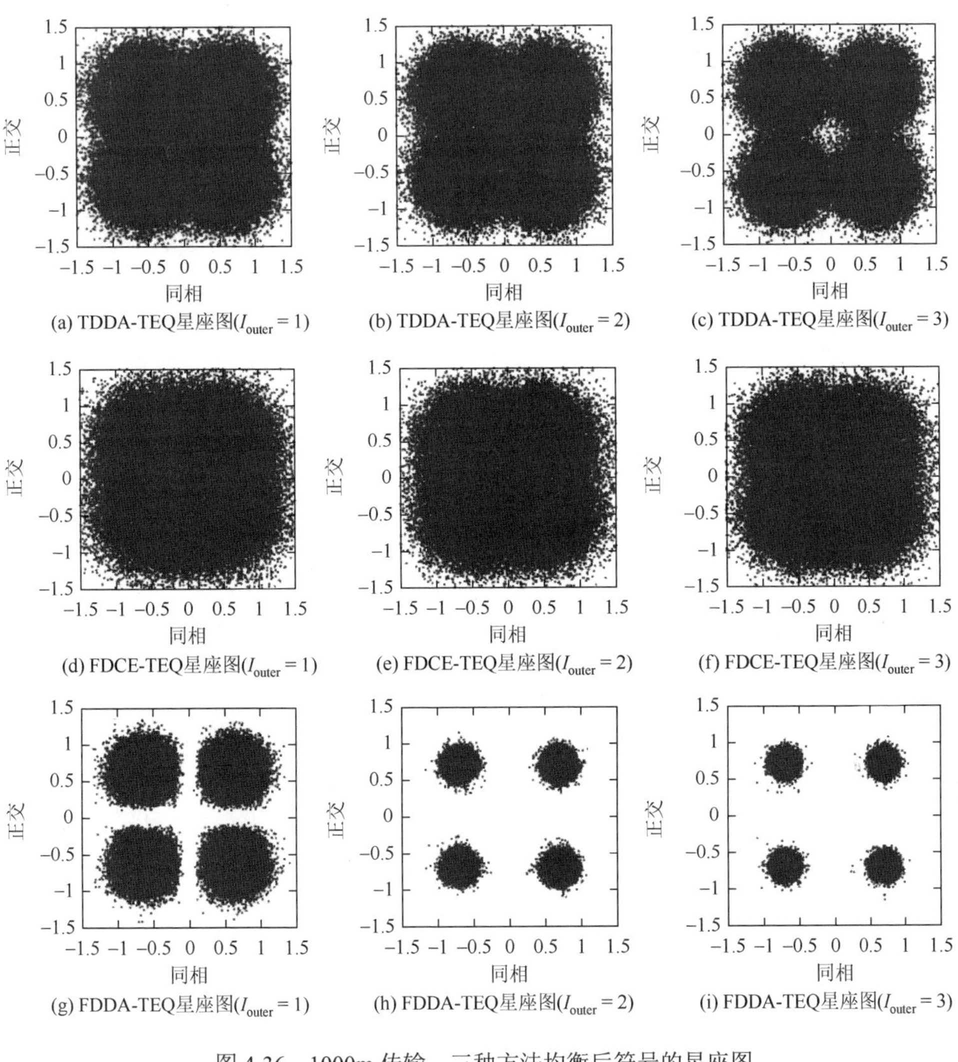

图 4-36　1000m 传输，三种方法均衡后符号的星座图

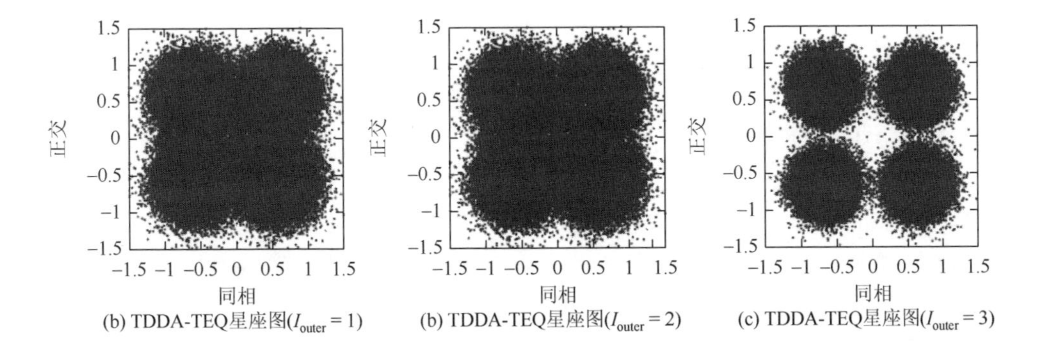

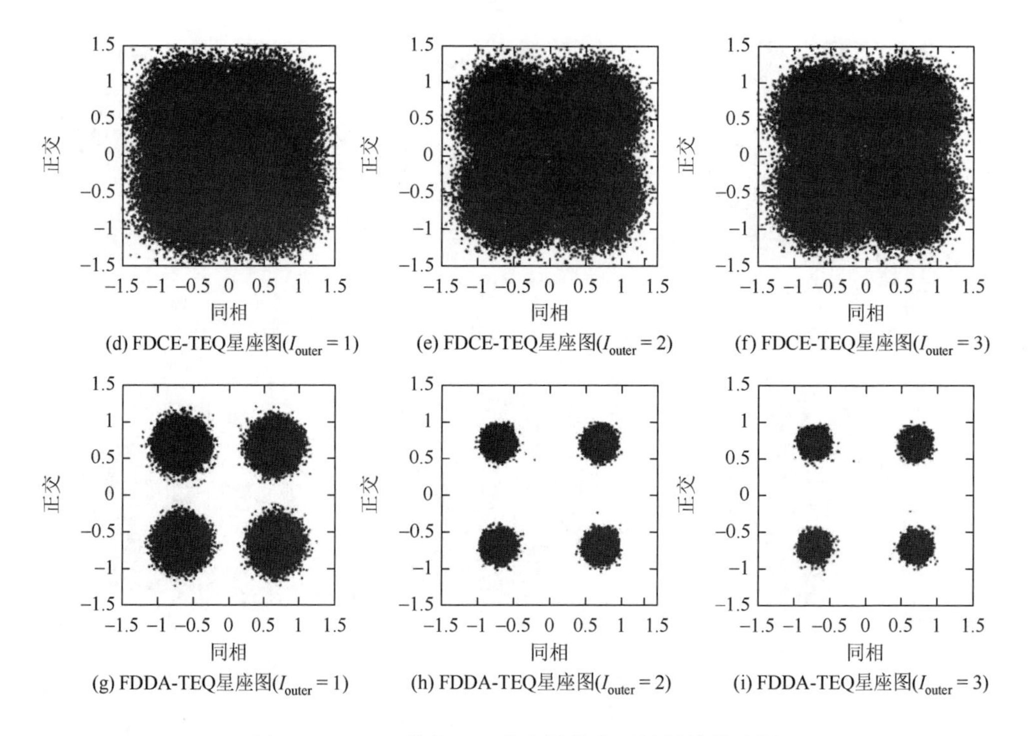

(d) FDCE-TEQ星座图($I_{outer}=1$)　(e) FDCE-TEQ星座图($I_{outer}=2$)　(f) FDCE-TEQ星座图($I_{outer}=3$)

(g) FDDA-TEQ星座图($I_{outer}=1$)　(h) FDDA-TEQ星座图($I_{outer}=2$)　(i) FDDA-TEQ星座图($I_{outer}=3$)

图 4-37　700m 传输，三种方法均衡后符号的星座图

分析表 4-10 和表 4-11 可知，在 700m 传输和 1000m 传输中，提出的 FDDA-TEQ 有最出色的性能，而 TDDA-TEQ 性能次之，FDCE-TEQ 性能最差。对于 FDCE-TEQ，其性能依赖于信道估计的时变程度。在 700m 传输中，信道为慢时变信道，信道估计较为准确，所以性能相对于其他两种方法差距不大。而在 1000m 传输时信道为快时变信道，信道估计精确度下降，进而导致 BER 性能下降。可见，通过提高内层的迭代次数，可以提高方法性能，即牺牲一定的复杂度换来性能增益。同时通过变步长的方式可以使频域滤波器具有很好的收敛性，能更好地跟踪信道时变。

为了验证所提出的滑动窗口机制的有效性，固定其他参数，改变滑动窗口步长来观察性能的变化。1000m 传输和 700m 传输的结果分别如表 4-12 和表 4-13 所示。由表 4-12 和表 4-13 可知，在 700m 和 1000m 传输中，随着滑动窗口步长 N_s 的增加，性能会逐渐下降。这是因为小的 N_s 使得滤波器更新得快，从而更好地跟踪信道时变，但小的 N_s 也会导致复杂度上升。如果 N_s 取得过大，会导致滤波器更新频率变慢，不能很好地跟踪信道变化，从而导致性能下降。因此，需要合理地选择 N_s，以实现在复杂度和性能两个指标之间的折中。对于时变性不明显的信道，如 700m 的信道，可以选择较大的 N_s，在降低复杂度的同时不会导致性能严重下降；对于时变性较强的信道，如 1000m 的信道，需要选择较小的 N_s，在牺牲一定复杂度的代价下获得良好的性能。

表 4-12　1000m 传输时不同 N_s 对性能的影响

N_s 长度	未编码误码率			编码误码率		
	$I_{outer}=1$	$I_{outer}=2$	$I_{outer}=3$	$I_{outer}=1$	$I_{outer}=2$	$I_{outer}=3$
4	2.1×10^{-2}	7.0×10^{-3}	1.0×10^{-4}	3.0×10^{-5}	0	0
8	3.4×10^{-2}	4.0×10^{-4}	3.0×10^{-5}	1.0×10^{-4}	0	0
16	1.6×10^{-2}	1.1×10^{-2}	2.0×10^{-4}	2.3×10^{-2}	4.0×10^{-3}	3.0×10^{-5}
32	3.6×10^{-1}	1.7×10^{-1}	5.2×10^{-2}	0.1581	4.9×10^{-2}	1.6×10^{-2}
64	4.7×10^{-1}	4.1×10^{-1}	3.4×10^{-1}	0.2774	2.2×10^{-2}	1.7×10^{-1}

表 4-13　700m 传输时不同 N_s 对性能的影响

N_s 长度	未编码误码率			编码误码率		
	$I_{outer}=1$	$I_{outer}=2$	$I_{outer}=3$	$I_{outer}=1$	$I_{outer}=2$	$I_{outer}=3$
4	6.0×10^{-4}	2.0×10^{-5}	2.0×10^{-6}	0	0	0
8	8.0×10^{-4}	8.0×10^{-6}	8.0×10^{-7}	0	0	0
16	2.1×10^{-2}	7.5×10^{-6}	0	2.0×10^{-4}	0	0
32	1.9×10^{-1}	2.7×10^{-3}	0	2.5×10^{-2}	0	0
64	3.9×10^{-1}	2.4×10^{-1}	9.3×10^{-2}	1.8×10^{-1}	7.8×10^{-2}	2.7×10^{-2}

表 4-14 和表 4-15 给出了内层迭代次数 I_{inner} 对性能的影响。观察表 4-14 和表 4-15，发现随着内层迭代次数的增加，通信性能也在逐渐提升，尤其是在第一次内层迭代时提升最为明显，但内层迭代次数的增加会导致复杂度的上升，为了兼顾复杂度和性能，内层迭代次数需要选择一个合适的值。当信道条件比较恶劣时，如 1000m 传输，可以增加内层迭代次数来换取性能的提升，代价是复杂度的增加；当信道条件较为平稳时，可以减少内层迭代次数来降低复杂度。同时发现，当内层迭代次数超过 3 时，再增加迭代次数带来的性能提升非常有限，所以为了兼顾复杂度和性能，内层迭代次数最好不超过 3。

表 4-14　1000m 传输时不同 I_{inner} 对性能的影响

I_{inner}	未编码误码率			编码误码率		
	$I_{outer}=1$	$I_{outer}=2$	$I_{outer}=3$	$I_{outer}=1$	$I_{outer}=2$	$I_{outer}=3$
1	2.1×10^{-1}	3.5×10^{-2}	4.7×10^{-3}	4.3×10^{-2}	4.1×10^{-3}	5.0×10^{-4}

续表

I_{inner}	未编码误码率			编码误码率		
	$I_{outer}=1$	$I_{outer}=2$	$I_{outer}=3$	$I_{outer}=1$	$I_{outer}=2$	$I_{outer}=3$
2	3.4×10^{-2}	4.0×10^{-4}	3.0×10^{-5}	1.0×10^{-4}	0	0
3	1.3×10^{-2}	2.0×10^{-4}	2.0×10^{-5}	0	0	0
4	1.7×10^{-2}	1.0×10^{-4}	1.5×10^{-5}	0	0	0
5	1.0×10^{-2}	5.0×10^{-5}	8.0×10^{-6}	0	0	0

表 4-15 700m 传输时不同 I_{inner} 对性能的影响

I_{inner}	未编码误码率			编码误码率		
	$I_{outer}=1$	$I_{outer}=2$	$I_{outer}=3$	$I_{outer}=1$	$I_{outer}=2$	$I_{outer}=3$
1	1.8×10^{-2}	7.5×10^{-3}	4.0×10^{-5}	2.3×10^{-2}	2.0×10^{-4}	0
2	9.7×10^{-3}	0	0	0	0	0
3	1.0×10^{-3}	0	0	0	0	0

4.6 本章小结

本章重点研究单载波 Turbo 均衡方法。首先介绍单载波 Turbo 均衡原理，随后详细讨论了时域 Turbo 均衡、频域 Turbo 均衡、时频域 Turbo 均衡以及基于块处理的频域自适应 Turbo 均衡，并对几种方法的性能进行了仿真分析和实际湖试数据验证。仿真分析和实际湖试数据处理结果表明，本章提出的时频域 Turbo 均衡和频域自适应 Turbo 均衡具有很好的性能，特别适合于长时延的快变水声信道。

参考文献

[1] Douillard C，Jézéquel M，Berrou C，et al. Iterative correction of intersymbol interference：Turbo-equalization[J]. European Transactions on Telecommunications，1995，6（5）：507-511.

[2] Tuchler M，Koetter R，Singer A C. Turbo equalization：Principles and new results[C]. IEEE Transactions on Communications，2002，50（5）：754-767.

[3] Tuchler M，Singer A C. Turbo equalization：An overview[J]. IEEE Transactions on Information Theory，2011，57（2）：920-952.

[4] Koetter R，Singer A C，Tuchler M. Turbo equalization[J]. IEEE Signal Processing Magazine，2004，21（1）：67-80.

[5] Bauch G，Houman K，Joachim H. Iterative equalization and decoding in mobile communications systems[J]. ITG Fachbericht，1997：307-312.

[6] Ng B，Lam C T，Falconer D. Turbo frequency domain equalization for single-carrier broadband wireless systems[J]. IEEE Transactions on Wireless Communications，2007，6（2）：759-767.

[7] Zhang J，Zheng Y R. Frequency-domain turbo equalization with soft successive interference cancellation for single carrier MIMO underwater acoustic communications[J]. IEEE Transactions on Wireless Communications，2011，10（9）：2872-2882.

[8] Wang L，Tao J，Zheng Y R. Single-carrier frequency-domain turbo equalization without cyclic prefix or zero padding for underwater acoustic communications[J]. The Journal of the Acoustical Society of America，2012，132（6）：3809-3817.

[9] Chen Z R，Wang J T，Zheng Y R. Frequency-domain turbo equalization with iterative channel estimation for MIMO underwater acoustic communications[J]. IEEE Journal of Oceanic Engineering，2017，42（3）：711-721.

[10] Zheng Y R，Wu J X，Xiao C S. Turbo equalization for single-carrier underwater acoustic communications[J]. IEEE Communications Magazine，2015，53（11）：79-87.

[11] Choi J W，Riedl T J，Kim K，et al. Adaptive linear turbo equalization over doubly selective channels[J]. IEEE Journal of Oceanic Engineering，2011，36（4）：473-489.

[12] Tao J，Wu Y B，Han X，et al. Sparse direct adaptive equalization for single-carrier MIMO underwater acoustic communications[J]. IEEE Journal of Oceanic Engineering，2020，45（4）：1622-1631.

[13] Xi J Y，Yan S F，Xu L J. Direct-adaptation based bidirectional turbo equalization for underwater acoustic communications：Algorithm and undersea experimental results[J]. The Journal of the Acoustical Society of America，2018，143（5）：2715-2728.

[14] Tao J，Zheng Y R，Xiao C S，et al. Robust MIMO underwater acoustic communications using turbo block decision-Feedback equalization[J]. IEEE Journal of Oceanic Engineering，2010，35（4）：948-960.

[15] 席瑞. 基于 Turbo 均衡的可靠高速率水声通信技术研究[D]. 西安：西北工业大学，2019.

[16] Bahl L，Cocke J，Jelinek F，et al. Optimal decoding of linear codes for minimizing symbol error rate [J]. IEEE Transactions on Information Theory，1974，20（2）：284-287.

[17] Yang T C，Huang S H. Building a database of ocean channel impulse responses for underwater acoustic communication performance evaluation：Issues，requirements，methods and results[C]. Proceedings of the 11th ACM International Conference on Underwater Networks & Systems，Shanghai，2016：1-8.

[18] He C B，Jing L Y，Xi R，et al. Time-frequency domain turbo equalization for single-carrier underwater acoustic communications[J]. IEEE Access，2019，7：73324-73335.

[19] Jing L Y，Zheng T H，He C B，et al. Frequency domain direct adaptive turbo equalization based on block least mean square for underwater acoustic communications[J]. Applied Acoustics，2022，190：108631.

[20] Arabia P，Stojakovic M. Statistical characterization and computationally efficient modeling of a class of underwater acoustic communication channels[J]. IEEE Journal of Oceanic Engineering，2013，38（4）：701-717.

第 5 章 单载波互补码键控扩频

前面章节介绍了单载波相位相干系统的时域、频域处理方法。基于相位相干的高速率水声通信方法在良好信道条件下，可获得较好的通信性能。然而，水声信道具有复杂、多变的特点，往往导致水声通信系统的信道适应性差，可靠性低等问题。为了减少复杂信道造成的错误，提高通信系统性能，通常采用信道编码。互补码键控（complementary code keying，CCK）这一调制方式同时具有扩频增益和编码增益两种优势。

互补码的发展产生了 CCK 调制，CCK 调制由一组非周期自相关函数之和除了零位以外都是零的序列构成，具有很好的自相关性和对称性。在无线通信中，CCK 调制的应用范围十分广泛，在 IEEE 802.11b 标准中，存在两种 CCK 调制模式，其数据通信速率分别为 5.5Mbit/s 和 11Mbit/s，相对应的扩频增益分别为 2 和 1。因此，CCK 调制也可以看成一种具有抗多径干扰能力的高速率的软扩频体制。CCK 调制相较于常规的直接序列扩频，扩频率更加灵活，而且具有与网格编码类似的纠错能力。同时与 DSSS 相比，CCK 可以获得更高的数据通信速率。

CCK 调制方法相对较为固定，因此对于 CCK 调制解调的研究，目前大多数工作都是针对其接收方法。文献[1]中提出了基于判决反馈均衡器的 Rake 接收算法，该结构也被 IEEE 802.11b 标准采用。文献[2]提出了一种用于室外 CCK 通信的 Rake 接收方法，但由于 CCK 码字的非正交性，该接收机存在误差平层（error floor）。上述方法也表明，直接采用常规的 Rake 接收机对 CCK 调制效果并不好。文献[3]针对长时延信道给出一个相对较为复杂的接收方法，提出了一种联合均衡和 CCK 解码的方法，取得了不错的效果。文献[4]研究了 MLSE 均衡器在 CCK 系统中的应用，并提出一种 MMSE-DFE，能够取得近似 MLSE 均衡器效果。文献[5]和[6]提出了一种基于集合化的减状态序列估计（reduced-state sequence estimation，RSSE）方法。文献[7]先向水声通信系统引入 CCK 调制，为了提高接收机性能，给出了一种复杂度较低的双向判决反馈均衡器。

本章首先介绍 CCK 调制的基本原理及广义 CCK 调制方法；其次，介绍水声信道中的 CCK 接收机方法，包括无 ISI 时的接收机方法和存在 ISI 时的接收机方法；再次，介绍基于最大似然的 CCK Turbo 均衡方法，以改善接收机性能；然后，介绍基于空间调制的 CCK 通信方法，并给出 MIMO-IBDFE 均衡方法；最后，对上述方法进行仿真性能分析。

5.1　CCK 基本原理

CCK 调制作为一种高速软扩频体制，适合应用到对扩频增益需求较低的高速率通信场景。在 IEEE 802.11b 标准中定义的无线局域网（wireless local area network，WLAN）中有两种数据通信速率的 CCK 体制，分别是半速率 CCK（half-rate CCK，HR-CCK）传输和全速率 CCK（full-rate CCK，FR-CCK）传输[2]，下面分别介绍这两种通信模式。

5.1.1　FR-CCK

在 IEEE 802.11b 标准中，FR-CCK 的传输速率设置为 11Mbit/s。之所以称为 FR-CCK，是因为其码片速率等于比特速率。对于一组二进制信息序列，先按 8 分组，例如，$b=\{b_1,b_2,\cdots,b_8\}$。这样，每组信息序列 b 将映射成为一个 CCK 码字（有时也称为一个 CCK 符号），$c=\{c_1,c_2,\cdots,c_8\}$，其中 c 是 CCK 码字中的码片（chip）是一个 QPSK 调制符号，可以表示为

$$c_i=\exp(\mathrm{j}\theta_i),\quad \theta_i\in\{0,\pi/2,\pi,3\pi/2\},\quad i=\{1,2,\cdots,8\} \tag{5-1}$$

很明显，在 FR-CCK 系统中，一个 CCK 码字包含 8 个码片，每个码片有 4 个相位，因此可以构造 $4^8=65536$ 种可能码字。但实际上一个 CCK 码字是由 8 个二进制比特映射而来，即共有 $2^8=256$ 种可能，因此 CCK 调制就是在这 65536 个码字中选取相互距离最大的 256 个码字，从而获得较好的性能增益。

CCK 符号的相位 $\theta=[\theta_1\ \ \theta_2\ \ \cdots\ \ \theta_8]^{\mathrm{T}}$ 的编码方式为

$$\theta=G\phi+\overline{\varphi} \tag{5-2}$$

式中，生成矩阵 G 定义为

$$G^{\mathrm{T}}=\begin{bmatrix}1&1&1&1&1&1&1&1\\1&0&1&0&1&0&1&0\\1&1&0&0&1&1&0&0\\1&1&1&1&0&0&0&0\end{bmatrix} \tag{5-3}$$

相位补码为 $\overline{\varphi}=[0\ \ 0\ \ 0\ \ \pi\ \ 0\ \ 0\ \ \pi\ \ 0]^{\mathrm{T}}$；相位向量 $\phi=[\phi_1\ \phi_2\ \phi_3\ \phi_4]^{\mathrm{T}}$ 由信息序列按照表 5-1 方式映射而得，即

$$\phi_n=\pi\cdot b_{2n-1}+0.5\pi\cdot b_{2n},\quad n=1,2,3,4 \tag{5-4}$$

表 5-1　相位映射规则

(b_{2n-1},b_n)	ϕ_n
00	0
01	$\pi/2$

续表

(b_{2n-1},b_n)	ϕ_n
10	π
11	$3\pi/2$

综上所述，一个 CCK 码字可以表示为

$$\begin{aligned}c&=\{c_1,c_2,\cdots,c_8\}\\&=\{\mathrm{e}^{\mathrm{j}(\phi_1+\phi_2+\phi_3+\phi_4)},\mathrm{e}^{\mathrm{j}(\phi_1+\phi_3+\phi_4)},\mathrm{e}^{\mathrm{j}(\phi_1+\phi_2+\phi_4)},\mathrm{e}^{\mathrm{j}(\phi_1+\phi_4+\pi)},\mathrm{e}^{\mathrm{j}(\phi_1+\phi_2+\phi_3)},\mathrm{e}^{\mathrm{j}(\phi_1+\phi_3)},\mathrm{e}^{\mathrm{j}(\phi_1+\phi_2+\pi)},\mathrm{e}^{\mathrm{j}(\phi_1)}\}\end{aligned} \tag{5-5}$$

对于 FR-CCK 系统，8 个信息比特映射成 8 个 CCK 码片，所以其扩频增益为 1。

5.1.2 HR-CCK

HR-CCK 模式的调制方法与 FR-CCK 模式类似，其区别在于 HR-CCK 调制是对 4 位信息比特 $\{b_1,b_2,b_3,b_4\}$ 进行编码，将其映射为 8 个 CCK 码片。其中，信息比特对 $\{b_1,b_2\}$ 按照如下规则映射为一个相位 ϕ_1，即

$$\phi_1=\pi\cdot b_1+0.5\pi\cdot b_2 \tag{5-6}$$

而与 FR-CCK 不同的是，ϕ_2、ϕ_3 和 ϕ_4 的映射规则为

$$\begin{cases}\phi_2=\pi\cdot b_3+0.5\pi\\\phi_3=0\\\phi_4=\pi\cdot b_4\end{cases} \tag{5-7}$$

根据上述方法，得到 4 个相位后，利用式（5-1）和式（5-2）来生成相应的 CCK 码字。很显然，对于 HR-CCK，总码字个数为 16，因此其具有更高的编码增益。对于 HR-CCK 系统，4 位信息比特映射成 8 个 CCK 码片，所以其扩频增益为 2。

5.1.3 GCCK 调制

对于复杂的水声信道以及变化的通信距离，本节介绍一种广义互补码键控（generalized complementary code keying，GCCK）调制，主要变化在于根据信道质量以及通信距离，使用不同的相位符号 ϕ_i，进而获得不同的数据通信速率。

根据 ϕ_1、ϕ_2、ϕ_3、ϕ_4 的编码格式，GCCK 可以获得不同的数据通信速率，假设 ϕ_2、ϕ_3、ϕ_4 是 8PSK，那么 ϕ_1 可以是 D8PSK、DQPSK、DPSK 或者无相位调制。假设 GCCK 码字速率为 R，GCCK 调制的数据通信速率可以从 $2R$ 变化到 $12R$，

GCCK 调制模式如表 5-2 所示。在表 5-2 中，“—”表示无此种数据通信速率，GCCK-QPSK 表示ϕ_2、ϕ_3、ϕ_4是 QPSK 调制，而 GCCK-8PSK 表示ϕ_2、ϕ_3、ϕ_4是 8PSK 调制。比较表 5-2 同方式获得的相同数据通信速率，发现 GCCK-QPSK-6R、GCCK-QPSK-4R 以及 GCCK-QPSK-3R 的性能优于 GCCK-8PSK-6R、GCCK-8PSK-4R 以及 GCCK-8PSK-3R。

表 5-2　GCCK 调制

GCCK-QPSK	GCCK-8PSK	ϕ_1
—	$12R$	D8PSK
$8R$	$11R$	DQPSK
$7R$	$10R$	DPSK
$6R$	$9R$	—
—	$6R$	D8PSK
$4R$	$5R$	DQPSK
$3R$	$4R$	DPSK
$2R$	$3R$	—

对于不同数据通信速率的 GCCK，接收机需要对其检测算法进行修改，但是不必改变码片速率，这使得硬件的实现更简单。同时为了简洁，仅考虑三种典型的调制模式，分别为 GCCK-QPSK-4R、GCCK-QPSK-8R 和 GCCK-8PSK-12R。其中 GCCK-QPSK-4R 为上面提及的 HR-CCK 模式，而 GCCK-QPSK-8R 对应的是 FR-CCK 模式。对于 GCCK-8PSK-12R 调制，每个 GCCK 符号表示 12bit $(b_0,b_1,\cdots,b_{11})$，其中$\{b_0,b_1,b_2\}$对ϕ_1进行 D8PSK 编码。所有奇数 GCCK 码字另加 180°的相位旋转。ϕ_2、ϕ_3、ϕ_4分别由$\{b_3,b_4,b_5\}$、$\{b_6,b_7,b_8\}$、$\{b_9,b_{10},b_{11}\}$根据 Gray 编码进行 8PSK 映射。

5.1.4　CCK 码片扩展

对于以上提到的 CCK 调制，8 个码片由 12/8/4 信息比特映射而来，因此其具有较高的数据通信速率。相应地，其扩频增益也相对较低。对于水声信道来讲，信道时延扩展十分严重，采用 8 个码片的 CCK 模式可能依旧不能抵抗多径效应。因此，根据文献[8]中 CCK 码字生成方法的原理，对 CCK 调制进行扩展，以提高其扩频增益。

对于一个长度为 4 的序列A_1B_1，其中，$A_1=[1\ \ 1]$，$B_1=[1\ \ -1]$，按照下面方式对其进行扩展：

$$\begin{cases} A_n = [A_{n-1} \quad B_{n-1}] \\ B_n = [A_{n-1} \quad -B_{n-1}] \end{cases} \tag{5-8}$$

这样，可以得到

$$\begin{cases} A_2 = [1\ 1\ 1\ -1] \\ B_2 = [1\ 1\ -1\ 1] \\ A_3 = [1\ 1\ 1\ -1\ 1\ 1\ -1\ 1] \\ B_3 = [1\ 1\ 1\ -1\ -1\ -1\ 1\ -1] \\ A_4 = [1\ 1\ 1\ -1\ 1\ 1\ -1\ 1\ 1\ 1\ 1\ -1\ -1\ -1\ 1\ -1] \\ B_4 = [1\ 1\ 1\ -1\ 1\ 1\ -1\ 1\ -1\ -1\ -1\ 1\ 1\ 1\ -1\ 1] \end{cases} \tag{5-9}$$

式中，A_n 中 -1 出现的位置即为补码 $\overline{\varphi}$ 中出现相位翻转的位置。

对于 FR-CCK，一个长度为 N 的 CCK 码元，其由 $M = 2(\log_2 N + 1)$ 个信息比特映射而来，生成矩阵 G 的维数为 $M/2 \times N$。生成矩阵 G 的生成方法为：第一行为全 1 序列；其余第 m 行中，按 2^{m-2} 进行分组，奇数组所在位置为 0。所以对于 $N = 16$，其生成矩阵可写为

$$G^{\mathrm{T}} = \begin{bmatrix} 1 & 1 & 1 & 1 & 1 & 1 & 1 & 1 & 1 & 1 & 1 & 1 & 1 & 1 & 1 & 1 \\ 1 & 0 & 1 & 0 & 1 & 0 & 1 & 0 & 1 & 0 & 1 & 0 & 1 & 0 & 1 & 0 \\ 1 & 1 & 0 & 0 & 1 & 1 & 0 & 0 & 1 & 1 & 0 & 0 & 1 & 1 & 0 & 0 \\ 1 & 1 & 1 & 1 & 0 & 0 & 0 & 0 & 1 & 1 & 1 & 1 & 0 & 0 & 0 & 0 \\ 1 & 1 & 1 & 1 & 1 & 1 & 1 & 1 & 0 & 0 & 0 & 0 & 0 & 0 & 0 & 0 \end{bmatrix} \tag{5-10}$$

而补码 $\overline{\varphi} = [0\ 0\ 0\ \pi\ 0\ 0\ \pi\ 0\ 0\ 0\ 0\ \pi\ \pi\ \pi\ 0\ \pi]$，对应 A_N 中为 -1 的位置为 π。这样就可以利用式（5-1）生成不同长度的 CCK 码字。对于长度为 16 的 CCK 调制，一个 CCK 符号由 10 个信息比特映射而来，其编码效率为 10/16。可见，随着码片长度的增加，其数据通信速率会相应降低，但其扩频增益也会增大。

5.2　CCK 接收方法

5.2.1　无 ISI 时的接收算法及性能分析

本节首先给出在没有码间干扰（ISI）情况下的 GCCK 检测方法，然后对 GCCK 系统性能进行分析。

GCCK 发射信号首先和水声多径信道冲激响应 $h(t)$ 进行卷积，$h(t)$ 应包括发射和接收脉冲成形滤波器、多径水声信道等，除此之外，加性高斯白噪声（AWGN）也会影响接收信号。在接收端，采样经过水声信道的 GCCK 信号，用于检测的接收信号可表示为

$$r(i)=\sum_{k}a(k)h(i-k)+w(i) \tag{5-11}$$

式中，$r(i)$ 是第 i 个接收采样点；$a(k)$ 是第 k 个发射信号码片；$h(k)$ 是离散时间 CIR；$w(i)$ 是加性高斯白噪声，其均值为 0，方差为 σ^2。

检测的第一步是估计 CIR，CIR 可以通过前导信号，如同步信号来估计。GCCK 接收机的功能在于根据接收到的信号和估计的 CIR 来估计所发送的数据比特。在没有 ISI 时，GCCK 接收机是一个符号检测器，它根据一个 GCCK 符号来估计发送的比特信息。但是水声信道复杂，且多径时延扩展大，因此水声信道不仅引起 ISI，而且会引起码片间干扰（inter-chip interference，ICI）。这两种干扰对 GCCK 接收机性能的影响十分显著，因此 GCCK 接收机必须消除这两种干扰。本小节分析了仅存 ICI 干扰的最优 GCCK 接收机，5.2.2 节给出存在 ISI 时的接收处理方法。

1. 无 ISI 时的最优 GCCK 接收机

本节首先分析无 ISI 时的最优接收算法。即假设前置和后置 ISI 被全部消除，接收机只包含由多径传播造成的 ICI，接收到的单个 GCCK 符号可表示为

$$r(i)=\sum_{k=0}^{7}c(k)\mathrm{e}^{\mathrm{j}\phi_1}h(i-k)+w(i),\quad i=0,1,\cdots,7 \tag{5-12}$$

为在 GCCK 码字出现概率相等的情况下，保证检测错误概率达到最小，用最大似然检测（maximum likelihood detection，MLD）作为最优接收机。在给定接收序列 $\{r(0),r(1),\cdots,r(7)\}$ 的前提下，找出发送可能性最大的 GCCK 码字，这就是 MLD 的原理。为了便于分析，首先定义如下检测变量：

$$s_m(i)=\sum_{k=0}^{7}c_m(k)h(i-k) \tag{5-13}$$

式中，$m=1,2,\cdots,M$。在这一标准的 M 元假设检验问题中，对于 GCCK-QPSK-4R、GCCK-QPSK-8R 和 GCCK-8PSK-12R，M 分别为 4、64 以及 512，M 值的大小表明了接收机的复杂程度。下面定义信号和噪声向量：

$$r=\begin{bmatrix}r(0)\\ \vdots\\ r(7)\end{bmatrix},\quad s_m=\begin{bmatrix}s_m(0)\\ \vdots\\ s_m(7)\end{bmatrix},\quad w=\begin{bmatrix}w(0)\\ \vdots\\ w(7)\end{bmatrix}\sim N(0,\sigma^2 I_8) \tag{5-14}$$

在 AWGN 信道中，最优接收机简化为最小距离判决接收机，如

$$\min_{\phi_1,1\leqslant m\leqslant M}\|r-s_m\mathrm{e}^{\mathrm{j}\phi_1}\|_2^2 \tag{5-15}$$

由于检测器独立于 $\|r\|^2$，信号能量定义为

$$E_m=\|s_m\|_2^2 \tag{5-16}$$

最后，MLD 接收机表示为

$$\max_{\phi_1, 1\leqslant m\leqslant M}\left\{\mathrm{Re}\left\{\mathrm{e}^{-\mathrm{j}\phi_1}\left(\sum_{i=0}^{7}c_m^*(i)\left(\sum_{j=0}^{7}r(j)h^*(j-i)\right)\right)\right\}-\frac{E_m}{2}\right\} \tag{5-17}$$

式中，$c_m^*(i)$ 表示第 m 个 GCCK 基本码字的复共轭。式（5-17）定义了在无 ISI 干扰条件下的最优 GCCK 接收机。为降低硬件复杂度，将式（5-17）表示的判决统计量分为 4 个部分。

（1）计算：

$$y(i)=\sum_{j=0}^{7}r(j)h^*(j-i),\quad i=0,1,\cdots,7 \tag{5-18}$$

式中，$h^*(-i)$ 是信道匹配滤波器（channel matched filter，CMF）的冲激响应，CMF 是 CIR 的时反共轭。式（5-18）表示将接收信号通过信道匹配滤波器。

（2）将 CMF 的输出和 M 个基本 GCCK 码字相关，即

$$p_m=\sum_{i=0}^{7}c_m^*(i)y(i),\quad m=1,2,\cdots,M \tag{5-19}$$

相关器输出 M 个复数，这一部分是接收机中计算量最大的部分。GCCK-QPSK-4R、GCCK-QPSK-8R 和 GCCK-8PSK-12R 需要的相关器数目分别为 4、64 和 512。

（3）当估计出水声信道冲激响应后，需要对每个 GCCK 基本码字进行能量偏移计算，能量偏移可计算如下：

$$E_m=\mathrm{Re}\left\{\sum_{i=0}^{7}\rho_c^*(m,i)\rho_h(i)\right\} \tag{5-20}$$

式中

$$\rho_h(i)=\sum_{j=0}^{14}h(j)h^*(j-i),\quad i=-7,-6,\cdots,7 \tag{5-21}$$

$$\rho_c(m,i)=\sum_{j=0}^{7}c_j^{[m]}(c_{j-i}^{[m]})^*,\quad i=-7,-6,\cdots,7 \tag{5-22}$$

分别表示多径信道的周期相关系数和第 m 个 GCCK 基本码字的周期相关系数。

（4）GCCK 接收机可根据式（5-23）进行判决：

$$\max_{\phi_1, 1\leqslant m\leqslant M}\left\{\mathrm{Re}(\mathrm{e}^{-\mathrm{j}\phi_1}p_m)-\frac{E_m}{2}\right\} \tag{5-23}$$

式中，对于 GCCK-QPSK-4R、GCCK-QPSK-8R 和 GCCK-8PSK-12R，ϕ_1 可能的取值数量 K 分别为 4、4 以及 8。每个 p_m 被 K 个可能的相位旋转，产生总数为 KM 个值，以用于 GCCK 码字的检测。

综上所述，在仅含 ICI 情况下的 MLD 接收机包括一个信道匹配滤波器、一个相关器和一个能量偏移估计器。如图 5-1 所示，最优接收机是在无 ISI 情况下的符号检测器，其中虚线框内称为 GCCK 相关器模块。

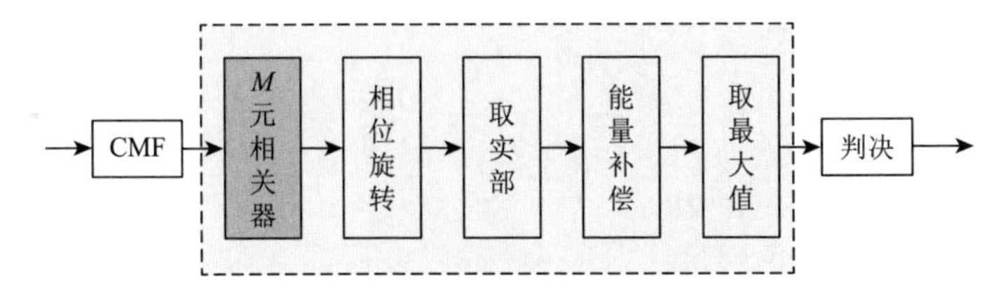

图 5-1　无 ISI 情况下的最优接收机

2. 误码率和匹配滤波器界性能分析

GCCK 调制是一种 M 元序列调制，本节分析在 AWGN 下最优接收机的错误概率，如前面所述，在 AWGN 下，最优接收机为最大似然检测：

$$\arg\min_{a_i} \| r - a_i \|^2 \tag{5-24}$$

因此，a_i 可由判决空间 Z_i 确定，定义为

$$Z_i = (r : \| r - a_i \| < \| r - a_j \|, \forall j = 1,2,\cdots,KM, j \neq i), \quad i = 1,2,\cdots,KM \tag{5-25}$$

式中，M 是基本码字的数量；K 是相位 ϕ_1 的可能取值。

在 M 元检测中，错误概率为

$$P_e = \sum_{i=1}^{KM} P(r \notin Z_i \mid a_i\text{发送}) p(a_i\text{发送}) \tag{5-26}$$

假设 GCCK 码字等概率发送，即

$$p(a_i\text{发送}) = \frac{1}{KM} \tag{5-27}$$

将式（5-27）代入式（5-26）得

$$P_e = \frac{1}{KM} \sum_{i=1}^{KM} P(r \notin Z_i \mid a_i\text{发送}) \tag{5-28}$$

由于 GCCK 调制的复杂性，符号错误概率的闭式解式（5-28）无法确定，因此将应用一致上界（union bound）对 GCCK 性能进行分析。对 $P(r \notin Z_i \mid a_i\text{发送})$ 采用一致上界，可获得

$$P(r \notin Z_i \mid a_i\text{发送}) = P\left(\bigcup_{j \neq i} (r \in Z_j \mid a_i\text{发送}) \right) \leqslant \sum_{j \neq i} P(r \in Z_j \mid a_i\text{发送}) \tag{5-29}$$

式中，$P(r \notin Z_i \mid a_i\text{发送})$ 表示当发送 a_i 时，判定成 a_i 的概率，在 AWGN 信道下，为

$$\begin{aligned} P(r \in Z_j \mid a_i\text{发送}) &= \int_{d_{ij}/2}^{\infty} \frac{1}{\sqrt{\pi N_0}} \exp\left(\frac{-v^2}{N_0} \right) \mathrm{d}v \\ &= Q\left(\frac{d_{ij}}{\sqrt{2N_0}} \right) \end{aligned} \tag{5-30}$$

式中，d_{ij} 是两个 GCCK 码字 a_i 和 a_j 之间的欧几里得（Euclidean）距离，定义为

$$d_{ij} = \| a_i - a_j \| = \sqrt{\sum_{k=1}^{8} (a_{ik} - a_{jk})^2} \tag{5-31}$$

将式（5-29）、式（5-30）代入式（5-28）可得 GCCK 的一致上界为

$$P_e \leqslant \frac{1}{KM} \sum_{i=1}^{KM} \sum_{\substack{i=1 \\ j \neq i}}^{KM} Q\left(\frac{d_{ij}}{\sqrt{2N_0}} \right) \tag{5-32}$$

式中，对应于 GCCK-QPSK-4R、GCCK-QPSK-8R 和 GCCK-8PSK-12R，K、M 乘积分别为 16、256 和 4096。

式（5-32）比较复杂，下面根据 GCCK 码字间的最小距离 $d_{\min} = \min\limits_{i,j} d_{ij}$ 来确定 GCCK 调制的近似最邻近算法，其中 $d_{i,\min}$ 定义为

$$d_{i,\min}^2 = \min_{j \neq i} \| a_i - a_j \|^2 \tag{5-33}$$

假设与 GCCK 码字 a_i 距离为最小距离 $d_{i,\min}$ 的码字个数为 g_i，那么 GCCK 调制的 SER 可表示为

$$P_e \approx \frac{1}{KM} \sum_{i=1}^{KM} g_i \cdot Q\left(\sqrt{\frac{d_{i,\min}^2}{2N_0}} \right) \tag{5-34}$$

GCCK-QPSK-4R、GCCK-QPSK-8R 和 GCCK-8PSK-12R 的误符号率如表 5-3 所示。其中 GCCK-QPSK-4R 和 GCCK-QPSK-8R 在高 SNR 时，误符号率接近。

表 5-3　三种典型 GCCK 调制的近似误符号率

方法	GCCK-QPSK-4R	GCCK-QPSK-8R	GCCK-8PSK-12R
$d_{i,\min}^2$	$8E_b$	$8E_b$	$(12-6\sqrt{2})E_b$
g_i	14	24	24
P_e	$P_e \approx 14Q(\sqrt{4E_b/N_0})$	$P_e \approx 24Q(\sqrt{4E_b/N_0})$	$P_e \approx 24Q(\sqrt{(6-3\sqrt{2})E_b/N_0})$

假设所有误符号率一致，由误符号率可以确定误码率（BER），可近似表示为

$$P_b = \frac{P_e}{2} \tag{5-35}$$

匹配滤波器界（matched filter bound，MFB）是评价和分析无线通信接收机在多径信道中系统性能的工具，它给出了在多径信道中的误码率下界。匹配滤波器界需要假设接收信号无码间干扰，即 GCCK 符号之间无干扰。对于 GCCK 信号的匹配滤波器界，在无 ISI 情况下，ICI 仍旧存在。由于经过多径信道传播之后，GCCK

码字间的最小距离变化较大，因此，采用一致上界分析出 GCCK 信号在多径信道中的匹配滤波器界为

$$P_e \leqslant \frac{1}{KM}\sum_{i=1}^{KM}\sum_{\substack{j=1\\j\neq i}}^{KM} Q\left(\frac{\tilde{d}_{ij}}{\sqrt{2\tilde{N}_0}}\right) \tag{5-36}$$

式中，$\tilde{d}_{ij}$ 是受信道影响的 GCCK 码字 a_i 和 a_j 的截短信号 s_i 和 s_k 之间的 Euclidean 距离，

$$s_i(k)=\sum_{j=0}^{7}\rho_h(j)a_i(k-j),\quad k=0,1,\cdots,7 \tag{5-37}$$

$\tilde{N}_0$ 是 CMF 输出噪声的功率，表示为

$$\tilde{N}_0=\sum_{j=0}^{L-1}|\tilde{h}_j|^2 N_0 \tag{5-38}$$

$\tilde{h}$ 是匹配滤波器，等于水声多径信道冲激响应的时反共轭：

$$\tilde{h}=[h^*(L-1)\ \ h^*(L-2)\ \ \cdots\ \ h^*(0)] \tag{5-39}$$

5.2.2　存在 ISI 时的接收算法及性能分析

本小节将研究存在 ISI 情况下的 GCCK 接收机的设计。在大时延多径扩展的水声信道中，5.2.1 节中给出的最优接收机是无法正常进行符号检测的。本节首先介绍已有的多径干扰方法及存在的问题；其次，分析 CMF 输出信号中的 ISI 形式，它不仅包括后置 ISI，而且包括前置 ISI；然后，本节提出在 ISI 情况下的低复杂度 GCCK 均衡器——BiDFE，该均衡器可消除前置和后置 ISI；最后，提出用于缓解 BiDFE 误差传播的信号处理技术。

1. 已有的抗 ISI 方法

现用于 WLAN 环境中的多种 GCCK 接收机，包括 Rake 接收机和 Rake-DFE 接收机。

1）Rake 接收机

传统的 Rake 接收机具有不同延迟的多个相关处理，在相关器之后进行信号联合。对于 GCCK 波形来说，不同延迟的相关处理均需要多个相关器，因此常规的 Rake 接收机过于复杂。通过线性变换，常规 Rake 接收机的联合器可以移到相关检测器输入端，这种 Rake 接收机又称为信道匹配滤波器（CMF），其结构如图 5-2 所示。其中的相关检测器和图 5-1 中虚框内的 GCCK 相关器相比，缺少了能量补偿模块。近年来，出现于水声通信中的被动时反处理实际上就是 CMF，但是 CMF

并不能完全消除 ISI/ICI。研究表明，Rake 接收机仅在多径时延扩展不超过一个 GCCK 码字长度的条件下正常工作。

图 5-2　用于 GCCK 的 Rake 接收机

2）Rake-DFE 接收机

当多径时延超过一个 GCCK 码字时，Rake 接收机之后必须联合均衡器消除 ISI。在解调之前，需要利用估计出的过去的 GCCK 码字和 CIR 将其对当前 GCCK 码字的干扰消除。Rake-DFE 接收算法如图 5-3 所示，其中 GCCK 相关器模块和图 5-1 中虚框内的 GCCK 相关器相同，但是由下面对 ISI 的分析可知，只有 ISI 为前置时，Rake-DFE 接收机才能将干扰排除，一旦信道多径传播的复杂度较高，Rake-DFE 接收机性能将急剧下降。

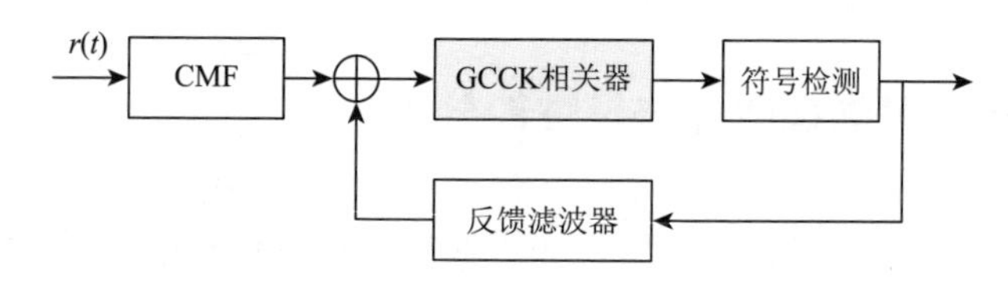

图 5-3　用于 GCCK 的 Rake-DFE 接收机

2. ISI 分析

本节首先分析 CMF 输出信号的 ISI 形式，CMF 输入端和输出端的相应信道冲激响应如图 5-4 所示。其中，图 5-4（a）是一实测水声信道，时延扩展约为 50 个 GCCK 码片，由 3 条多径组成，第一条路径幅度最大；图 5-4（b）是 CMF 输出端的信道冲激响应，它是一种复合信道冲激响应。实际中，通常以幅度最大的路径作为主路径，如图 5-4（b）所示。这种情况下，在主路径左侧存在前置 ISI，它表明当前的 GCCK 符号受未来 GCCK 符号多径分量的干扰；而在主路径右侧存在后置 ISI，它表明当前的 GCCK 符号对过去 GCCK 符号的多径干扰。当前 GCCK 符号对过去 GCCK 符号的干扰产生原因是，接收机以幅度最大的路径进行同步和解调，而不是以最先到达的路径进行同步和解调。

CMF 输出信号可写成

$$y_k = \sum_{i=-L+1}^{L-1} x_i a_{k-i} + \mu_k \tag{5-40}$$

式中，x_i 是信道 CIR 自相关函数的离散形式，可表示为

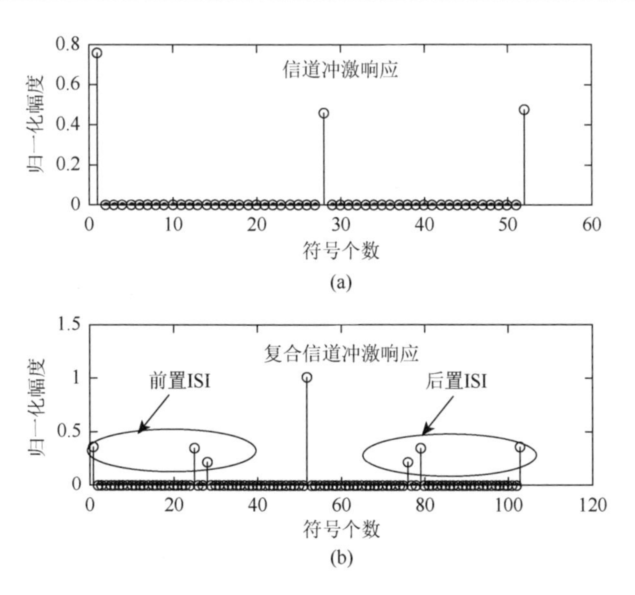

图 5-4　CMF 前后信道冲激响应比较

$$x_i = \sum_{j=0}^{L-1} h_j h_{j-i}^*, \quad i = -L+1, -L+2, \cdots, L-1 \tag{5-41}$$

由式（5-41）可得

$$x_i^* = x_{-i} \tag{5-42}$$

该关系由 CMF 和 CIR 的关系确定，如图 5-4（b）所示，复合信道冲激响应按幅度最大的路径对称。需要注意的是，CMF 输出噪声 μ_k 是有色高斯噪声，后续的检测算法将忽略该噪声的相关性，该噪声为

$$\mu_k = \sum_{j=0}^{L-1} \tilde{h}_j w_{k-j} \tag{5-43}$$

根据式（5-42）的对称性，可以将式（5-40）变为

$$\begin{aligned} y_k &= x_0 a_k + \sum_{i=-L+1}^{-1} x_i a_{k-i} + \sum_{i=1}^{L-1} x_i a_{k-i} + \mu_k \\ &= x_0 a_k + \sum_{i=1}^{L-1} x_{-i} a_{k+i} + \sum_{i=1}^{L-1} x_i a_{k-i} + \mu_k \\ &= x_0 a_k + \sum_{i=1}^{L-1} x_i^* a_{k+i} + \sum_{i=1}^{L-1} x_i a_{k-i} + \mu_k \end{aligned} \tag{5-44}$$

对信道相关函数进行归一化，有 $x_0 = 1$，则

$$y_k = a_k + \sum_{i=1}^{L-1} x_i^* a_{k+i} + \sum_{i=1}^{L-1} x_i a_{k-i} + \mu_k \tag{5-45}$$

式（5-45）右边第二项是未来的 GCCK 符号对当前 GCCK 符号的多径干扰，即前置 ISI；第三项是过去的 GCCK 符号对当前 GCCK 符号的多径干扰，即后置 ISI；第四项是噪声。

3. 双向判决反馈均衡器

由式（5-45）可知，为了正确判断发送的 GCCK 符号，首先需要对前置和后置 ISI 进行估计以消除它们对当前 GCCK 检测的影响，可以获得

$$\hat{a}_k = y_k - \sum_{i=1}^{L-1} x_i \tilde{a}_{k-i} - \sum_{i=1}^{L-1} x_i^* \tilde{a}_{k+i} \tag{5-46}$$

式中，$\tilde{a}_{k-i}$ 和 $\tilde{a}_{k+i}$ 是过去 GCCK 符号和未来 GCCK 符号的估计。由式（5-46）可知，为了消除前置和后置 ISI，必须先获得当前 GCCK 符号的前面和后面的 GCCK 符号的估计。采用常规的 DFE 可消除后置 ISI，而为了消除前置 ISI，需引入临时判决（tentative decision）的概念，并同时采用 DFE 消除前置 ISI，其中 DFE 的输出为

$$\tilde{u}_k = y_k - \sum_{i=1}^{L-1} x_i \tilde{a}_{k-i} \tag{5-47}$$

式中，$\tilde{a}_k$ 是过去 GCCK 符号的临时判决，假设 $\tilde{a}$ 估计正确，则 $\tilde{u}_k$ 中仅包含如图 5-4（b）所示的后置 ISI 的干扰。为了消除由未来 GCCK 符号造成的前置 ISI，采用分组时间反转（block time reversal，BTR）。所谓 BTR，就是通过颠倒一组接收采样信号的序列次序，获得时反信号。对均衡器来说，时反信号所经过的 CIR 变为实际 CIR 的时反。这种情况下，原始序列的后置 ISI 变成时反序列的前置 ISI，而原始序列的前置 ISI 变为时反序列的后置 ISI。因此，对受前置 ISI 干扰的信号来说，通过时反处理，可以将前置 ISI 变为后置 ISI，再利用 DFE 来消除后置 ISI，获得无码间干扰的序列。

DFE 软输出的 BTR 处理可表示为

$$\begin{aligned}\tilde{u}_{\mathrm{tr}}(k) &= \tilde{u}(N-k+1)\\ &= \tilde{u}(k) - \sum_{i=-L+1}^{-1} x_{-i} \tilde{a}_{\mathrm{tr}}(k-i)\\ &= \tilde{u}(k) - \sum_{i=1}^{L-1} x_i \tilde{a}_{\mathrm{tr}}(k+i)\end{aligned} \tag{5-48}$$

式中，$\tilde{u}_{\mathrm{tr}}(k)$ 是时反 DFE 的输出；$\tilde{a}_{\mathrm{tr}}(k)$ 是由式（5-47）中 GCCK 符号临时判决 $\tilde{a}_k$ 进行分组时间反转获得。这时，时反序列 $\tilde{u}_{\mathrm{tr}}(k)$ 仅受后置 ISI 的干扰，通过 DFE 消除这一干扰，其输出信号可表示为

$$\hat{a}_{\mathrm{tr}}(k)=\tilde{u}_{\mathrm{tr}}(k)-\sum_{i=0}^{L-1}x_i^*\tilde{a}_{\mathrm{tr}}(k-i) \tag{5-49}$$

它可以由式（5-49）中 GCCK 符号临时判决 $\tilde{a}_k$ 进行分组时间反转获得，结合式（5-47）～式（5-49），可得到如图 5-5 所示的 1 型双向判决反馈均衡器（BiDFE-1）。根据式（5-47），图 5-5 中的反向滤波器的系数为

$$w_i=x_i,\quad i=1,2,\cdots,L-1 \tag{5-50}$$

根据式（5-49），前向滤波器的系数为

$$f_i=x_i^*,\quad i=1,2,\cdots,L-1 \tag{5-51}$$

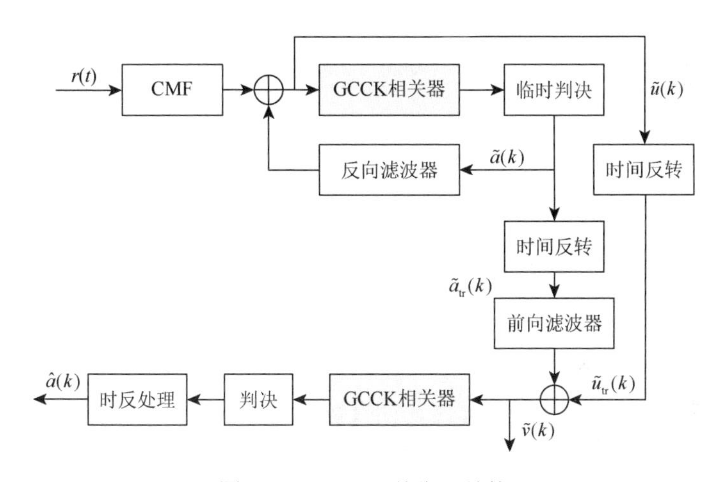

图 5-5　BiDFE-1 均衡器结构

为了提高 BiDFE-1 接收机的性能，如图 5-6 所示，可以用第 2 个 GCCK 相关器组判决输出 $\tilde{\tilde{a}}_{\mathrm{tr}}(k)$ 代替 $\tilde{a}_{\mathrm{tr}}(k)$ 可得

$$\hat{a}_{\mathrm{tr}}(k)=\tilde{u}_{\mathrm{tr}}(k)-\sum_{i=0}^{L-1}x_i^*\tilde{\tilde{a}}_{\mathrm{tr}}(k-i) \tag{5-52}$$

根据式（5-47）、式（5-48）和式（5-52），可得如图 5-6 所示的 2 型双向判决反馈均衡器（BiDFE-2）。根据式（5-49），图 5-6 中的反向滤波器 1 的系数为

$$w_i=x_i,\quad i=1,2,\cdots,L-1 \tag{5-53}$$

根据式（5-52），反向滤波器 2 的系数为

$$f_i=x_i^*,\quad i=1,2,\cdots,L-1 \tag{5-54}$$

在 BiDFE-2 中采用了两个反馈均衡器，其中 $\tilde{\tilde{a}}_{\mathrm{tr}}(k)$ 的正确概率高于临时判决 $\tilde{a}_{\mathrm{tr}}(k)$ 的正确概率，因此 BiDFE-2 性能优于 BiDFE-1，后续章节仿真结果验证了这一结论。

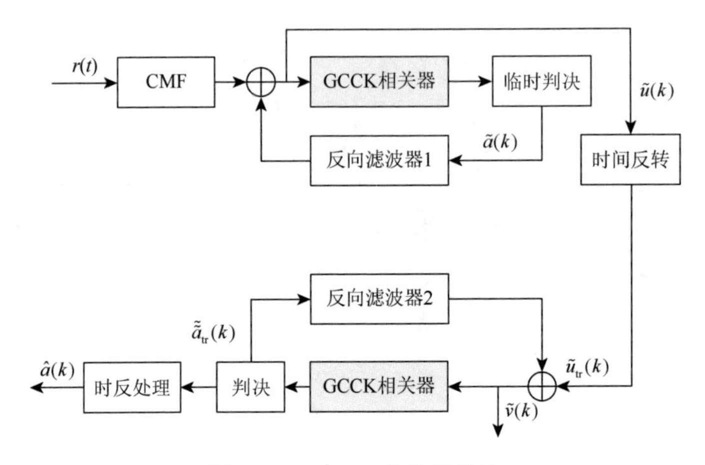

图 5-6　BiDFE-2 均衡器结构

4. 迭代和时反分集

前面所提到的 BiDFE 假设临时判决无误，实际中 BiDFE 存在错误判决，结果前置和后置 ISI 抵消器会增加 ISI 的影响，出现误差传播现象，导致 BiDFE 性能下降。为了减轻 BiDFE 中由于临时判决中错误判决的影响，本节给出几种用于改善 BiDFE 接收机性能的信号处理技术。

1）迭代信号处理

为了减轻误差传播，本节将迭代信号处理用于 BiDFE 中，将迭代处理引入 BiDFE 中。对于如图 5-6 所示的 BiDFE-2，迭代处理可表示为

$$\tilde{a}_{i+1}(k)=\hat{a}_i(k) \tag{5-55}$$

式中，i 表示第 i 次迭代，即第 i 次迭代估计的 GCCK 符号 $\hat{a}_i(k)$ 用作第 $i+1$ 次临时判决的 GCCK 符号 $\tilde{a}_{i+1}(k)$。本节所提出的迭代接收机具有两个特征：①采用了时反信号处理；②两个 DFE 采用不同的判决输出。

2）时反分集

另一种降低 BiDFE 误差传播的方法是时反分集（time reversal diversity, TR-Diversity）。时反分集技术的基本假设是 DFE 中的错误判决是随机的，因此，由前向 DFE 和反向 DFE 引起的错误相关性低，低相关性特征会导致内在的分集增益。将时反分集应用于新的 BiDFE 中，可获得一定的分集增益，进而提高接收机的误码率性能。为了一般化，在新型接收机中采用两个 BiDFE-2。如图 5-7 所示，该接收机联合前向 BiDFE 的软输出 $\tilde{v}(k)$ 和反向 BiDFE 的软输出 $\tilde{v}_{\mathrm{tr}}(k)$，之后进行 GCCK 相关检测：

$$\begin{cases}\tilde{v}(k)=a(k)+\mu_1(k)\\ \tilde{v}_{\mathrm{tr}}(k)=a(k)+\mu_2(k)\end{cases} \tag{5-56}$$

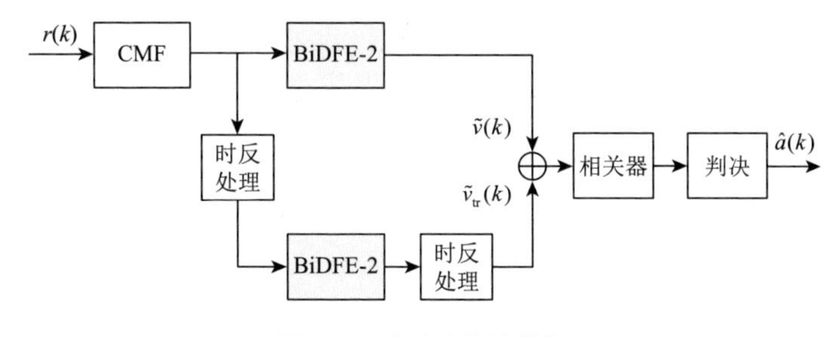

图 5-7　时反分集接收机

图 5-7 在 CMF 之后的等效复合信道 x_k 具有对称的脉冲回应，因此分集联合的软输出为

$$y(k)=\frac{\tilde{v}(k)+\tilde{v}_{\mathrm{tr}}(k)}{2}$$
$$=a(k)+\frac{\mu_1(k)+\mu_2(k)}{2} \tag{5-57}$$

最后

$$\hat{a}(k)=\mathrm{dec}[y(k)] \tag{5-58}$$

可以联合迭代信号处理和时反分集，进一步提高接收机的误码率性能，将时反分集估计的 GCCK 码字看作临时判决以用于前向 BiDFE 和反向 BiDFE，有

$$\begin{cases}\tilde{a}_{i+1}(k)=\hat{a}_i(k)\\ \tilde{a}_{\mathrm{tr},i+1}(k)=\hat{a}_{\mathrm{tr},i}(k)\end{cases} \tag{5-59}$$

式中，$\hat{a}_i$ 是时反分集接收机输出的第 i 次迭代判决；$\tilde{a}_{i+1}$ 是第 $i+1$ 次临时判决（图 5-7 中的时反分集接收机的前向 BiDFE）；$\hat{a}_{\mathrm{tr},i}$ 是序列 $\hat{a}_i$ 的时反；$\tilde{a}_{\mathrm{tr},i+1}$ 是第 $i+1$ 次假设判决（图 5-7 中的时反分集接收机的反向 BiDFE）。

5.3　基于最大似然的 CCK Turbo 方法

CCK 调制虽然可以提供相对于 DSSS 调制更高的数据通信速率，但是 CCK 调制抵抗多径效应影响的能力是有限的。然而在关于 CCK 调制均衡器的研究中，还未出现将 Turbo 均衡引入 CCK 调制的研究。因此本节介绍基于最大似然的 CCK Turbo 均衡。

有关 Turbo 均衡，在本书前述章节已经提及。Turbo 均衡利用了对数外似然比在接收端迭代流动来实现同步的均衡和译码，这种方法最早应用于 Turbo 译码。出现在文献[9]中的 Turbo 均衡器具有如图 5-8 所示的结构，其中 r 表示接收信号，$\hat{b}$ 代表信息序列的估计值。在 Turbo 均衡中，软信息 L（通常为对数似然比）在接收端各部分之间循环流动。软信息L中的字母E代表均衡器，D代表译码器，e代表外信息，a代表先验信息。

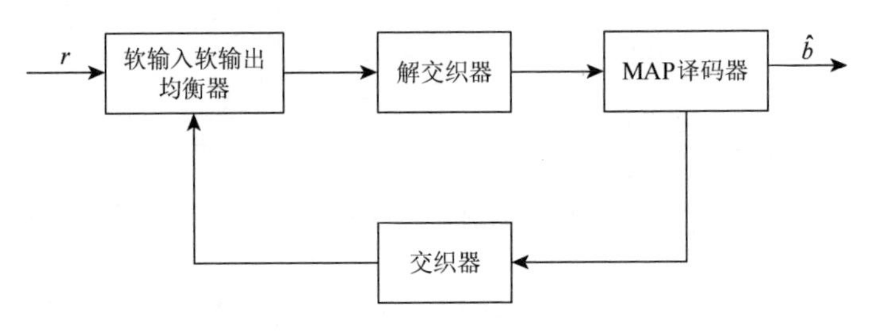

图 5-8　Turbo 均衡器结构

常用的软信息为对数似然比（LLR），软输入软输出（soft-in-soft-out，SISO）均衡器中的 LLR 可以定义为

$$L^E(b_n) = \lg\frac{P(b_n=0|r)}{P(b_n=1|r)} = L_e^E(b_n) + L_a^E(b_n) \tag{5-60}$$

同样地，译码器相关的对数似然比有以下公式表示的关系：

$$L^D(c_n) = L_e^D(c_n) + L_a^D(c_n) \tag{5-61}$$

由于 Turbo 均衡器的特性，下面的关系始终成立：

$$L_a^E(b_n) = L_e^D(b_n) = \Pi(L_e^D(c_n)) \tag{5-62}$$

$$L_a^D(c_n) = L_e^E(c_n) = \Pi^{-1}(L_e^E(b_n)) \tag{5-63}$$

式中，Π表示交织器；Π^{-1}表示解交织器。交织器和解交织器只改变 LLR 的顺序并不改变其数值。式（5-60）～式（5-63）是 Turbo 均衡器的软信息交换基础，对于基于 Turbo 均衡的接收端算法来说，离不开对于上述软信息的计算。

5.3.1　MAP-CCK-TE 方法

Turbo 均衡可以通过引入软信息来改善系统性能，因此将其引入 CCK 调制的潜在优势十分明显。Turbo 均衡可以根据所采用的均衡器分为不同的种类，这些种类也将影响它们各自的 LLR 计算方式。在所提的 CCK 迭代均衡方法中，由于引入了基于最大后验概率（MAP）的均衡器，该方法可以称为 MAP-CCK-TE。

推导式（5-60）中 LLR 关系的时候，需要满足每个传输符号是独立的这一先决条件，但是基于码片的 CCK 传输模型显然不满足这一点。然而对于基于符号的 CCK 模型来说，CCK 调制的块编码特性使得每个传输的 CCK 符号是相互独立的，因此推导 CCK 符号的 LLR 显然是更合适的选择。在 5.1 节使用的代表符号r、b、ϕ、θ和c分别代表接收信号、发射二进制信息序列、子相位、CCK 符号的相位以及发射的 CCK 符号序列。由之前介绍的系统模型可以看出，θ 和 c 之间有一一对应的关系，所以在此后的分析中将只使用 θ 进行描述。

由于没有文献将 Turbo 均衡与 CCK 技术联合起来，接下来推导 MAP-CCK-TE 的对数似然比。首先可以将 θ 和 ϕ 之间的关系表示为矩阵形式 $\theta = F\phi$，而接收信号 $r = h^{*}\theta + n$，其中 n 是服从分布 $n \sim N(0,\sigma^2)$ 的 AWGN 噪声。在这些假设条件和已知的关系下，可以将给定接收信号 r 时 $b_n = 0$ 的概率写为

$$\begin{aligned}P(b_n = 0 \mid r) &= \sum_{\forall \theta: b_n = 0} P(b_n = 0 \mid r, \theta) P(\theta \mid r) \\ &= \sum_{\forall \theta: b_n = 0} \frac{P(b_n = 0) p(r \mid b_n = 0) P(\theta \mid b_n = 0, r)}{P(r)} \\ &= \sum_{\forall \theta: b_n = 0} \frac{P(b_n = 0, r, \theta)}{P(r)} \\ &= \sum_{\forall \theta: b_n = 0} \frac{P(r \mid b_n = 0, \theta) P(b_n = 0, \theta)}{P(r)}\end{aligned} \tag{5-64}$$

接下来，式（5-64）中分子部分的两个分量可以进一步写为

$$P(r \mid b_n = 0, \theta) = \sum_{\forall \phi: F\phi = \theta} P(r \mid \theta, \phi, b_n = 0) P(\phi \mid \theta, b_n = 0) \tag{5-65}$$

$$P(\phi \mid \theta, b_n = 0) = \frac{P(\theta \mid \phi, b_n = 0) P(\theta \mid b_n = 0) P(b_n = 0)}{P(\theta, b_n = 0)} \tag{5-66}$$

下面将式（5-65）和式（5-66）代入式（5-64），可以得到给定接收信号 r 时 $b_n = 0$ 的概率如下：

$$P(b_n = 0 \mid r) = \sum_{\forall \theta: b_n = 0} \frac{\sum\limits_{\forall \phi: F\phi = \theta} P(r \mid \theta, \phi, b_n = 0) P(\theta \mid \phi, b_n = 0) P(\theta \mid b_n = 0) P(b_n = 0)}{P(r)} \tag{5-67}$$

同样地，可以推导出给定接收信号 r 时 $b_n = 1$ 的概率表示为

$$P(b_n = 1 \mid r) = \sum_{\forall \theta: b_n = 1} \frac{\sum\limits_{\forall \phi: F\phi = \theta} P(r \mid \theta, \phi, b_n = 1) P(\theta \mid \phi, b_n = 1) P(\theta \mid b_n = 1) P(b_n = 1)}{P(r)} \tag{5-68}$$

考虑到 $r = h^{*}\theta + n$ 并且 $n \sim N(0,\sigma^2)$，可以知道 $r \sim N(E(h^{*}\theta),\sigma^2)$。在独立同分布条件下，$P(r \mid \theta)$ 可以计算为 $P(r \mid \theta) = \prod_{k=1}^{N} P(r_k \mid \theta_k)$，进一步可以得到 $P(\theta \mid \phi, b_n) = \prod_{i=1, i \neq n}^{N} P(b_i)$。最终将式（5-67）和式（5-68）代入 LLR 的定义式（5-60），可以得到信息比特 b_n 的后验概率 LLR 如下：

$$
\begin{aligned}
L_{\text{post}}(b_n \mid r) &= \ln \frac{P(b_n = 0 \mid r)}{P(b_n = 1 \mid r)} \\
&= \ln \frac{\sum\limits_{\forall \theta: b_n = 0} \sum\limits_{\forall \phi: F\phi = \theta} P(r \mid \theta, \phi, b_n = 0)}{\sum\limits_{\forall \theta: b_n = 1} \sum\limits_{\forall \phi: F\phi = \theta} P(r \mid \theta, \phi, b_n = 1) P(\theta \mid \phi, b_n = 1)} \frac{P(\phi \mid b_n = 0) P(b_n = 0)}{P(\phi \mid b_n = 1) P(b_n = 1)} \\
&= \ln \frac{\sum\limits_{\forall \theta: b_n = 0} \sum\limits_{\forall \phi: F\phi = \theta} P(r \mid \theta, \phi, b_n = 0) P(\theta \mid \phi, b_n = 0)}{\sum\limits_{\forall \theta: b_n = 1} \sum\limits_{\forall \phi: F\phi = \theta} P(r \mid \theta, \phi, b_n = 1) P(\theta \mid \phi, b_n = 1)} \frac{P(\phi \mid b_n = 0)}{P(\phi \mid b_n = 1)} + L_{\text{prio}}(b_n) \\
&= L_{\text{ext}}(b_n \mid r) + L_{\text{prio}}(b_n)
\end{aligned}
\tag{5-69}
$$

5.3.2 降低计算量的迭代均衡方法

MAP-CCK-TE 方法是基于最大似然顺序估计的联合迭代均衡方法，然而它的计算量随着信道延迟的增长迅速上升，甚至对于某些足够大的信道延迟来说，几乎无法计算。这就促使寻找合适的算法来降低 MAP-CCK-TE 的计算量，相关的研究包括文献[5]、[6]。文献[5]中采用了一种减状态的序列估计（RSSE）。本节将这种算法引入所提出的 MAP-CCK-TE 系统中来降低计算复杂度，这种计算复杂度较低的方法被命名为减状态序列估计-CCK-Turbo 均衡（RSSE-CCK-TE）。

1. 基于子集分割的减状态迭代均衡方法

指定符号时间 k 时的网格状态定义为 $\hat{q}_h$ 个最近符号的联合，$S[k]=[\hat{c}[k-1]\ \hat{c}[k-2]\ \cdots\ \hat{c}[k-\hat{q}_h]]$，其中ˆ代表符号的假设数值。减状态算法的基本概念是通过使用子集分割技术，将网格状态合并为高阶网格状态，从而获得一个状态数减少的新网格，由于网格状态的减少，对应的回溯路径也相应减少，最终可以降低计算复杂度。对于多维 CCK 符号星座图的子集分割应该使得最小状态间的欧氏距离（minimum intra-state Euclidean distance，MISED）最大化。根据文献[5]中的分割法则，CCK 符号星座图可以分割为 J_κ 个子集，其中 $1 \leqslant J_\kappa \leqslant |\mathcal{C}|$ 且 $\kappa \leqslant \hat{q}_h$。此外，对于不同的延迟 κ，可以选择独立的、不同的分割阶数 $E[\kappa]$。当分割阶数为 $E[\kappa]$ 时，一共包含 J_κ 个子集，并且必须满足法则 $J_1 \geqslant J_2 \geqslant \cdots \geqslant J_{\hat{q}_h}$，以获得合适的网格图。

文献[5]提出的 RSSE 算法使用了该文献中提出的两种不同的分割结构，本节所提出的 RSSE-CCK-TE 只详论并使用其中的一种分割结构。RSSE-CCK-TE 所使用的子集分割方法只应用于符号 $c[k-1]$，其中过去的符号 $c[k-m](2 \leqslant m \leqslant \hat{q}_h)$ 只考虑纯粹的基于状态的判决反馈影响。当 $J_1 = 4$ 时，其对应的网格图如图 5-9 所示，具体的子集分割方法可以参考文献[6]。在网格图中，并行转变线路如图中单实线所示，所对应的网格状态在图中左侧给出说明。由符号 $S[k]$ 引出的假设为 $\hat{c}[k]$ 的分支度量可以表示为

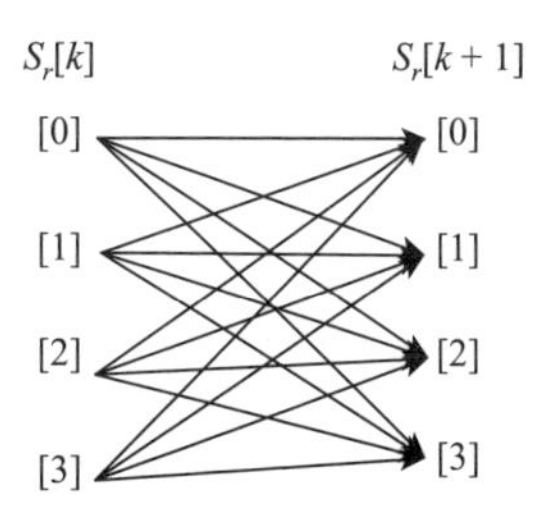

图 5-9　RSSE-CCK-TE 使用的子网格

$$\lambda(\hat{c}[k], S[k]) = \left\| u[k] - H[0]\hat{c}[k] - \sum_{m=1}^{\hat{q}_h} H[m]\hat{c}[k-m, \hat{S}_r[k]] \right\|^2 \tag{5-70}$$

式中，$\|\cdot\|^2$ 是指定向量的 $\mathcal{L}_2$ 范数；$u[k]$ 是接收信号；$\hat{S}_r[k]$ 代表与状态相关的判决（在路径储存器中存储的内容）。

下面将对前面介绍的分支度量进行改善，以使得其能够适用于提出的基于子集分割的减状态 Turbo 均衡器。借鉴软输出维特比算法，指导改善的基本方法是使用每个转换分支路线的对数似然比来代替原来的度量。为了简单起见，假设信道信息在接收端完全已知。

假设在码片时间 k 接收到的码片为 r_k，发射码片为 x_k。时间为 k 时，网格的高阶状态用 S_k 来表示。在分支 $S_{k-1} = r_i$ 到 $S_k = r_j$ 之间的码片集合表示为 $\bar{X}$。那么在接收码片为 r_k 时，发射码片属于码片集合 $\bar{X}$ 的概率可以表示为

$$\begin{aligned} P(x_k \in \bar{X}_k \mid r_k) &= P(x_k = \bar{X}_1 \text{ or } x_k = \bar{X}_2 \text{ or } \cdots \mid r_k) \\ &= \sum_i P(x_k = \bar{X}_i \mid r_k) \\ &= \sum_i \frac{P(r_k \mid x_k = \bar{X}_i) P(x_k = \bar{X}_i)}{P(r_k)} \\ &= m \sum_i P(r_k \mid x_k = \bar{X}_i) P(U_k : U_k \to \bar{X}_i) \end{aligned} \tag{5-71}$$

式中，$P(U_k : U_k \to \bar{X}_i)$ 代表由先前输入 U_k 造成的输出为 X_i 时的先验概率；m 是一个已经经过归一化的参数。

总结来说，本节提出的 RSSE-CCK-TE 方法通过将原始网格状态合并分集为高阶网格状态，减少了网格中的状态数目，进而减少回溯路径来降低 RSSE-CCK-TE 的计算复杂度。借助式（5-71）中得到的每个高阶状态的软信息，所提出的基于子集分割的减状态迭代均衡方法的具体流程如下。

（1）系统初始化。

（2）通过输入的接收信号和之前的与状态相关的判决结果来计算时间 k 时的每个高阶状态的概率。

（3）利用 MAP 译码器来计算每个二进制信息的对数似然比。

（4）将计算得到的 LLR 输入回交织器来进行下一次迭代。

（5）再次通过输入的接收信号和之前与状态相关的判决结果来计算时间 k 时的每个高阶状态的概率。

（6）如果已经满足了迭代终止的条件，那么停止迭代，并将译码结果输出；假如尚未满足终止条件，返回步骤（3）。

2. RSSE-CCK-TE 方法的收敛性分析

本节所提出的 RSSE-CCK-TE 方法是一种迭代方法，那么就需要考虑其收敛性能。根据文献[10]所提出的收敛性分析方法，借助外信息转换图（extrinsic information transfer chart，EXIT Chart）来分析所提出算法的收敛性能。EXIT Chart 通过构建指定系统结构的输入输出关系来跟踪对单次迭代中单一参数的变化。在对于 Turbo 均衡的 EXIT Chart 分析中，均衡器和译码器被看作将输入先验 LLR 序列 L_i 映射为输出 LLR 序列 L_o 的系统模块，这个过程可以表示为图 5-10。

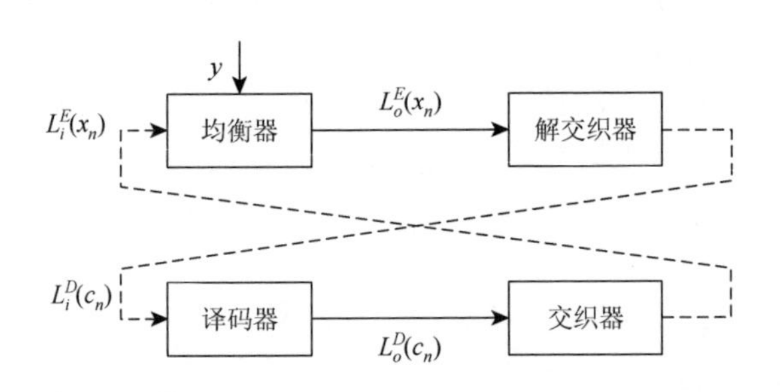

图 5-10　Turbo 均衡的 EXIT Chart 分析模型

将输入端和输出端测量到的互信息分别表示为 $I_i \in [0,1]$（I_i^E 代表均衡器，I_i^D 代表译码器）和 $I_o \in [0,1]$（I_o^E 代表均衡器，I_o^D 代表译码器）。先验 LLR 序列 L_i 设定为独立同分布并且可以表示为一个高斯随机变量，其概率密度函数表示为

$$f_{L_i}(l \mid x) \triangleq \frac{1}{\sqrt{2\pi}\sigma_i} \exp\left(-\frac{(l - x\sigma_i^2 / 2)^2}{2\sigma_i^2}\right) \tag{5-72}$$

从式（5-72）可以看出，$f_{L_i}(l \mid x)$ 是一个关于参数 σ_i 的函数，对于给定的 σ_i 的取值范围，先验信息序列可以通过式（5-72）计算得出。在已知 L_i^E 和 L_i^D 时，均衡器和译码器分别独立计算各自的输出对数似然比 L_o^E 和 L_o^D。随机变量 L_o 的概率密度函数可以通过输出 LLR 的采样直方图来进行估计。互信息 I_i 和 I_o 可以分别通过以下公式进行计算：

$$I_i(L_i;x)=\frac{1}{2}\sum_{x\in\{-1,+1\}}\int_{-\infty}^{\infty}f_{L_i}(l\,|\,x)\log_2\frac{2f_{L_i}(l\,|\,x)}{f_{L_i}(l\,|+1)+f_{L_i}(l\,|-1)}\mathrm{d}l \tag{5-73}$$

$$I_o(L_o;x)=\frac{1}{2}\sum_{x\in\{-1,+1\}}\sum_{l}\log_2\frac{2P_{L_o}(l\,|\,x)}{P_{L_o}(l\,|+1)+P_{L_o}(l\,|-1)} \tag{5-74}$$

EXIT Chart 可以追踪均衡器互信息 I_i^E/I_o^E 和译码器互信息 I_i^D/I_o^D 的转变过程。均衡器的输出 I_o^E 变成了译码器的输入 I_i^D；而译码器的输出 I_o^D 被反馈到均衡器作为其输入 I_i^E，这个过程循环往复进行。这里需要指出的是，交织器/解交织器的存在并不会影响互信息。这个过程可以用单次 EXIT Chart 表示为关系对 $(I_i^E=I_o^D, I_o^E=I_i^D)$。

如前所述，EXIT Chart 可以被用来验证所提方法的收敛特性。在对于 RSSE-CCK-TE 的收敛性验证过程中，每帧长度为 8192，总帧数为 1000。对于所提出的 Turbo 均衡器的收敛性分析在 AWGN 信道和多径信道的结果分别如图 5-11(a) 和（b）所示。从图中可以看出，在这两种不同的信道条件下，所提出的方法在 SNR 为 3dB 时，均衡器的互信息曲线才高于译码器的互信息曲线，这说明本节提出的均衡方法只有当信噪比不低于 3dB 时才能收敛。从图中所示的 SNR = 3dB 的带箭头收敛曲线来看，当信道为 AWGN 信道时，需要两次迭代就可以收敛，而在多径信道下，至少需要 3 次迭代才会收敛。

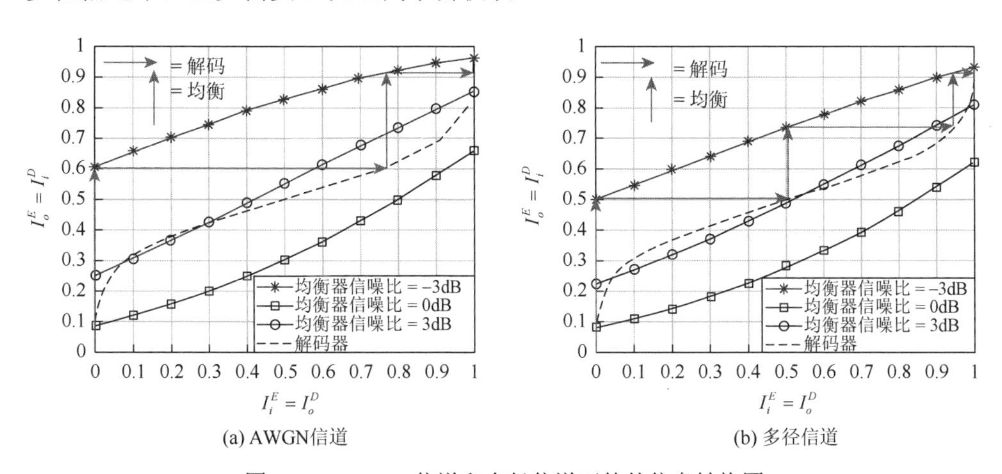

(a) AWGN信道　　(b) 多径信道

图 5-11　AWGN 信道和多径信道下的外信息转换图

5.4　CCK-SM 调制方法

通过形成多个弱相关或不相关通信链路的方式，MIMO 通信能够达到频谱效率更高并且误码率更低的效果。MIMO 水声通信技术可通过在空间上分布的多个阵元将时间域和空间域结合起来进行水声信号传输，有效提高带宽资源十分有限的水声通信系统的信道通信容量。近年来，如何将 MIMO 和单载波、多载波等调制方式相结合，是水声通信的研究方向之一。但由于水下发射阵元成本较高、水声信道多径较长、水声信号传播速度受限、海洋环境及水下平台尺寸对 MIMO 阵元孔径的限制等，水声 MIMO 的发展相对较为缓慢。空间调制（spatial modulation，SM）作为一种低复杂度的 MIMO 系统，目前引起了越来越多的关注[11-13]。在空间调制中，每个码元周期内只有部分发射单元被激活，这样既可以用激活的阵元来发射信号，又可以用激活阵元的索引来代表信息。与常规的 MIMO 相比，空间调制系统降低了天线间干扰（inter antenna interference，IAI），提高了通信质量，同时实际发射阵元数小，节省了发射能量，十分适合能量受限的水下环境使用。

目前关于空间调制的工作多数集中在频率平坦信道，对于水声信道这类频率选择性信道的研究较少。对于频率选择性信道，一些人员研究了基于 OFDM 的空间调制方式[14]，但是采用这种调制方式会导致数据通信速率降低。对于单载波空间调制系统，文献[15]中利用线性频率均衡、时频域判决反馈均衡器和基于 QP 分解和 M 算法的最大似然检测等均衡器对空间调制系统进行了分析。文献[16]提出一种针对补零单载波系统的降复杂度并行干扰抵消 ML 检测方法，该方法能够取得全部多径分集增益和接收增益。但是对于长时延信道，复杂度依旧很大。文献[17]提出了针对空间调制系统的 ML 检测方法。但是信道越长，该方法的计算就越复杂，将这种方法运用到时延较长的水声信道可行度很低。此外，上述方法的一个共同缺点是都采用硬判决方式，没有利用迭代检测来提高性能。文献[18]提出一个基于 MMSE 的频域迭代均衡接收算法来提高性能，但是所提的 MMSE-FDE 并没有充分利用反馈的先验信息。同时上述频域均衡器大多适用于信道矩阵满秩情况，即接收阵元数量大于发射阵元数量，对于欠定信道矩阵情况没有分析。

本节将 CCK 调制与空间调制结合起来，提出基于 CCK 调制的水声通信空间调制（CCK-SM）方法，并借鉴 Turbo 均衡，进一步提出基于 CCK 调制的块迭代判决反馈均衡方法（CCK-IBDFE）。

CCK-SM 系统的发射端框图如图 5-12 所示。发射阵元为 N_t 个，接收阵元个数为 N_r。这里采用 FR-CCK 模式，8 个信息比特映射成一个由 8 个码片组成的 CCK 符号，其中每个码片有 4 个相位，对应的星座集合为 $A=\{\alpha_1,\alpha_2,\alpha_3,\alpha_4\}$，第 n 组信息比特对应的 CCK 符号表示为 $c_n=[c_{n,1}\ \cdots\ c_{n,8}]$。

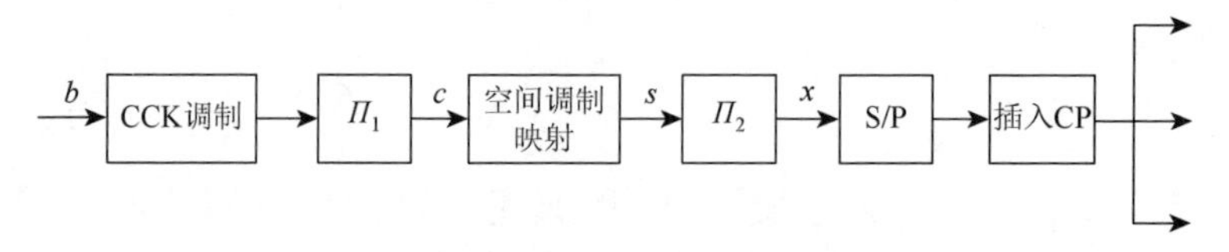

图 5-12　CCK-SM 系统发射端框图

在空间调制中，信息通过两种方式传输：阵元选择和传输符号。在本节中，考虑一个简单的场景，即每次只有一个发射阵元被激活。这样，每个CCK符号的码片可以被分为两组，一组G^A用来进行阵元选择，另外一组G^S是在选择的阵元上发射数据。

这里以一个特殊情形作为举例，发射阵元个数为$N_t=4$，那么每个阵元可以用来表示CCK码片中的一个相位。此时，可以设置$G^A=[c_{n,i_1}\ \cdots\ c_{n,i_4}]$，$G^S=[c_{n,i_5}\ \cdots\ c_{n,i_8}]$，其中$i_1,\cdots,i_8$是通过随机交织器$\Pi_1$对$1,\cdots,8$进行随机扰乱的结果。如果$c_{n,i_k}=\alpha_\ell$，那么就在第$\ell$个天线上传输码片$c_{n,i_{k+4}}$。因此传输一个CCK符号需要的时间为$N_c=4$个码片传输时间。这样，阵元选择和传输符号就通过CCK调制结合到了一起。让$s\in\mathbb{C}_{N_t\times N_c}$来表示第$n$组比特信息映射而成的符号，那么$s$中的第$q$列为

$$s_q=c_{n,i_q}a_q,\quad q=1,\cdots,N_c \tag{5-75}$$

式中，$a_q\in\mathbb{C}_{N_t\times 1}$是阵元选择的结果，在$\mathcal{E}=\{e_1,e_2,\cdots,e_{N_t}\}$中选择，$e_m$表示单位矩阵中的第$m$列。让$s_{m,q}$表示$s_q$中第$m$个元素。很明显，在空间调制中，发射信号的星座集合$s_{m,q}\in\mathcal{B}$扩展为$\mathcal{B}=\{\beta_1,\beta_2,\beta_3,\beta_4,\beta_5\}=\{0,\alpha_1,\alpha_2,\alpha_3,\alpha_4\}$。

为了降低发射符号间的相关性，符号s经过一个随机交织器Π_2生成了发射符号x。本系统采用块传输方式来对抗水声多径信道，为了消除块间干扰，把符号x按长度K进行分组，并将比信道最大时延扩展的长度更长的循环前缀插入组间。

在接收端，将接收信号中的循环前缀去除。因为循环前缀的存在，所以可以认为块与块间没有相互干扰。在接下来分析中，为了便于描述，只对其中一个传输块进行分析。

接收信号可以表示为

$$y=hx+w \tag{5-76}$$

式中，$x=[x_1^{\mathrm{T}}\ \ x_2^{\mathrm{T}}\ \cdots\ x_{N_t}^{\mathrm{T}}]^{\mathrm{T}}$，$x_m\in\mathbb{C}_{K\times 1}$是第$m$个发射阵元的发射符号；$y=[y_1^{\mathrm{T}}\ \ y_2^{\mathrm{T}}\cdots\ y_{N_r}^{\mathrm{T}}]^{\mathrm{T}}$，$y_n\in\mathbb{C}_{K\times 1}$是第$n$个接收阵元的接收符号；$w=[w_1^{\mathrm{T}}\ \ w_2^{\mathrm{T}}\cdots\ w_{N_r}^{\mathrm{T}}]^{\mathrm{T}}$，$w_n\in\mathbb{C}_{K\times 1}$是零均值方差为$\sigma_{w_n}^2$的高斯白噪声；$h$是MIMO信道矩阵，其可以写成

$$h_{N_rK\times N_tK}=\begin{bmatrix} h_{11} & \cdots & h_{1N_t} \\ \vdots & & \vdots \\ h_{N_r1} & \cdots & h_{N_rN_t} \end{bmatrix} \tag{5-77}$$

其中，$h_{nm}\in\mathbb{C}_{K\times K}$是一个循环矩阵，由第$m$个发射阵元到第$n$个接收阵元的信道冲激响应构成。

为了降低计算复杂度，这里选择频域均衡处理。首先，式（5-76）的时域信号通过 FFT 被转换到频域，接收信号的第 k 个频率分量可以表示为

$$Y_k = H_k X_k + W_k \tag{5-78}$$

式中，$Y_k = [F_k^{\mathrm{T}} y_1 \ \ F_k^{\mathrm{T}} y_2 \ \cdots \ F_k^{\mathrm{T}} y_{N_r}]^{\mathrm{T}} \in \mathbb{C}_{N_r \times 1}$ 是接收信号的第 k 个频率分量；$X_k = [F_k^{\mathrm{T}} x_1 \ \ F_k^{\mathrm{T}} x_2 \ \cdots \ F_k^{\mathrm{T}} x_{N_t}]^{\mathrm{T}} \in \mathbb{C}_{N_t \times 1}$ 是发射信号的第 k 个频率分量；$W_k = [F_k w_1 \ \ F_k w_2 \ \cdots \ F_k w_{N_r}]^{\mathrm{T}} \in \mathbb{C}_{N_r \times 1}$ 是噪声的第 k 个频率分量；F_k 是 FFT 矩阵 F 的第 k 列，F 的第 (n,m) 个元素为 $1/\sqrt{K}\exp\{-2\pi[\sqrt{-1}(n-1)(m-1)]/K\}$；

$$H_k = \begin{bmatrix} H_{11}^k & \cdots & H_{1N_t}^k \\ \vdots & & \vdots \\ H_{N_r 1}^k & \cdots & H_{N_r N_t}^k \end{bmatrix} \tag{5-79}$$

H_{nm}^k 是第 m 个发射阵元到第 n 个接收阵元的频域信道 H_{nm} 的第 k 个频率分量。

为充分利用 CCK 的编码特性，本节提出一种新的 Turbo 均衡——CCK-IBDFE，该方法通过 IBDFE 均衡器和 CCK 译码器之间的信息交互迭代，可以使系统的误码率显著降低，本节所提出的 CCK-IBDFE 结构如图 5-13 所示。

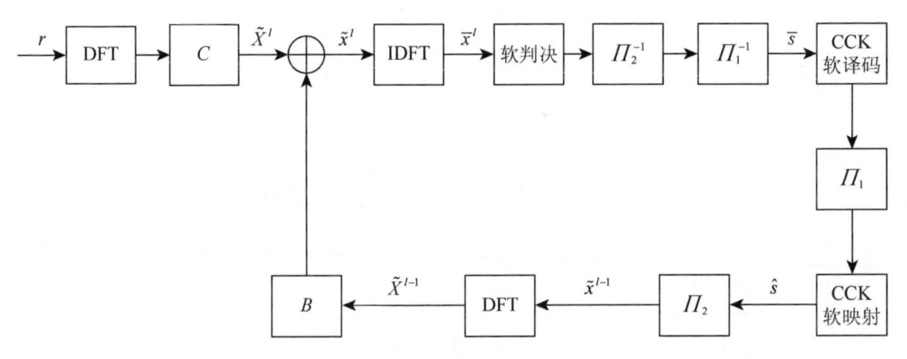

图 5-13　CCK-IBDFE 方法结构

5.4.1　MIMO-IBDFE 均衡

在 IBDFE 中，前向均衡器和反馈均衡器都在频域处理[19]。对于第 m 个发射阵元的第 k 个频率分量在经过 l 次迭代后，其输出为

$$\tilde{X}_k^{m,l} = (C_k^{m,l})^{\mathrm{H}} Y_k - (B_k^{m,l})^{\mathrm{H}} \bar{X}_k^{l-1} \tag{5-80}$$

接收频域信号经过前向滤波器 $C_k^{m,l}$ 后，消除了部分码间干扰。反馈的信号 $\hat{X}_k^{l-1}$ 通过反向滤波器 $B_k^{m,l}$ 来提高均衡效果。值得注意的是，在第一次迭代的时候，反馈信号为零，所以 IBDFE 均衡器等价于一个 MMSE 均衡器。

将式（5-80）中的输出转换到时域得到 $\tilde{x}_m^l$。因为在发射端，发射信号经过了一个随机交织器 Π_2，所以可以假设发射信号之间是相互独立的。这样 $\tilde{x}_m^l$ 可以看作一个期望信号和扰乱信号的和，即

$$\tilde{x}_m^l = x_m^l + \tilde{w}_m^l \tag{5-81}$$

式中，扰乱信号 $\tilde{w}_m^l$ 可以看作一个均值为零、方差为 $\sigma_{\tilde{w}_m^l}^2$ 的高斯随机变量。因此，对于第 m 个发射阵元的第 i 个符号 $x_{m,i}$，可以得到其第 l 次估计的后验概率为

$$P(\tilde{x}_{m,i}^l = \beta_j) = \frac{1}{\pi\sigma_{\tilde{w}_i^l}^2}\exp\left(-\frac{\|\tilde{x}_{i,k}^l - \beta_j\|^2}{\sigma_{\tilde{w}_i^l}^2}\right),\quad \beta_j \in \mathcal{B} \tag{5-82}$$

扰乱信号的方差 $\sigma_{\tilde{w}_m^l}^2$ 可以通过下面公式估计[20]：

$$\sigma_{\tilde{w}_m^l}^2 = \frac{1}{K}\sum_{i=1}^{K}\|\breve{x}_{m,i}^l - \tilde{x}_{m,i}^l\|^2 \tag{5-83}$$

式中，$\breve{x}_{m,i}^l$ 为 $\tilde{x}_{m,i}^l$ 的硬判决结果。

均衡器的软判决结果可以表示为 $x_{m,i}^l$ 的期望，即

$$\bar{x}_{m,i}^l = \sum_{\beta_j\in\mathcal{B}}\beta_j P(x_{m,i}^l = \beta_j) \tag{5-84}$$

期望信号 $X_k^{m,l}$ 的方差为

$$\begin{aligned}\Psi_{X^{m,l}} &= E[\|X_k^{m,l} - \bar{X}_k^{m,l}\|^2]\\ &= \sum_{i=1}^{K}\sum_{\beta_j\in\mathcal{B}}\|\beta_j\|^2 P(x_{m,i}^l = \beta_j) - \|\bar{x}_{m,i}^l\|^2\end{aligned} \tag{5-85}$$

滤波器的系数可以通过对下面方程优化求解得到[21]：

$$\begin{cases}\min\limits_{C_k^{m,l},B_k^{m,l}} & E[\|\tilde{x}_{m,i}^l - x_{m,i}\|^2]\\ \text{s. t.} & \sum\limits_{k=1}^{K}B_k^{i,l} = 0\end{cases} \tag{5-86}$$

因此滤波器的系数为

$$C_k^{m,l} = \Gamma_k^{m,l} / \eta^{m,l} \tag{5-87}$$

$$B_k^{m,l} = H_k^{\mathrm{H}} C_k^{m,l} - e_m \tag{5-88}$$

式中

$$\eta^{m,l} = \frac{1}{K}\sum_{k=1}^{K}H_k^{(m)\mathrm{H}}\Gamma_k^{m,l} \tag{5-89}$$

$$\Gamma_k^{m,l} = (H_k\Sigma^{l-1}H_k^{\mathrm{H}} + \Sigma_w)^{-1}H_k^{(m)} \tag{5-90}$$

$$\Sigma_w = \mathrm{diag}\{[\sigma_{w_1}^2,\cdots,\sigma_{w_{N_r}}^2]\} \tag{5-91}$$

$$\Sigma^{l-1} = \mathrm{diag}\{[\Psi_{X^{1,l-1}},\cdots,\Psi_{X^{N_t,l-1}}]\} \tag{5-92}$$

$H_k^{(m)}$ 是矩阵 H_k 的第 m 列。

5.4.2　CCK 软译码

CCK-SM 系统中的阵元选择和发射数据是通过 CCK 调制结合在一起的，因此可以利用 CCK 调制的编码特性来提高系统的可靠性。借鉴 Turbo 均衡思想，将 CCK 软译码内嵌到 IBDFE 均衡器中，通过 CCK 软译码来提高反馈的判决符号准确性。

软判决输出信号 $\tilde{x}^l$ 经过解交织后，变成信号 $\tilde{s}^l=[\tilde{s}_1^l \ \ \tilde{s}_2^l \ \ \cdots \ \ \tilde{s}_{N_c}^l]$。按照空间调制规则，$\tilde{s}^l$ 可以映射成一个 CCK 码字 c^l。让 c_τ 表示由符号序列 $s=[s_1 \ \ \cdots \ \ s_{N_c}]$ 映射而来的 CCK 码字，则 $c^l=c_\tau$ 的概率为

$$P(c^l=c_\tau)=\prod_{q=1}^{N_c}P(s_q^l=s_q^\tau)=\prod_{q=1}^{N_c}\prod_{m=1}^{N_t}P(s_{m,q}^l=s_{m,q}^\tau)=\prod_{m=1}^{N_t}\prod_{q=1}^{N_c}P(x_{m,q}^l=s_{m,q}^\tau) \quad (5\text{-}93)$$

式中，$P(x_{m,q}^l=s_{m,q}^\tau), s_{m,q}^\tau\in\mathcal{B}$ 能够从式（5-82）中得到。

对得到的 CCK 码字概率进行归一化，即

$$P(\hat{c}^l=c_\tau)=\frac{P(c^l=c_\tau)}{\sum_{\varsigma=1}^{N_{\text{CCK}}}P(c^l=c_\varsigma)} \quad (5\text{-}94)$$

式中，N_{CCK} 是 CCK 码字个数。对于 FR-CCK，$N_{\text{CCK}}=256$。通过这种方式，将不能映射成 CCK 码字的组合去掉，从而提高软判决的可靠性。

这时根据 CCK 码字的映射规则，可以根据 $P(\hat{c}^l=c_\tau)$ 计算出相应的符号概率 $P(\hat{s}_{m,q}^l=\beta_j)$ 为

$$P(\hat{s}_{m,q}^l=\beta_j)=\sum_{\tau=1}^{N_{\text{CCK}}}\gamma_\tau P(\hat{c}^l=c_\tau) \quad (5\text{-}95)$$

式中，$\gamma_\tau\in\{0,1\}$ 表示在对应于码字 c_τ，$s_{m,q}$ 是否为 β_j。$\hat{s}_{m,q}^l$ 经过交织后，得到 $P(\hat{x}_{m,i}^l=\beta_j)$，通过式（5-96）计算进而得到反馈信息为

$$\overline{x}_{m,i}^l=\sum_{\beta_j\in\mathcal{B}}\beta_j P(\hat{x}_{m,i}^l=\beta_j) \quad (5\text{-}96)$$

将式（5-96）中的 $\overline{x}_{m,i}^l$ 代入式（5-85），能有效提高反馈信息的准确性，进而提高系统可靠性。空间调制是 MIMO 系统的一个特例，因此上面提出的接收算法也能够在 MIMO 系统中使用，不同的是在 MIMO 系统中使用该算法时没有空间映射部分。同时，上述均衡器能够与卷积码和 LDPC 等编码技术结合，通过迭代均衡译码来提高系统性能。

综上所述，针对 CCK-SM 系统，CCK 调制的编码特性通过 CCK-IBDFE 方法得到了有效运用，CCK 译码与均衡器之间进行信息交互，使得系统误码率显著降低。该方法的具体计算步骤归纳如下：

（1）将接收信号和估计的信道变换到频域，得到 Y_k 和 H_k；

（2）根据式（5-87）和式（5-88）计算滤波器系数 $C_k^{m,l}$ 和 $B_k^{m,l}$；

（3）根据式（5-80）计算均衡器输出结果 $\tilde{X}$；

（4）将均衡器输出信号 $\tilde{X}$ 变换到时域，得到 $\tilde{x}$，根据式（5-82）和式（5-83）计算符号概率 $P(\tilde{x}_{m,i}^l=\beta_j)$；

（5）经过解交织后，根据式（5-93）和式（5-94）对 CCK 符号进行软译码；

（6）对 CCK 软译码结果重新进行 CCK 符号映射和交织，根据式（5-95）得到符号概率 $P(\hat{s}_{m,q}^l=\beta_j)$；

（7）根据式（5-96）计算反馈信息 $\bar{x}_{m,i}$，并得到频域信号 $\bar{X}$；

（8）重复步骤（2）～（7），迭代更新符号，直至达到迭代次数停止。

5.5 计算机仿真试验和性能分析

5.5.1 GCCK 性能分析

1. 基本 GCCK 性能分析

本节首先给出在 AWGN 信道下的最优 GCCK 符号检测器的仿真结果。如图 5-14 所示，从中 SNR 到高 SNR，AWGN 信道中的 GCCK 仿真结果和理论分析结果非常接近，其中，GCCK-QPSK-4R 和 GCCK-QPSK-8R 在高 SNR 时，理论分析和仿真结果基本重合；GCCK-8PSK-12R 在高 SNR 时，理论分析和仿真结果相差仅 0.2dB。

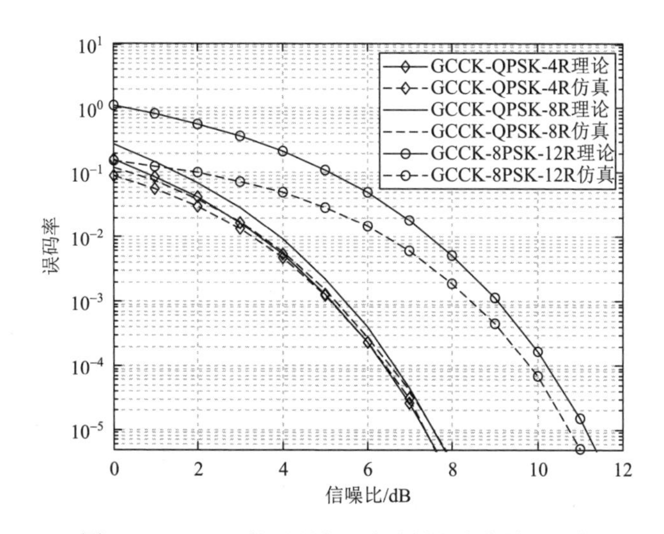

图 5-14　GCCK 的误码率理论分析和仿真结果比较

水声信道的多径传播特性在很大程度上决定了水声通信质量和各种接收处理算法的性能。为了检验 5.4 节所提各种接收机算法在多径水声信道中的性能，对各种数据通信速率的 GCCK 水声通信系统采用基于射线声学的水声信道模型进行了仿真研究。在射线声学中，声信号沿不同途径的声线到达接收点，总的接收信号是通过接收点的所有声线传输信号的叠加，基于射线声学的水声信道模型可表示为

$$h(t,\tau_i)=\sum_{i=0}^{L-1}\beta_i(t)\delta(t-\tau_i) \tag{5-97}$$

式中，L 是多径条数；β_i 和 τ_i 分别是多径对应的复增益和传播时延。本小节采用的信道模型如图 5-15 所示，水深 75m，通信距离 3km，通信收发机均固定于水底，该信道的多径扩展约为 10ms。

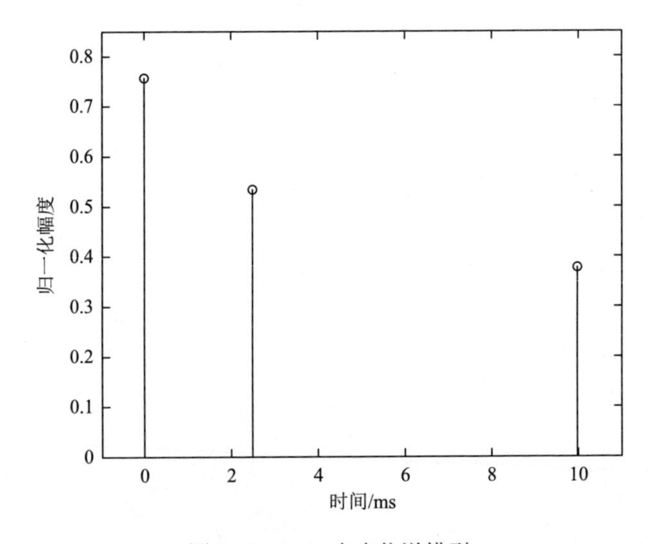

图 5-15　3km 水声信道模型

仿真中，码片速率 R_c 为 4k/s。基带脉冲成形滤波器为滚降因子 0.25 的平方根升余弦滚降滤波器。GCCK-QPSK-4R、GCCK-QPSK-8R 和 GCCK-8PSK-12R 对应的数据通信速率分别为 2kbit/s、4kbit/s 和 5.6kbit/s。3km 水声信道中的多径时延扩展达到 5 个 GCCK 码字。仿真试验中的接收机算法包括 Rake、Rake-DFE、BiDFE-1、BiDFE-2、TR-Diversity 和迭代处理。本节对比分析了各种接收机算法在 3km 信道中的性能。图 5-16～图 5-18 中给出了 GCCK-QPSK-4R、GCCK-QPSK-8R、GCCK-8PSK-12R 在该信道模型下不同接收机算法的误码率性能曲线。

分析图 5-16～图 5-18 可以得出如下结论。

（1）Rake 接收机和 Rake-DFE 接收机在三种典型的 GCCK 调制方式（GCCK-

QPSK-4R、GCCK-QPSK-8R 和 GCCK-8PSK-12R）中均存在误差平层（error floor）效应。这是由于水声信道的多径时延远远大于一个 GCCK 码字长度。水声信道的这一特征限制了 Rake 接收机和 Rake-DFE 接收机 GCCK 水声通信系统的性能。另外，BiDFE-2 和 TR-Diversity 接收机算法性能较好，迭代处理能进一步改善接收机 BER 性能。

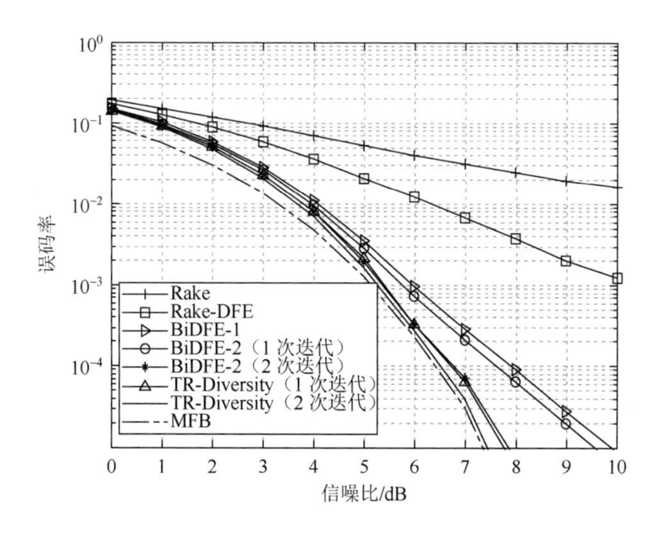

图 5-16　GCCK-QPSK-4R 在 3km 水声信道中不同接收机算法的性能比较

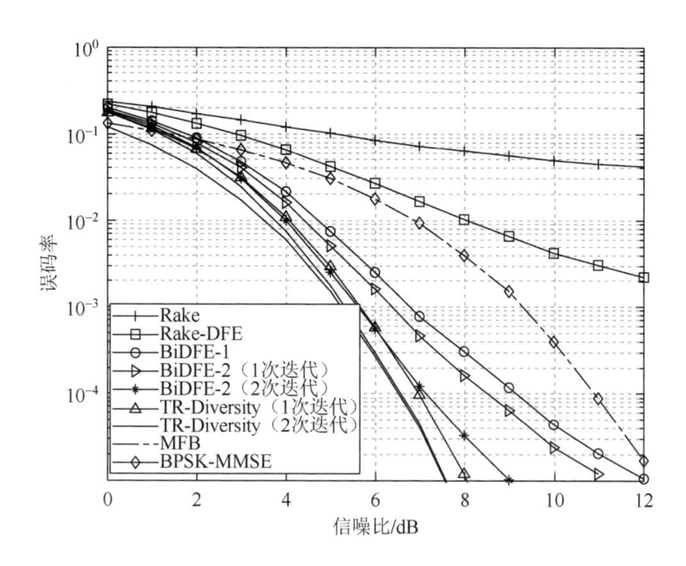

图 5-17　GCCK-QPSK-8R 在 3km 水声信道中不同接收机算法的性能比较

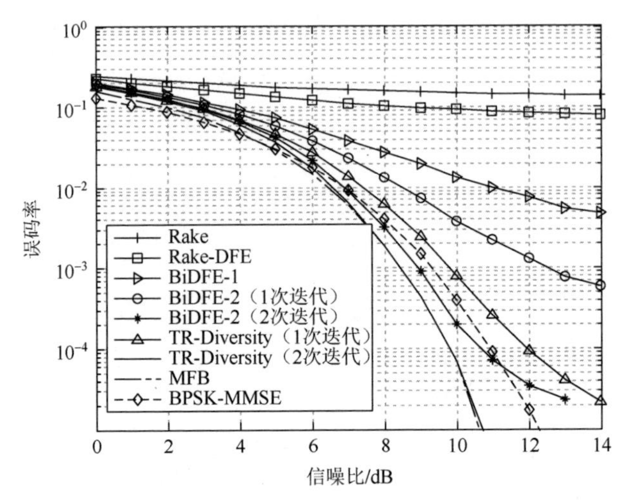

图 5-18　GCCK-8PSK-12R 在 3km 水声信道中不同接收机算法的性能比较

（2）对于 GCCK-QPSK-4R 调制方式，BiDFE-2（1 次迭代）略优于 BiDFE-1 接收机，在误码率为 10^{-4} 时，性能差别小于 0.2dB；对于 GCCK-QPSK-8R，在误码率为 10^{-4} 时，BiDFE-2（1 次迭代）比 BiDFE-1 接收机性能好 1dB 左右；对于 GCCK-8PSK-12R，BiDFE-1 已出现误差平层效应，而 BiDFE-2（1 次迭代）在 SNR 为 14dB 时，误码率在 10^{-3} 左右。

（3）对于 GCCK-QPSK-4R 调制方式，BiDFE-2（1 次迭代）和 BiDFE-2（2 次迭代）之间的性能在误码率为 10^{-4} 时差别小于 1dB。考虑到接收机的复杂度，基本的 BiDFE-2 已适合于 GCCK-QPSK-4R，与迭代 BiDFE-2 和迭代 TR-Diversity 相比，基本 BiDFE-2 可以用低复杂度接收机获得 10^{-4} 的误码率。

（4）对于 GCCK-QPSK-8R 调制方式，尽管 BiDFE-2（1 次迭代）可以在高 SNR 时获得较好的性能，但是迭代处理和时反分集能够极大地提高误码率性能。作为比较，在图 5-17 和图 5-18 中给出了使用基于 MMSE 的判决均衡器的 BPSK 误码率性能，其中 BPSK 的带宽利用率和 GCCK-QPSK-8R 的带宽利用率一致。结果显示，在相同数据通信速率时，GCCK-QPSK-8R 可以获得近 5dB 的增益。

（5）对于 GCCK-8PSK-12R 调制方式，在该信道模型下，BiDFE-2（1 次迭代）均存在误差平层效应，为了提高接收机误码率性能，迭代 BiDFE-2（2 次迭代）和时反分集更适合 GCCK-8PSK-12R 调制。对于联合 2 次迭代时反分集接收机可在 10dB 左右获得 10^{-4} 左右的误码率。进一步来说，相对于 MMSE 的 BPSK 调制，GCCK-8PSK-12R 可获得约 2dB 的增益。

（6）在水声信道中，对于不同数据通信速率的 GCCK 接收机，迭代 BiDFE-2 和 TR-Diversity 接收机均获得较好的性能，2 次迭代 TR-Diversity 接收机具有接近 MFB 的能力，可以增加远程水声通信系统的通信距离与数据通信速率的乘积。

2. 信道估计误差的影响

在上面的仿真试验中，假设 CIR 完全已知，实际上信道估计误差是始终存在的，本节将考虑实际中的信道信息存在误差时，不同接收机算法的影响。仿真中，假设估计的 CIR 系数为

$$\hat{h}(i)=\tilde{h}(i)+e(i),\quad i=0,1,\cdots,L-1 \tag{5-98}$$

式中，$\tilde{h}(i)$ 是理想的 CIR 系数；$e(i)$ 假设是独立复高斯随机变量，均值为零，方差为

$$\sigma_{ep}^2=\sigma_e^2\sigma_p^2 \tag{5-99}$$

其中，σ_p^2 是第 p 条路径功率；σ_e^2 是信道估计误差。为了直观地展示信道估计精度与接收机性能的关系，这里仅给出在 3km 信道中采用 TR-Diversity（2 次迭代）方式，在不同的估计误差条件下接收机的误码率曲线图。仿真结果显示了精确的信道估计对提高接收机性能有着重要的作用，比较分析图 5-19（a）～（c）可得出如下结论。

（1）随信道估计误差的增加，TR-Diversity（2 次迭代）的性能逐渐恶化。当信道估计误差为–10dB 时，GCCK-QPSK-4R、GCCK-QPSK-8R 和 GCCK-8PSK-12R 均存在误差平层效应。

（2）随数据通信速率的增加，接收机性能对信道估计误差更敏感。对于 GCCK-QPSK-4R、GCCK-QPSK-8R 和 GCCK-8PSK-12R，当信道估计误差为–20dB 时，接收机性能和 CIR 已知时的性能非常接近。当信道估计误差为–15dB 时，对于 GCCK-QPSK-4R，接收机性能和 CIR 已知时的性能仅相差约 0.6dB；对于 GCCK-QPSK-8R，接收机在信噪比为 10dB 时误码率达 10^{-4}，然后出现误差平层效应；对于 GCCK-8PSK-12R，接收机在信噪比为 15dB 时误码率达 10^{-4}。

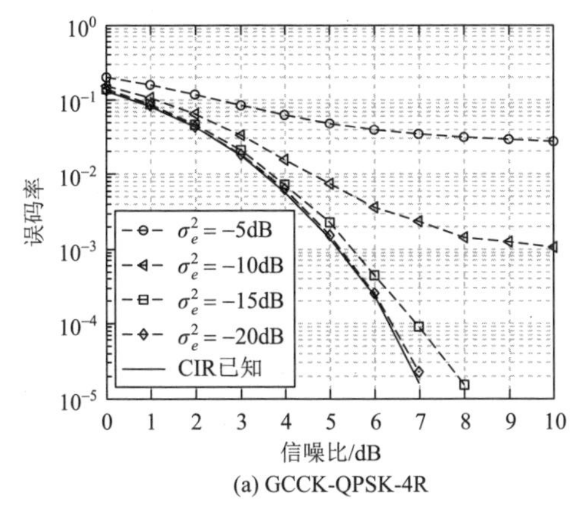

(a) GCCK-QPSK-4R

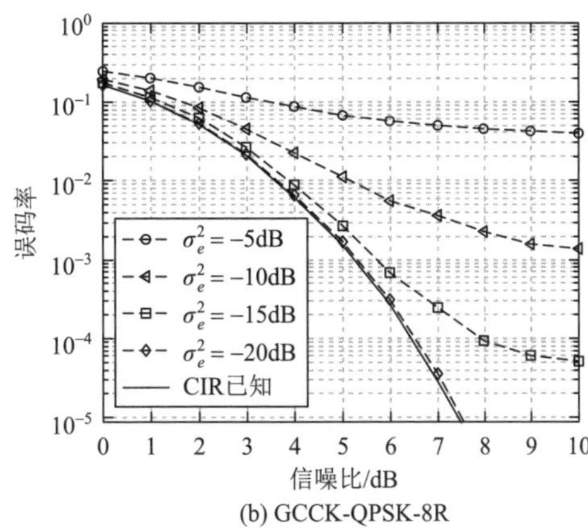

(b) GCCK-QPSK-8R

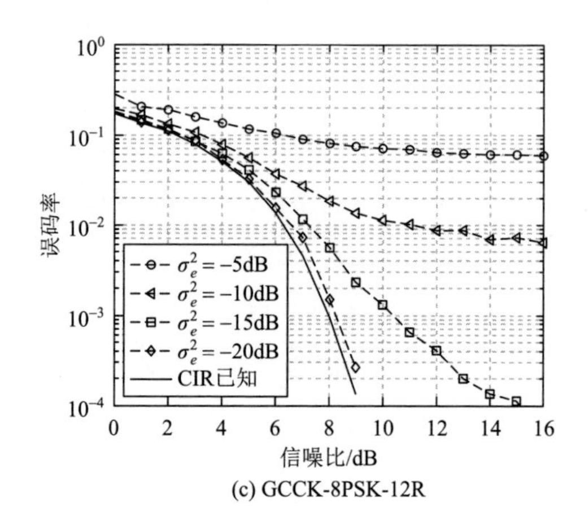

(c) GCCK-8PSK-12R

图 5-19　信道估计误差对不同 GCCK 调制的性能影响

3. 准静止衰落信道中的性能

本节通过计算机仿真分析了 GCCK 收发机在 1000 次准静止衰落信道下的统计误码率性能。多径信道模型选择 3km 模型，和前面的固定信道不同，在准静止衰落信道中，假设多径幅度是衰落的，即信道在每帧信号是衰落的，每帧中信道多径幅度是独立随机的。

$$\hat{h}(i)=\tilde{h}(i)n(i),\quad i=0,1,\cdots,L-1 \tag{5-100}$$

式中，$\tilde{h}(i)$ 为 3km 水声信道中的多径幅度；$n(i)$ 是复高斯白噪声，其均值为 0，方差为 σ^2。

图 5-20 给出了静止和准静止衰落信道中 TR-Diversity（2 次迭代）GCCK 接收机的性能。在准静止衰落信道中，2 次迭代 TR-Diversity GCCK 接收机在 12～17dB 时误码率达 10^{-4} 左右。

4. 信道时变性的影响

为了研究 GCCK 水声通信系统在时变信道中的性能，用自回归（auto-regressive）模型表示仿真水声信道各路径的时变幅度 $h_i(t)$：

$$h_i(t)=\alpha h_i(t-1)+\sqrt{1-\alpha^2}w(t) \tag{5-101}$$

式中，$w(t)$ 是一个单位反差的复白高斯过程；α 定义了时变速率，它和信道的多普勒扩展有关。仿真中，帧长为 50 个 GCCK 符号，图 5-21 给出了 GCCK-QPSK-4R、GCCK-QPSK-8R 和 GCCK-8PSK-12R 条件下，信道时变对 TR-Diversity（2 次迭代）接收机的影响。随着 α 的减小，同信噪比条件下的误码率增大，当误码率为 10^{-4}、$\alpha=0.9999$ 时，和时不变信道时的误码率相差 1～2dB；当 $\alpha=0.999$ 时，出现误差平层效应。

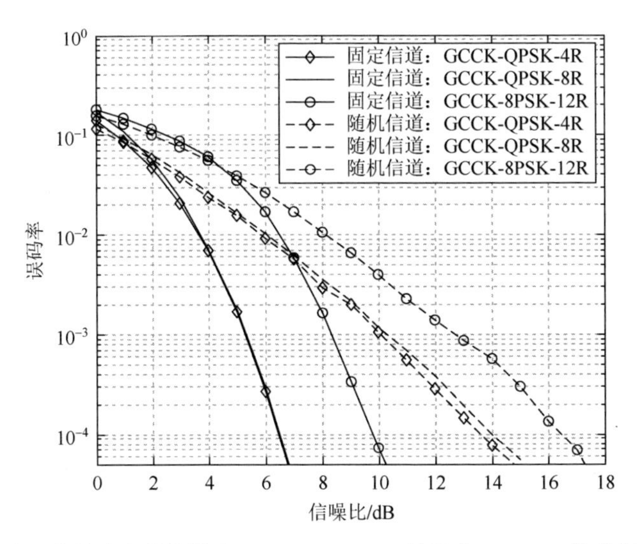

图 5-20　静止及准静止衰落信道中 TR-Diversity（2 次迭代）GCCK 接收机的性能比较

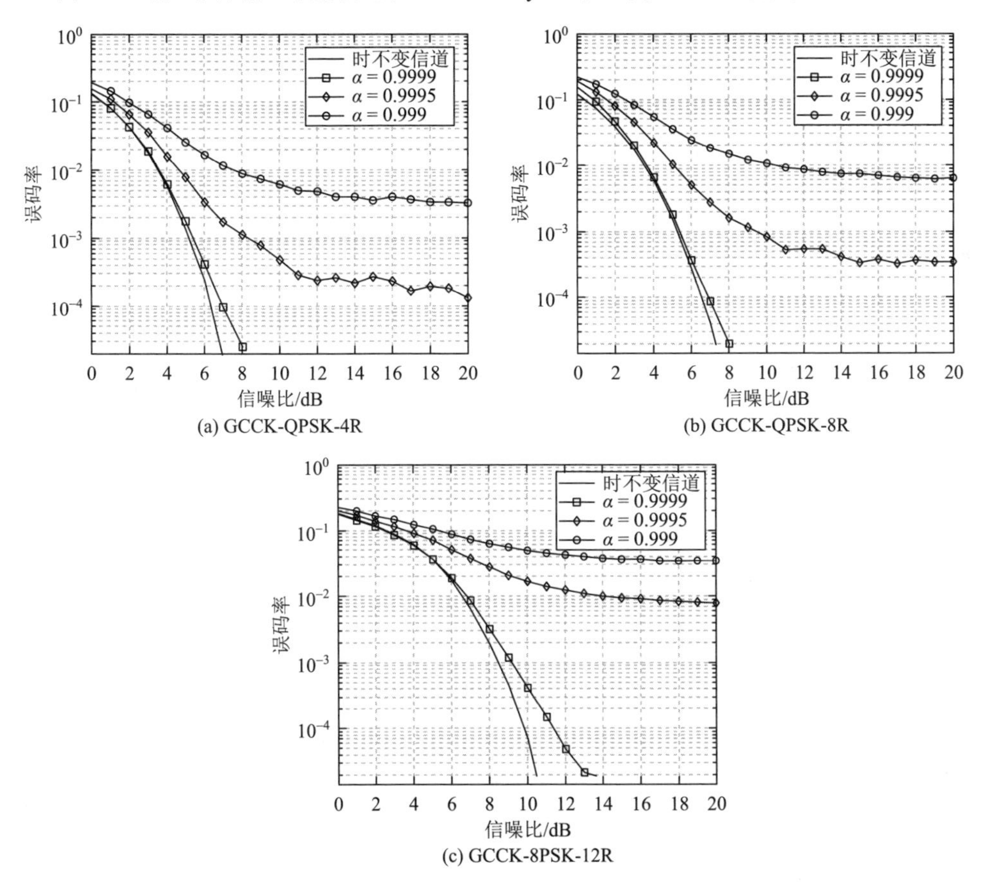

图 5-21　信道时变对 TR-Diversity（2 次迭代）接收机的影响

5.5.2　扩展 CCK 性能分析

CCK 码字虽然具有一定的扩频增益，但是码字之间并不是完全正交的，下面分别对不同长度的 CCK 码字相关性能进行分析。首先分析 CCK 码字的自相关特性，图 5-22 给出了不同长度的 CCK 码字的自相关结果。从图中可以看出，对于常规长度为 8 的 CCK 码字（CCK-8），其自相关曲线具有较高的旁瓣，随着 CCK 符号长度增大，旁瓣幅度降低，自相关性能增强。

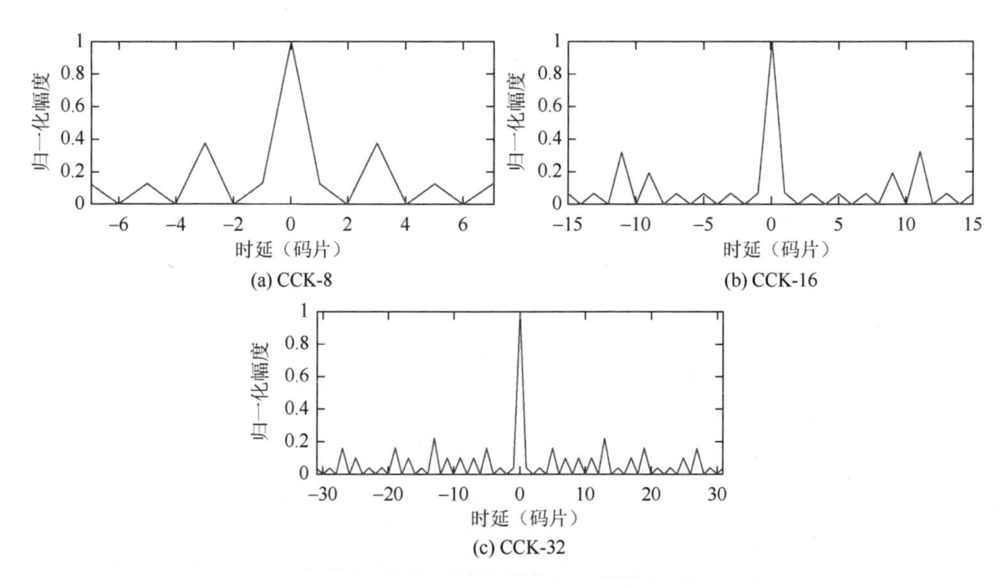

图 5-22　不同长度 CCK 码字的自相关结果

对于常规的 FR-CCK，其码字个数为 $2^8=256$ 个，长度 16 的 CCK 码字（CCK-16）个数为 1024 个（从 2^{16} 个码字中优选 1024 个），长度 32 的 CCK 码字（CCK-32）个数为 4096 个（从 2^{32} 个码字中优选 4096 个）。表 5-4～表 5-6 给出不同长度的 CCK 码字互相关结果。从表中可以看出，CCK 码字间并不是完全正交的，随着 CCK 码字长度增大，其正交的比例相应提高，同时其扩频增益也相应提高。

表 5-4　CCK-8 码字互相关结果

相关峰值	个数	对应比例
8	4	0.0156
5.6	24	0.0938

续表

相关峰值	个数	对应比例
4	48	0.1875
2.8	32	0.1250
0	148	0.5781

表 5-5　CCK-16 码字互相关结果

相关峰值	个数	对应比例
16	4	0.0039
11.3	32	0.0313
8	96	0.0938
5.6	128	0.1250
4	64	0.0625
0	700	0.6836

表 5-6　CCK-32 码字互相关结果

相关峰值	个数	对应比例
32	4	0.0001
22.6	40	0.0098
16	160	0.0391
11.3	320	0.0781
8	448	0.1094
0	3124	0.7627

接下来对扩展 CCK 的误码性能进行仿真。仿真数据为二进制随机数据，数据块长度为1024，CP 长度为128，CCK 码片速率为2k/s，有效数据通信速率为1.78kbit/s。仿真信道采用图 5-15 所示信道，接收采用 MMSE 线性频域均衡技术。同时为了更加公平地对比不同长度 CCK 码字的性能，所用信噪比用 E_b / N_0 表示。从图 5-23 中可以看出，随着 CCK 长度的增加，在 E_b / N_0 衡量下，其误码性能也变好，然而系统通信速率也降低了。因此，可以根据通信系统实际要求来调整 CCK 长度，对于高速率系统，采用短码的 CCK，以保证系统速率；对于可靠性要求较高的系统，采用长码 CCK，以保证通信质量。

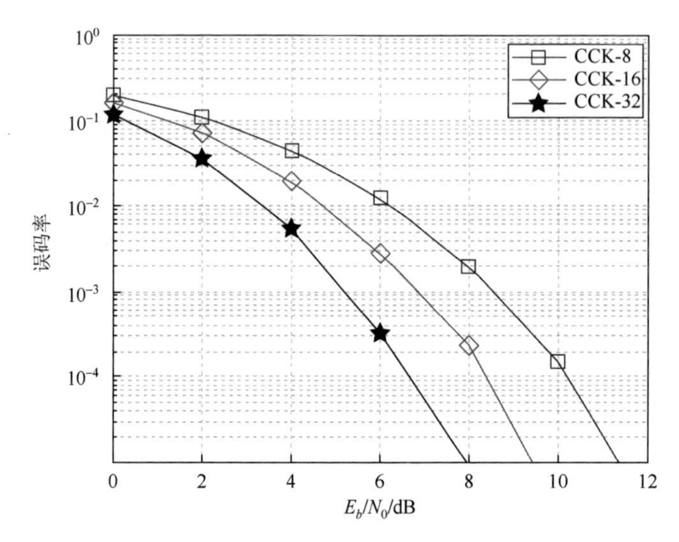

图 5-23　不同长度 CCK 码字在多径信道下的误码性能

5.5.3　CCK Turbo 均衡性能分析

在本小节中，首先对所提出的 CCK Turbo 均衡与 DSSS 调制在 ISI 信道下进行性能比较。

1. 仿真多径信道下的 BER 性能比较

假设多径信道有六条多径 $h = [1, 0.7, 0, 0, 0.5, 0.2]$，且在通信过程中信道保持不变。多径信道首先进行归一化处理，假设 DSSS 和 CCK 的码片速率均为 4k/s。作为对比组，采用扩频因子为 2、4 和 8 的三种 DSSS 调制，分别命名为 DSSS-2、DSSS-4 和 DSSS-8，在码片速率相同的前提下，其各自的数据通信速率分别为 CCK 调制的 1/2、1/4 和 1/8。对于 CCK 调制，在接收端分别采用传统的 Rake 接收机和提出的 RSSE-TE 接收机来进行性能比较。

图 5-24 中展示了 DSSS 和 CCK 调制的 BER 性能比较。从图中可以看出，DSSS-2 和 DSSS-4 由于其扩频长度小于多径扩展，因此其接收性能在当前条件下不可靠。同样地，传统的 Rake 接收机对于 CCK 调制也不能提供可靠的译码结果。再对比 DSSS-8 和 RSSE-CCK-TE，DSSS-8 在信噪比小于 4dB 时其 BER 性能要优于 RSSE-CCK-TE，这与之前分析得到的只有当信噪比不低于 3dB 时 RSSE-CCK-TE 才能收敛的结论相一致。而当信噪比大于 4dB，提出的 RSSE-CCK-TE 在进行二次迭代之后，相比于 DSSS-8 可以在误码率在 10^{-4} 数量级上获得 5dB 的性能增益。RSSE-CCK-TE 不只能获得 5dB 的性能增益，同时也可以获得 8 倍于 DSSS-8 调制的数据通信速率，但是这种性能增益是以迭代均衡的复杂度为代价的。

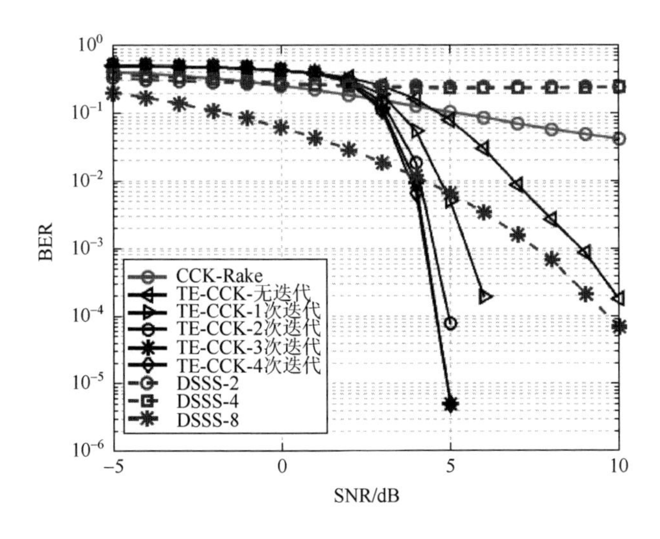

图 5-24　仿真信道下 DSSS 和 CCK 的 BER 性能比较（彩图附书后）

2. 在水声多径信道下的 BER 性能比较

在本节中，将对仿真的水声多径信道下 DSSS 和 CCK 调制的解调性能进行对比。首先利用 Argo 全球浮标，对实际海洋温度、深度、盐度的数据进行收集，再利用射线追踪模型仿真得到海深 200m、通信距离为 300m 时的水声信道，该水声多径信道如图 5-25 所示。

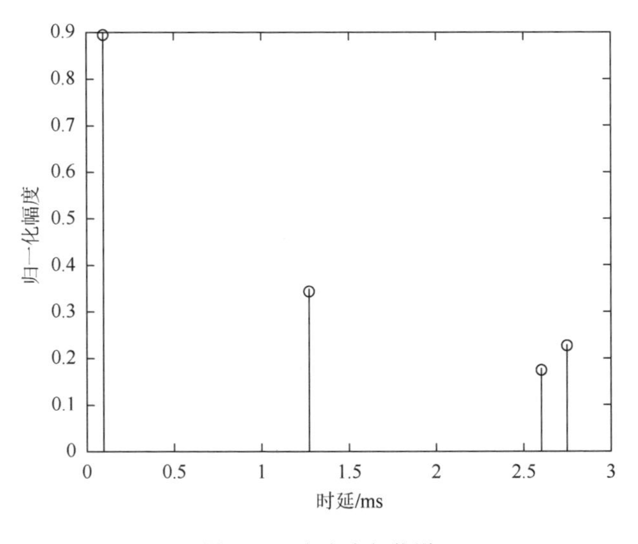

图 5-25　水声多径信道

与前面分析一样，DSSS 和 CCK 采用相同的码片速率，在这种条件下 BER 的比较结果如图 5-26 所示。从图中可以看出，DSSS-8 在信噪比小于 4dB 时其 BER 性能要优于 RSSE-CCK-TE，这与之前分析得到的只有当信噪比不低于 3dB 时 RSSE-CCK-TE 才能收敛的结论相一致。当信噪比大于 4dB 时，提出的 RSSE-CCK-TE 在进行二次迭代之后，相比于 DSSS-8 可以在 BER = 10^{-4} 数量级上获得 6dB 的性能增益。

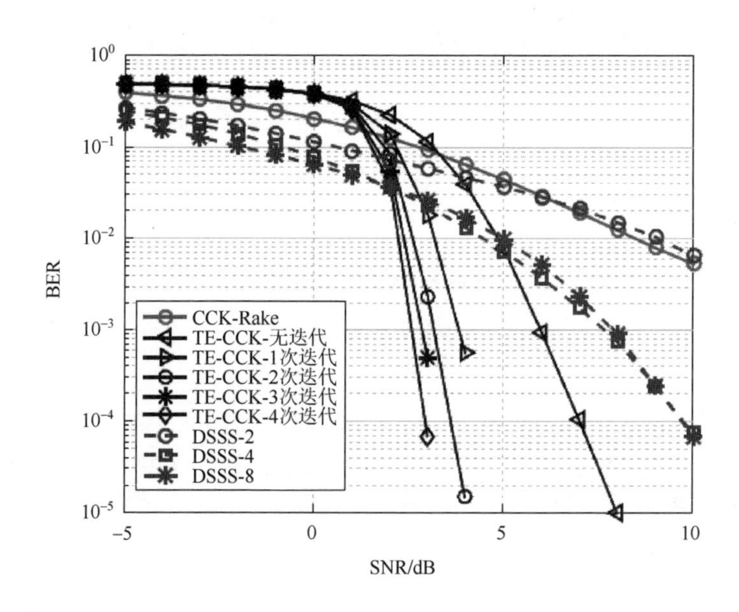

图 5-26　水声信道下 DSSS 和 CCK 的 BER 性能比较（彩图附书后）

3. 与传统 CCK 接收机的性能比较

接下来将所提出的 RSSE-CCK-TE 方法与传统的 CCK 接收机进行性能比较。与前面分析一样，这里依然采用 Argo 浮标观测数据获得仿真水声信道。

图 5-27 中给出了水声信道下的多种 CCK 接收机的 BER 曲线。从图中可以看出，RSSE-CCK-TE 接收机当信噪比大于 3dB 时要优于其他传统的 CCK 接收机，这也是因为 RSSE-TE 在 3dB 以上的条件下才能收敛，同时在 BER = 10^{-4} 数量级上 RSSE-TE 可以获得至少 4dB 的 SNR 增益，这种增益来自软信息的交互。但是需要指明的是，RSSE-CCK-TE 接收机的性能增益是建立在计算量增长的代价上的，实际应用中应该考虑这一点。

图 5-28 中给出 CCK 接收机的误帧率（frame error rate，FER）曲线，从 FER 曲线比较中可以看到，在水声信道下，所提出的 RSSE-CCK-TE 接收机可以获得最大 5dB 的 SNR 增益。

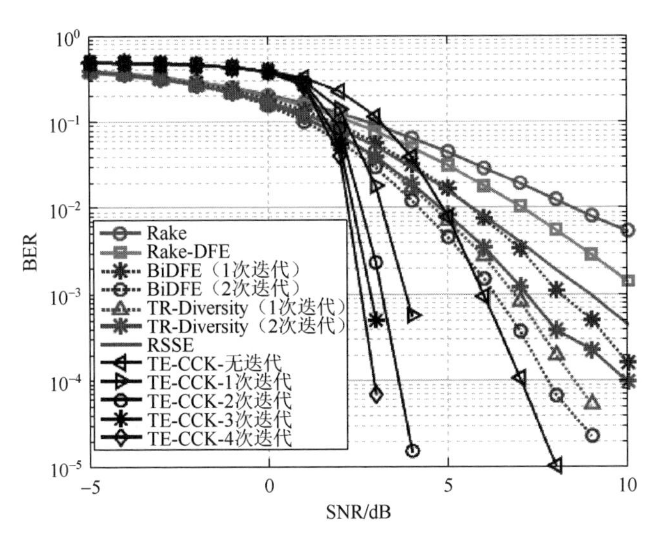

图 5-27　水声信道下多种 CCK 接收机的 BER 性能比较（彩图附书后）

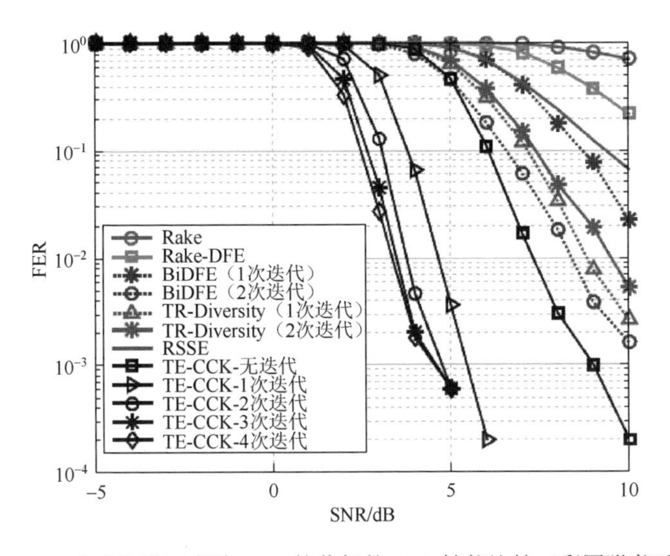

图 5-28　水声信道下多种 CCK 接收机的 FER 性能比较（彩图附书后）

5.5.4　CCK-SM 性能分析

下面对所提出的 CCK-SM 方法性能进行仿真分析。仿真信道为瑞利随机信道，长度为 16，在一个数据块内信道状态不变，并且接收端知道准确的信道信息。每个数据块长度为 256，CP 长度为 16，发射阵元个数为 4 个。对三种方法进行仿真对比：基于 QPSK 的空间调制（QPSK-SM），接收端 CCK 译码和迭代均衡分开

（CCK-disjoint）的 CCK-SM 系统，以及采用 CCK-IBDFE 方法的 CCK-SM 系统。这里需要指出的是，FR-CCK 的传输速率为 QPSK 调制的一半，所以为了更公平地比较性能差异，仿真中信噪比用 E_b / N_0 来表示。

图 5-29 给出了采用 4 个接收阵元时，三种方法的误码率结果。本节已经指出，一次迭代的 IBDFE 相当于一个 MMSE 均衡器，所以 CCK-disjoint 和 CCK-IBDFE 有相同的性能。从图中可以看出，与 QPSK-SM 模式相比，CCK-disjoint 模式在误码率为 10^{-5} 时大约有 6dB 的性能增益，这个性能增益来源于 CCK 调制在阵元选择和传输符号的编码增益。但是经过 5 次迭代后，其性能增益的幅度下降，采用 CCK-disjoint 模式的性能反而不如 QPSK-SM。而 CCK-IBDFE 模式在经过 5 次迭代后，在误码率为 10^{-5} 时，与经过 5 次迭代的 QPSK-SM 模式相比，依旧能取得 3dB 的性能增益。这表明将 CCK 软译码内嵌到 IBDFE 中形成 Turbo 结构的均衡器能有效地降低误码率，提高系统性能。

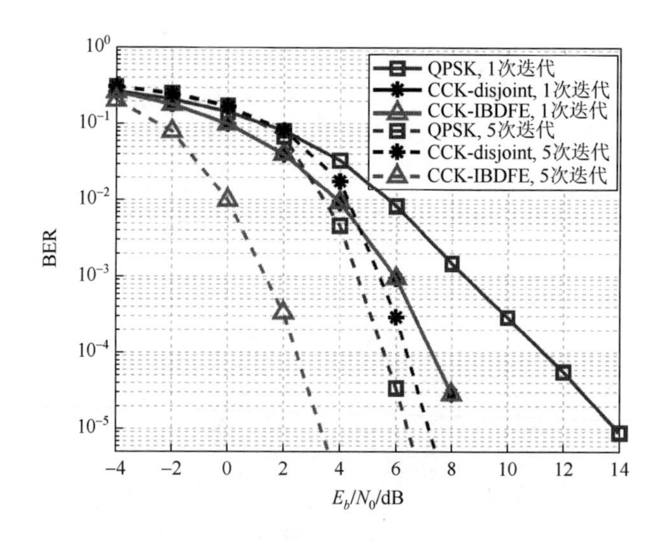

图 5-29　各种模式的误码率性能对比（彩图附书后）

在水下环境中，对于下行通信场景，接收端的尺寸往往有限，无法装配较多的接收阵元，这时可能存在接收阵元个数少于发射阵元个数的情形，因此本节对接收阵元较少的情形进行了仿真，分析了其对系统误码率的影响。图 5-30 给出了不同接收阵元情况下的误码率性能对比，迭代次数为 5 次。从图中可以看出，所提出的 CCK-IBDFE 方法具有明显的优势。即使在病态 MIMO 信道情况下 $N_r < N_t$，CCK-IBDFE 虽然存在一定的性能下降，但依旧取得了很好的效果。当 $N_r = 2$ 时，QPSK-SM 几乎完全不能工作。随着接收阵元的增多，其性能增益也相应减小。因此，所提出的 CCK-IBDFE 方法更适合于接收阵元较少的情形。由图 5-30

可知，当接收阵元较少的时候，接收端需要更高的信噪比来保证取得良好的误码率。因此，对于不同接收阵元采用不同的信噪比以保证取得 10^{-5} 误码率。

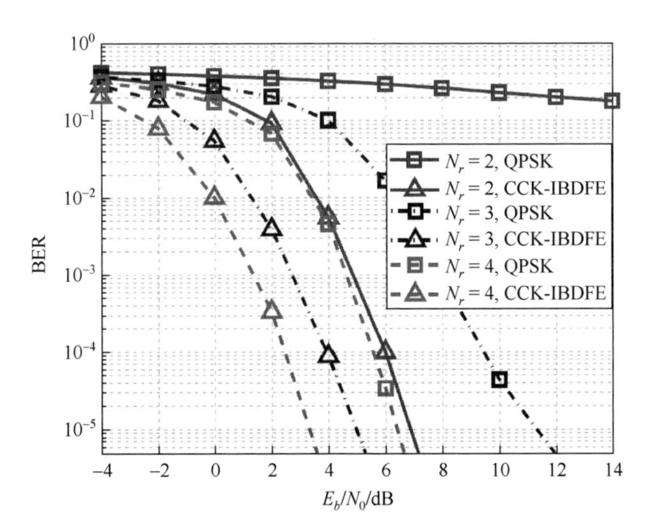

图 5-30　不同接收阵元个数的误码率性能对比（彩图附书后）

图 5-31 给出了不同迭代次数的 CCK-IBDFE 仿真结果。由图 5-31 可知，增加迭代次数能够降低误码率。整体来说，当迭代次数大于 3 次后，性能提高就不再明显。因此，最佳迭代次数为 3 次。

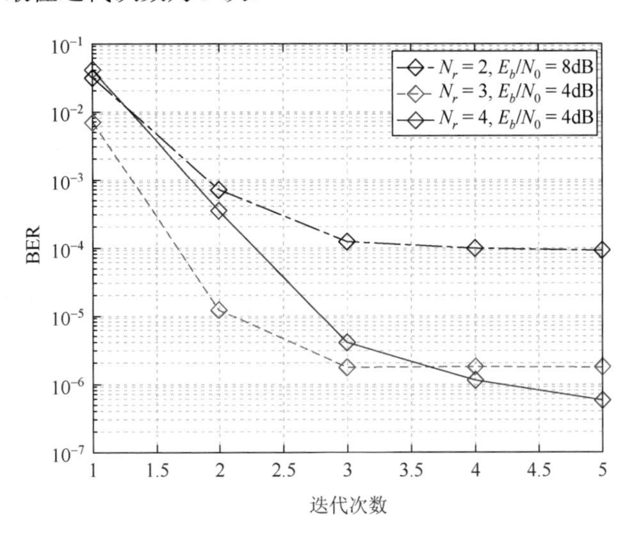

图 5-31　迭代次数对 CCK-IBDFE 方法的影响

接下来对提出的 CCK-IBDFE 方法的计算复杂度进行分析，这里用复数运算次数来衡量计算复杂度。对于常规的 QPSK-SM 系统，其接收机的计算复杂度为 $K(N_r N_t^3 + (N_r + 1)^2 N_t^2 + (N_r^2 + 3N_r + 8)N_t + N_r^2)$。和常规的 QPSK-SM 系统相比，CCK-SM 系统计算复杂度的增加在 CCK 软译码部分，其复数运算次数为 $KN_t(N_{\text{CCK}} + 1)$ 次。对于 $N_t = 4$、$N_r = 4$ 和 $K = 256$ 的 SM 系统，传统的 QPSK-SM 需要 208896 次复数运算，而本章提出的 CCK-SM 系统需要 472064 次运算。因此 CCK-SM 的计算复杂度是 QPSK-SM 的 2.3 倍，但是能够取得 3dB 的性能增益。

5.6 本章小结

本章重点研究基于 CCK 调制的单载波水声通信模式。首先介绍了 CCK 调制基本原理，并根据 CCK 符号生成方法对现有 CCK 符号的速率和长度进行扩展。其次分析了 CCK 接收机处理方法在不同信道条件下的性能。同时给出基于最大似然的 CCK Turbo 均衡器，并提出相应的低复杂度方法。此外，根据 CCK 调制的编码特性，提出基于 CCK 调制的水声通信空间调制（CCK-SM）方法，实现阵元选择和信息传输的联合编码。对于该系统，接收端采用基于块迭代判决反馈均衡器和软 CCK 译码相结合的接收机来提高系统的可靠性。最后对本章提出方法进行了仿真性能分析。

参考文献

[1] Webster M A，Nelson G R，Halford K W，et al. Rake receiver with embedded decision feedback equalizer：U.S. 09/342, 583[P]. 2001-05-15.

[2] Clark M V，Leung K K，McNair B，et al. Outdoor IEEE 802.11 cellular networks：Radio link performance[C]. Conference Proceedings 2002 IEEE International Conference on Communications，New York，2002：512-516.

[3] Ghosh M. Joint equalization and decoding for complementary code keying（CCK）modulation[C]. 2004 IEEE International Conference on Communications，Paris，2004：3465-3469.

[4] Jonietz C，Gerstacker W H，Schober R. Receiver concepts for WLAN IEEE 802.11b[J]. IEEE Transactions on Wireless Communications，2006，5（12）：3375-3381.

[5] Jonietz C，Gerstacker W H，Schober R. Reduced-state sequence estimation for complementary code keying[C]. 2004 IEEE 15th International Symposium on Personal，Barcelona，2004：1891-1895.

[6] Jonietz C，Gerstacker W H，Schober R. Sphere constrained detection of complementary code keying signals transmitted over frequency-selective channels[J]. IEEE Transactions on Wireless Communications，2009，8（9）：4656-4667.

[7] He C B，Huang J G，Ding Z. A variable-rate spread-spectrum system for underwater acoustic communications[J]. IEEE Journal of Oceanic Engineering，2009，34（4）：624-633.

[8] van Nee R D J. OFDM codes for peak-to-average power reduction and error correction[C]. Global Telecommunications Conference，London，1996：740-744.

[9] Douillard C，Jézéquel M，Berrou C，et al. Iterative correction of intersymbol interference：Turbo-equalization[J].

Transactions on Emerging Telecommunications Technologies，1995，6（5）：507-511.

[10] Tuchler M，Koetter R，Singer A C. Turbo equalization：Principles and new results[J]. IEEE Transactions on Communications，2002，50（5）：754-767.

[11] Yang P，Renzo M D，Xiao Y，et al. Design guidelines for spatial modulation[J]. IEEE Communications Surveys and Tutorials，2015，17（1）：6-26.

[12] Renzo M D，Haas H，Grant P M. Spatial modulation for multiple-antenna wireless systems：A survey[J]. IEEE Communications Magazine，2011，49（12）：182-191.

[13] Renzo M D，Haas H，Ghrayeb A，et al. Spatial modulation for generalized MIMO：Challenges，opportunities，and implementation[J]. Proceedings of the IEEE，2014，102（1）：56-103.

[14] Ganesan S，Mesleh R，Haas H，et al. On the performance of spatial modulation OFDM[C]. Asilomar Conference on Signals，Systems and Computers，Pacific Grove，2006：1825-1829.

[15] Zhou B，Xiao Y，Yang P，et al. Spatial modulation for single carrier wireless transmission systems[C]. 2011 6th International ICST Conference on Communications and Networking in China（CHINACOM），Harbin，2011：11-15.

[16] Rajashekar R，Hari K V S，Hanzo L. Spatial modulation aided zero-padded single carrier transmission for dispersive channels[J]. IEEE Transactions on Communications，2013，61（6）：2318-2329.

[17] Hwang S U，Jeon S，Lee S，et al. Soft-output ML detector for spatial modulation OFDM systems[J]. IEICE Electronics Express，2009，6（19）：1426-1431.

[18] Sugiura S，Hanzo L. Single-RF spatial modulation requires single-carrier transmission for dispersive channels[J]. IEEE Transactions on Vehicular Technology，2015，64（10）：4870-4875.

[19] Benvenuto N，Tomasin S. Block iterative DFE for single carrier modulation [J]. Electronics Letters，2002，38（19）：1144-1145.

[20] Han W，Yin Q Y，Wang W J，et al. Joint transceiver design for iterative MUD [C]. 2013 IEEE Global Communications Conference（GLOBECOM），Atlanta，2013：3365-3371.

[21] Benvenuto N，Dinis R，Falconer D，et al. Single carrier modulation with nonlinear frequency domain equalization：An idea whose time has come-again[J]. Proceedings of the IEEE，2010，98（1）：69-95.

第6章 单载波循环移位扩频

扩频通信具有较强的抗多径、抗干扰、保密性好的特点。当水下传输信息的工作距离较远，或者需要隐蔽地传输信息时，通常使用扩频技术[1-4]。扩频通信是一种特殊的通信方式，其系统带宽远大于信息带宽。扩频通信主要包括直接序列扩频（DSSS）、跳频（FH）和线性调频（LFM）扩频[5]。直接序列扩频扩展了发射频谱的方法，考虑到信息信号带宽远小于伪随机序列的带宽，因此将高速的伪随机序列与信息符号相乘[6]；跳频扩展发射频谱的方式为预先制定一组频率，让发射频率按照编码序列所规定的顺序离散地跳变；线性调频扩频扩展发射频谱的方式使其瞬时频率在一给定的持续时间内线性地扫过一个较宽的频带。由于水声通信的带宽十分有限，中、远程水声通信的带宽往往只有几千赫兹，甚至几百赫兹，以致常规直接序列扩频（DSSS）水声数据通信速率极低，仅几到几十比特，严重影响了通信系统的实用性[2]。

相比于单用户水声通信，多用户水声通信由于存在来自其他用户的干扰，面临着更严峻的挑战[7]。为了减少多址干扰（multiple access interference，MAI），有三种常用的多址方法，即频分多址（frequency division multiple access，FDMA）、时分多址（time division multiple access，TDMA）、码分多址（code division multiple access，CDMA）。在 FDMA 中，将可用频带划分为几个子频带，并分配给每个用户。但由于水声信道的带宽有限，在水声通信中应用并不广泛。在 TDMA 中，时间资源被划分为几个时隙并分配给单个用户。水声通信中的 TDMA 面临的主要挑战是同步不准确和传播延迟过大而造成信道利用率低[8]。在 CDMA 方法中，正交扩频码被分配给每个用户，多用户同时共享时间和频率。在多用户水声通信中，CDMA 可以提供扩频增益，并以降低每个用户的数据通信速率为代价提高对多径效应的抵抗力，对于实现降低水声通信误码率这一目标来说更有吸引力[9-15]。

本章首先介绍直接序列扩频通信的基本原理；其次，介绍循环移位扩频水声通信；最后，基于循环移位扩频原理，介绍两种多用户水声通信方法，分别为常规循环移位扩频多用户通信和基于交织多址的循环移位扩频多用户通信。

6.1 扩频原理

6.1.1 直接序列扩频

DSSS 利用一预定的高速伪随机序列与发射的基带脉冲序列相乘来扩展信号

带宽。伪随机序列是一种二进制序列，它具有优良自相关特性，可利用伪随机序列生成器产生该序列，对比带限白噪声序列的自相关特性，它的自相关特性十分类似，通常也称为伪噪声序列。常用的扩频序列有 m 序列、Glod 序列以及混沌序列等。伪随机序列在收发端都是已知的，且需要进行严格的码片同步。

DSSS 调制水声通信系统的输入二进制数字映射后的符号序列为 $s(n)$，乘以高速扩频序列后，再通过脉冲成形滤波器，获得基带信号：

$$I(t)=\sum_{n}s(n)\sum_{l}c(l)g(t-lT_c),\quad l=0,1,\cdots,L-1 \tag{6-1}$$

式中，$g(t)$ 为脉冲成形滤波器；$c(l)$ 用作扩频码的伪随机序列；T_c 为码片宽度，它与码片速率 R_c 互为倒数，即 $R_c=1/T_c$；L 为伪随机序列长度。

在 DSSS 通信中，每个用户仅分配一个扩频码。在一个扩频码的时间长度内，仅传送一个符号，如采用 BPSK 调制，数据通信速率为

$$R=\frac{1}{LT_c} \tag{6-2}$$

6.1.2　*M* 元扩频

如果将正交的 $M=2^k$ 个扩频码分配给一个用户，那么发射端可根据待发送的 k 比特信息，在 M 个正交扩频码集合中选择 1 个扩频码 C，调制后发送；接收端利用相关检测技术判断最大相关峰值，进行译码恢复出 k 比特信息[3]。在这种通信方式中，尽管和 DSSS 一样，只发送一个扩频码，但是发射信号有多个状态可供选择，因此，被称为多元扩频通信，其数据通信速率为

$$R=\frac{\log_2 M}{LT_c} \tag{6-3}$$

由于其带宽利用率高，M 元扩频通信及其改进方法在无线通信中有着广泛的应用。近年来，为了提高扩频水声数据通信速率，开始将 M 元扩频通信技术应用于扩频水声通信中。接收端使用副本相关器对接收的信号进行副本相关处理，由于伪随机序列具有正交性，会超过判决门限的只有匹配于发射信号的滤波器的输出，译码和恢复传输的信息就是按照此原理进行的。M 元扩频通信的数据通信速率相较于 DSSS 提高 k 倍。

6.1.3　循环移位扩频

基于离散扩频序列如 m 序列、Gold 序列、Kasami 序列及混沌序列等都具有良好的循环相关性，循环移位键控（cyclic shift keying，CSK）扩频通信方式通过

改变扩频序列移位索引的调制方式来携带更多的信息，这在一定程度上提高了扩频通信的性能和通信速率[16-20]。设离散序列为c，为了方便说明，首先定义一个循环移位矩阵为

$$T=\begin{bmatrix} 0_{1\times(M-1)} & 1 \\ I_{M-1} & 0_{(M-1)\times 1} \end{bmatrix} \tag{6-4}$$

式中，M为扩频序列周期，扩频序列循环移位一次，可以通过矩阵T与扩频序列相乘一次得到。因此$T^m c$表示扩频序列c移位m，m由输入序列来确定，其中c为对应的扩频序列，有着如下的自相关特性：

$$c^{\mathrm{T}}T^m c=\begin{cases} M, & m \bmod M = 0 \\ 1, & \text{其他} \end{cases} \tag{6-5}$$

由式（6-5）可知，循环移位序列与其原扩频序列的互相关函数的峰值位置由其循环移位大小决定。因此，利用不同的循环移位可以一定程度地提高数据通信速率，循环移位扩频技术通信速率通常是直接序列扩频技术的4～5倍，同时可以通过优化扩频码的方式来提高其保密性。图6-1给出了循环移位扩频调制波形变化及相关输出示意图。

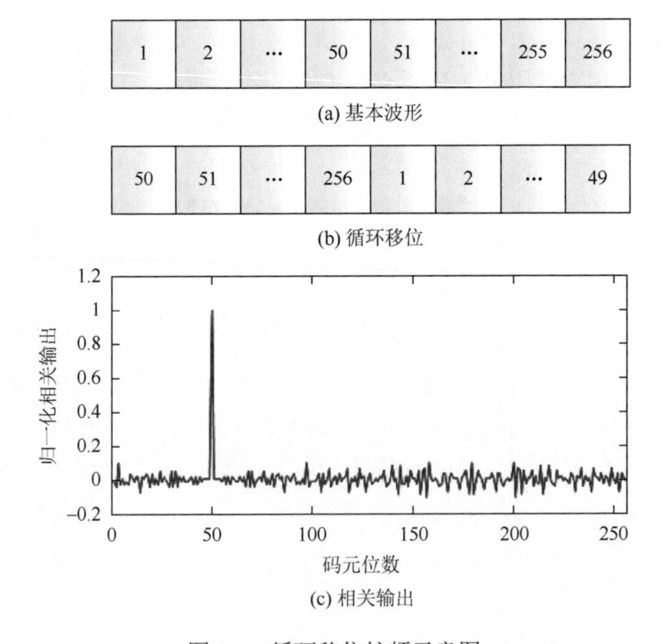

图6-1　循环移位扩频示意图

对于CSK调制，信息由扩频序列的周期移位值表示。如果乘以矩阵T，这个向量将向右循环移动1。那么，向量$T^{\Delta}\alpha$则是对基本扩频序列α循环移位Δ个码片

的序列。在 CSK 调制中，首先将信息位分割成长度为 Q 的组，将 Q 比特转换为十进制数，记为 $\varDelta$，$0\leqslant\varDelta\leqslant 2^Q-1$。则调制后的 CSK 符号为

$$s=T^{\varDelta}\alpha \tag{6-6}$$

在接收端，CSK 码的解调也采用了与 DSSS 系统类似的相关器实现。相关器的输出可以利用快速傅里叶变换进行计算，以减小计算复杂度。然后，扩展序列 α 的自相关结果可以表示为

$$\vartheta_{\alpha}=\frac{1}{G}\mathrm{Re}\{F^{-1}((F\alpha)^{*}\odot(F\alpha))\} \tag{6-7}$$

式中，F 为傅里叶变换矩阵；$\odot$ 表示哈达玛积；$(\cdot)^{*}$ 表示共轭；$\mathrm{Re}\{\cdot\}$ 表示取实部。在 CSK 系统中采用 BPSK 调制，因此只有实部的数据是有用的。$\vartheta_{\alpha}(g)$ 的元素为

$$\vartheta_{\alpha}(g)=\begin{cases}1, & g=1\\ \varpi_{g}, & \text{其他}\end{cases} \tag{6-8}$$

式中，$\varpi_{g}\ll 1$。

那么，CSK 解调器的输出可以表示为

$$\theta=\frac{1}{G}\mathrm{Re}\{F^{-1}((F\hat{s})^{*}\odot(F\alpha))\} \tag{6-9}$$

式中，$\hat{s}$ 为 s 的估计。

根据扩频序列的自相关性质，可将 θ 表示为

$$\theta=T^{\varDelta}\vartheta_{\alpha} \tag{6-10}$$

θ 中的元素为

$$\theta(g)=\begin{cases}\vartheta_{\alpha}(g-\varDelta), & g>\varDelta\\ \vartheta_{\alpha}(G-(g-\varDelta)), & g\leqslant\varDelta\end{cases} \tag{6-11}$$

即平移处理不会改变扩频序列的自相关特性，它只改变了峰值的位置。因此，CSK 系统的解调是基于相关输出峰值的位置。而且可以通过搜索 θ 的峰值位置得到循环移位信息的估计 $\hat{\varDelta}$，即

$$\hat{\varDelta}=\arg\max_{g}\theta \tag{6-12}$$

原始位信息可以通过将 $\hat{\varDelta}$ 转换为二进制来获得。

6.2　常规循环移位扩频多用户通信

循环移位扩频技术利用扩频序列优良的相关特性实现数据通信速率的提升。

本节在前期循环移位扩频水声通信的基础上，对循环移位扩频码分多址（CSK-CDMA）多用户水声通信进行分析[21]。

6.2.1 多用户水声通信原理

循环移位扩频多用户系统框图如图 6-2 所示，包括 K 个发射源和 M 个接收阵元。每个用户分配一个扩频码，假设这些扩频码具有优良的自相关和互相关特性，即每个扩频码相互准正交。信号从 K 个信号源同时发送进入水声信道，被 M 个接收阵元接收。接收信号首先进行不需要信道估计的被动时反处理，随后进行空间分集，最后利用扩频码的准正交性消除残余的同信道干扰（co-channel interference，CoI）。

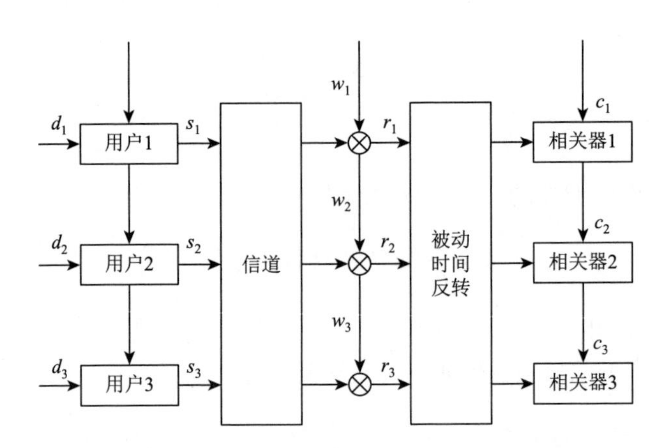

图 6-2 循环移位扩频多用户水声通信系统框图

如图 6-2 所示，用户首先根据待传输的信息，对分配给它的扩频序列进行循环移位操作，若操作后存在 M 个可能的新序列，那么每个移位波形对应 $\log_2 M$ bit 信息。由此可以看出，CSK 是一类 M 元软扩频，第 i 个用户的扩频序列可表示为

$$c_i(t) = \sum_{l=0}^{L_c-1} c_{i,l}\phi(t - lT_c) \tag{6-13}$$

式中，$c_{i,l} = [c_{i,1}, c_{i,2}, \cdots, c_{i,L_c}]$ 是扩频序列，长度为 L_c；T_c 是码片持续时间；$\phi(t)$ 是成形滤波器。根据信源信号 $d_{i,k}$，对 $c_{i,l}$ 进行循环移位操作，则第 i 个用户的发射信号为

$$s_i(t) = \sum_{k=0}^{N_s} \Gamma(d_{i,k}, c_{i,l}(t - kT_s)) \tag{6-14}$$

式中，$T_s = L_c T_c$ 是每个扩频符号的持续时间；N_s 是发射的符号数目；$\Gamma(\cdot)$ 是循环移位操作，如对 $c_{i,l}$ 进行 1 位移位操作，则可表示为

$$\Gamma(1, c_{i,l}) = [c_{i,2}, c_{i,3}, \cdots, c_{i,L_c}, c_{i,1}] \tag{6-15}$$

6.2.2　接收处理方法

发射信号经过功放并由换能器进行电声转换发射进入水声信道后，第 j 个接收阵元收到来自 K 个信源的合成信号：

$$r_j(t)=\sum_{i=1}^{K}h_{ij}(t)\otimes s_i(t)+w_j(t) \tag{6-16}$$

式中，$h_{ij}(t)$ 表示第 i 个信源到第 j 个接收阵元的信道冲激响应；$\otimes$ 表示卷积；$w_j(t)$ 表示加性高斯白噪声。导引信号和接收信号的帧结构如图 6-3 所示，每个用户的导引信号是通过时分正交的，即彼此之间没有干扰，它们经过水声信道后，第 j 个接收阵元接收到的第 i 个导引信号可表示为

$$z_j(t)=h_{ij}\otimes c_i(t)+\eta_j(t) \tag{6-17}$$

式中，$\eta_j(t)$ 表示加性高斯白噪声。

同步信号	保护间隔	用户1基本波形	保护间隔	用户2基本波形	保护间隔	…	用户K基本波形	保护间隔	数据

图 6-3　信号的帧结构

如图 6-4 所示，接收端首先对接收到的多通道信号进行被动时反处理，达到空时二维聚焦的效果[22]。假定信道在整个数据帧阶段是时不变的，则导引信号和后续的数据信号具有相同的信道结构。如式（6-17）所示，接收到的基础波形是基本波形与信道冲激响应的卷积。所提的接收机结构，将接收到的基本波形导频信号作为循环相关的一个副本，即计算接收端通过计算信号 $z_i(t)$ 和导引信号 $c_i(t)$ 的互相关函数，估计相关峰值的位置，并进行译码。

第 i 个用户被动时反处理后的信号可以表示为

$$\begin{aligned}y_i(t)&=\sum_{j=1}^{M}z_j^*(-t)\otimes r_j(t)\\&=q_i(t)\otimes c_i^*(-t)\otimes s_i(t)\\&\quad+\sum_{j=1}^{M}\sum_{p=1,p\neq i}^{K}h_{ij}(-t)\otimes h_{pj}(t)\otimes c_i^*(-t)\otimes s_p(t)\\&\quad+\sum_{j=1}^{M}\eta_j(t)\otimes\sum_{p=1}^{K}h_{pj}(t)\otimes s_p(t)\\&\quad+\sum_{j=1}^{M}h_{ij}^*\otimes c_i^*(-t)\otimes w_j(t)+\sum_{j=1}^{M}\eta_j(t)\otimes w_j(t)\end{aligned} \tag{6-18}$$

式中，$q_i(t)=\sum_{j=1}^{M}h_{ij}^*(-t)\otimes h_{ij}(t)$ 是第 i 个用户的 q 函数；$\rho_i(t)=c_i^*(t)\otimes s_i(t)$ 为调制后扩频序列和原基本扩频序列的互相关函数，接收机根据 $\rho_i(t)$ 的相关峰值位置进行解调和译码；M 为接收阵元数目；上标*表示共轭。式（6-18）中第一项是需要的第 i 个用户的信号，第二项是来自其他用户的干扰信号，这一干扰信号受到二次抑制，一方面来自被动时间反转的空时聚焦作用，即 $[q_i(t)]>\left[\sum_{j=1}^{M}\sum_{p=1,p\neq i}^{k}h_{ij}^*(-t)\otimes h_{pj}(t)\right]$，另一方面来自扩频码的优良的互相关特性，即 $[\rho_i(t)]>\left[\sum_{p=1,p\neq i}^{K}c_i^*(-t)\otimes s_p(t)\right]$，其中，$[x]$ 表示取函数 x 的最大值。假设 $q_i(t)$ 和 $\rho_i(t)$ 近似为脉冲函数，则来自其他信源的同信道干扰被极大地抑制，第 i 个用户的发射信号可以从 $y_i(t)$ 中可靠估计得到，具体的接收机处理方法原理如图 6-4 所示。

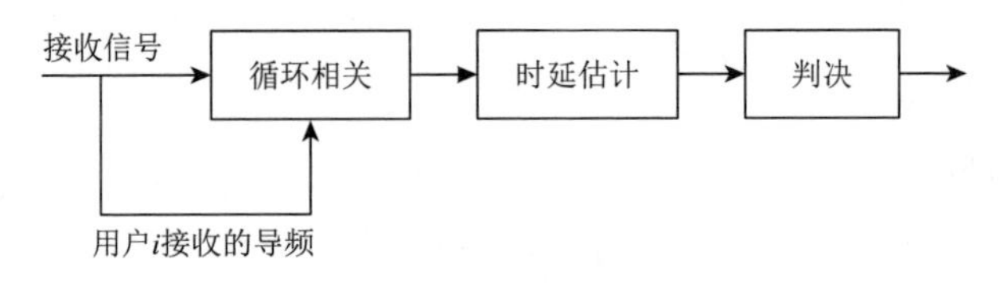

图 6-4　接收机处理方法原理图

6.2.3　多用户仿真性能分析

水声信道的多径传播特性在很大程度上决定了水声通信质量和各种接收处理算法的性能。为了检验所提接收机算法在多径水声信道中的性能，本节采用基于射线声学的水声信道模型。根据射线声学，声信号沿不同途径的声线到达接收点，总的接收信号是接收点的所有声线传输信号的叠加，基于射线声学的水声信道模型可表示为

$$h(t,\tau_i)=\sum_{i=0}^{L-1}\beta_i(t)\delta(t-\tau_i) \tag{6-19}$$

式中，L 是多径条数；β_i 和 τ_i 分别是多径对应的复增益和传播时延。

系统带宽设为 2kHz，采样频率为 96kHz，用户数分别为 4 和 6，扩频码长为 256，循环移位阶数为 32，码片速率为 2k/s，符号速率可近似为 8Hz，接收换能器阵元数为 8 个。仿真中，多径条数设定为 $N_p=15$，路径之间的时延差基于均值为 1ms 的指数分布，这样信道的平均延迟扩展近似 15ms。每条路径的幅度服从瑞利分布，幅度的平均功率随其延迟呈指数下降，首条路径和最后一条路径幅度强度相差 20dB。

仿真采用准静止信道，即每一帧长度内仿真中信道保持不变，帧与帧之间的信道是随机独立的，共计仿真 500 帧，每帧中，每个用户的符号数为 40 个（200bit），因此，每帧的时长约为 5s，在此时间尺度范围内，近似认为信道是时不变的。图 6-5 给出某一帧内的单个用户和 4 个接收阵元之间的信道冲激响应，每个通道的多径条数均设置为 15 条，各信道不相关，信道扩展时间范围为 10～25ms。

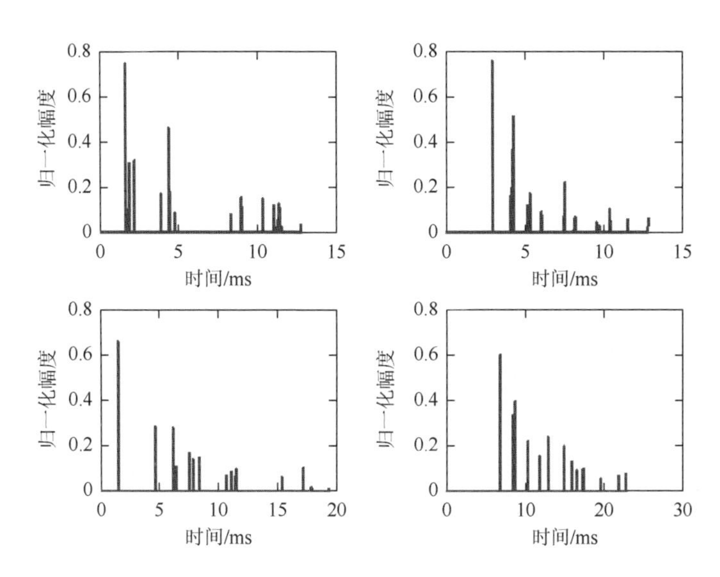

图 6-5　某帧时间内单用户 4 个接收阵元的信道冲激响应

图 6-6 给出基于循环移位扩频的四用户通信，在接收阵元个数 M 不同时，总误码率随带内接收信噪比的变化曲线。此处，误码率为四个用户平均误码率，带内接收信噪比则为四用户合成信号单阵元接收信噪比。实际上对单用户来说，信号干扰噪声比更低，特别是来自其他用户的干扰噪声。由图可知，随着阵元数目的增加，误码性能有明显提升，当接收阵元数目增加一倍时，在误码率为10^{-4}左右，其需要的接收信噪比减少近似 3dB。这是由于接收阵元数目的增加提高了被动时间反转技术的空时聚焦增益。

在复杂度方面，通过合理的帧结构设计，在无须信道估计的情况下，实现了信道多径的自动匹配和能量的聚焦，有效抑制了多径干扰，提高了信噪比，且每个用户仅需要一个相关器即可解码，计算复杂度低。而常规的 DS-CDMA 接收机通常为基于假设检验的多通道判决反馈均衡器，并采用 RLS 自适应算法跟踪信道，复杂度与接收阵元的个数 M 和多径扩展的符号长度 L 的乘积的平方成正比，其计算复杂度随 M 和 L 的增加而急剧增加[23]。

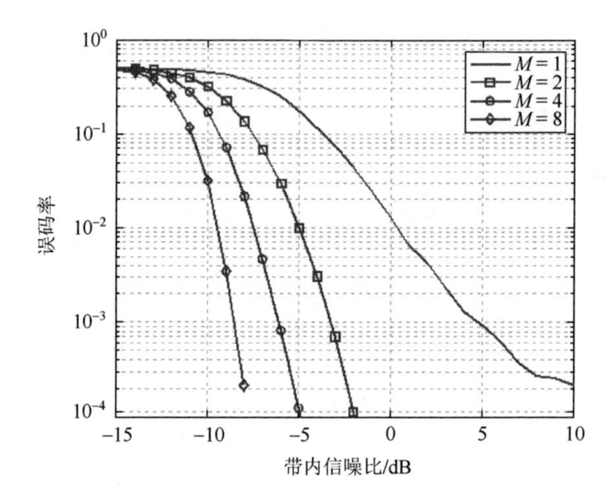

图 6-6　四用户通信时误码率随接收阵元个数变化曲线

6.2.4　湖上试验数据分析

下面通过湖上试验研究进一步验证所提方法的有效性和可靠性。作者所在课题组于 2016 年 1 月在某水库进行了湖上多用户水声通信的试验，发射和接收换能器皆无指向性，试验区域水深约 40m，发射换能器布放深度为 10m，含 8 个阵元的水听器阵布放深度为 20m。发射船和接收船主辅机停机，两船分别用 GPS 定位，测量出其水平距离约为 5.27km。

试验装置的带宽为 2kHz，通信数据的码元宽度为 0.5ms，CSK 调制的 $M=32$，扩频长度为 256 个，分别进行了模拟四用户和六用户的通信情况，对应的通信性能如表 6-1 和表 6-2 所示，每帧符号长度为 200 个，包含 1000bit，共计发送 5 次，每用户的数据通信速率分别为 39bit/s（若采用 BPSK 调制的 DS-CDMA，则每个用户的数据通信速率仅为 6.8bit/s）。

表 6-1　长度为 256 时四用户的通信性能

通道号	用户 1	用户 2	用户 3	用户 4
1	0.0833	0.0706	0.0412	0.0225
2	0.0755	0.0588	0.0412	0.0353
3	0.0304	0.0147	0.0069	0.0029
4	0.0304	0.0088	0.0196	0.0078
5	0.0147	0.0147	0.0167	0.0088
6	0.0049	0.0029	0	0
7	0.1167	0.0529	0.0471	0.0863
8	0.0216	0.0020	0.0078	0
8 通道联合	0	0	0	0

表 6-2　长度为 256 时六用户的通信性能

通道号	用户 1	用户 2	用户 3	用户 4	用户 5	用户 6
1	0.2676	0.2941	0.3108	0.3294	0.2892	0.2735
2	0.2422	0.2922	0.2667	0.3049	0.2765	0.3147
3	0.1725	0.1922	0.1882	0.1775	0.1824	0.1882
4	0.2078	0.1804	0.2147	0.1853	0.2225	0.2039
5	0.1676	0.1725	0.1559	0.1725	0.1765	0.1735
6	0.1137	0.102	0.1088	0.0902	0.0755	0.1382
7	0.3529	0.3696	0.3706	0.3706	0.3873	0.4069
8	0.1902	0.1961	0.1843	0.1833	0.1775	0.2127
8 通道联合	0.0588	0.0657	0.0235	0.0402	0.0588	0.0725

图 6-7 为某水库水声通信试验时的信道冲激响应，由线性调频信号测量获得。由图可知，多径扩展约为 40ms，相当于 80 个码片宽度，小于一个扩频序列的持续时间。

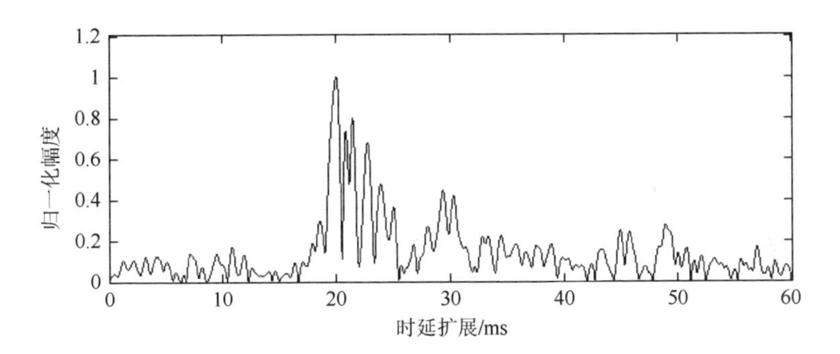

图 6-7　湖试信道冲激响应

图 6-8（a）给出了通道 1 接收到的两段通信信号的时域波形图，图 6-8（b）表示的是同步信号（线性调频信号）与时域信号的相关输出图，可以看到有明显的尖峰，由于同步信号采用了两个相同的线性调频信号，因此每段通信信号前含有两个相关峰。六用户通信信号的接收信噪比略小于四用户通信信号，这一点可以从图 6-8（b）相关峰输出幅度大小看出。每个通道的带内信噪比如图 6-9 所示，四用户通信时平均信噪比约为 1dB，六用户通信时平均信噪比约为–1.9dB。表 6-1 和表 6-2 分别给出了四用户和六用户通信单阵元和八阵元接收时的误码率。比较图 6-8、表 6-1 和表 6-2 可以发现，接收信噪比大小和单通道接收时的误码率趋势基本一致，即在信噪比最低时（如阵元 7），对应通道的误码率基本最大，信噪比最高时（如阵元 6），对应通道的误码率基本最小，且通过多通道联合处理，误码率显著降低。

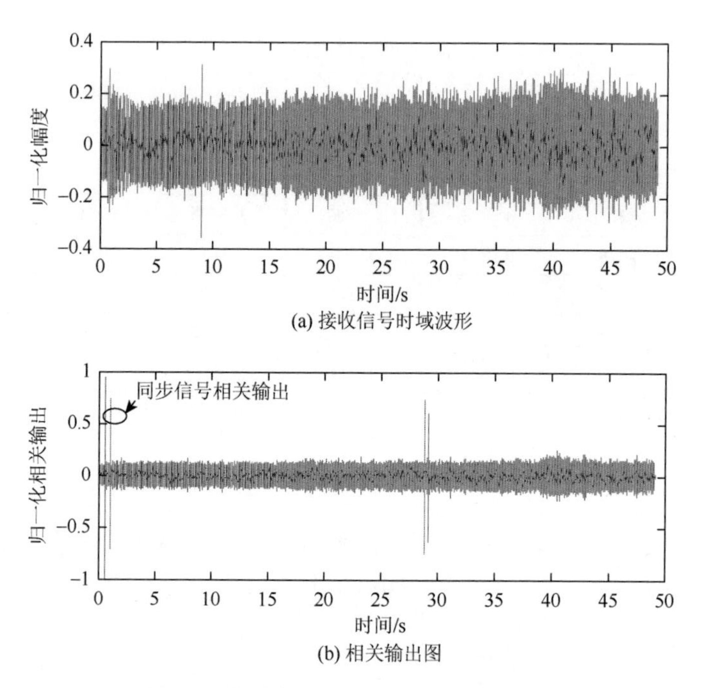

(a) 接收信号时域波形

(b) 相关输出图

图 6-8　接收信号时域波形和相关输出图

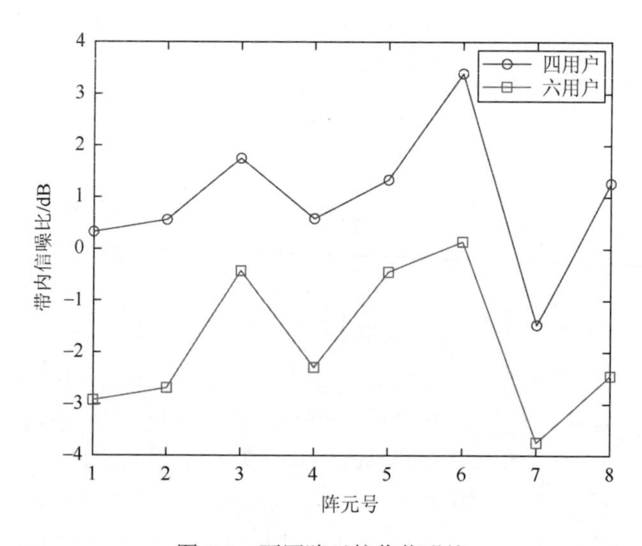

图 6-9　不同阵元接收信噪比

从以上试验数据可以看出，循环移位扩频码分多址技术可显著提高多用户通信速率。采用长度为 256 的扩频码，在平均接收信噪比为 1dB、8 阵元接收时可实现四用户的无误码传输；并可实现六用户的有效传输，纠错前误码率为 10^{-2}。提高扩频码的长度，可以进一步增加用户数目。

6.3　基于交织多址的循环移位扩频多用户通信

6.3.1　传统交织多址系统

考虑一个 M 个用户和 N 个接收阵元的同步下行多址系统。图 6-10 为传统 IDMA 系统的发射机和接收机结构。第 m 位用户的信息为 b_m 以速率 R 的信道编码器进行编码，得到编码后比特 c_m。c_m 经过长度 G 的扩频序列 $\alpha=[\alpha_1\ \alpha_2\ \cdots\ \alpha_G]$ 进行扩频，产生序列 s_m。然后，通过码片交织器 Π_m 对 s_m 进行交织，得到所传输的符号 x_m。

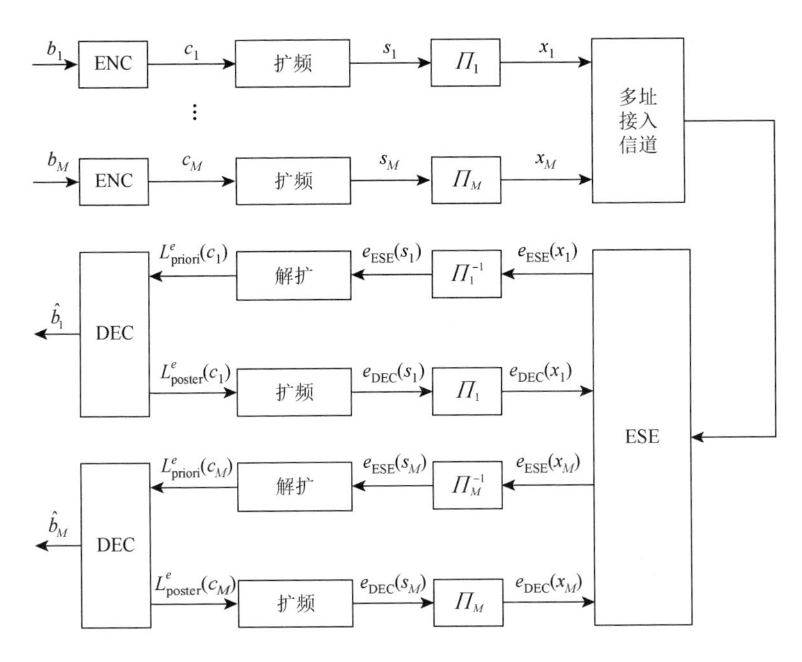

图 6-10　具有 M 个用户的传统 IDMA 系统的发射机和接收机结构

考虑长度为 L 的准静态频率选择水声信道，第 m 个用户与第 n 个接收机之间的离散时间信道为

$$h_{n,m}=[h_{n,m}(0)\ h_{n,m}(1)\ \cdots\ h_{n,m}(L-1)]^{\mathrm{T}} \tag{6-20}$$

那么，第 n 个接收机的离散时间基带接收信号可以表示为

$$r_n(j)=\sum_{m=1}^{M}\sum_{l=0}^{L-1}h_{n,m}(l)x_m(j-l)+w_n(j) \tag{6-21}$$

式中，$w_n(j)$ 是一个方差为 $\sigma_n^2=N_0/2$ 的 AWGN。

根据式（6-21），接收信号$r_n(j)$的均值与方差可表示为

$$E(r_n(j)) = \sum_{m=1}^{M}\sum_{l=0}^{L-1} h_{n,m}(l)E(x_m(j-l)) \tag{6-22}$$

$$\mathrm{Var}(r_n(j)) = \sum_{m=1}^{M}\sum_{l=0}^{L-1} \| h_{n,m}(l)\|^2 \,\mathrm{Var}(x_m(j-l)) + \sigma_n^2 \tag{6-23}$$

式中，$E(\cdot)$和$\mathrm{Var}(\cdot)$分别表示均值与方差函数。

进一步，式（6-21）可重写为

$$r_n(j+l) = h_{n,m}(l)x_m(j-l) + \zeta_{n,m}^{(l)}(j) \tag{6-24}$$

式中，$\zeta_{n,m}^{(l)}(j)$为第n个接收机在第l路径上对第m个用户的干扰。$\zeta_{n,m}^{(l)}(j)$可表示为

$$\zeta_{n,m}^{(l)}(j) = r_n(j+l) - h_{n,m}(l)x_m(j) \tag{6-25}$$

在 IDMA 方法中，根据中心极限定理，将$\zeta_{n,m}^{(l)}(j)$近似为高斯变量。因此式（6-24）中$r_n(j+l)$的条件概率密度函数可表示为

$$P(r_n(j+l)\,|\,x_m(j)=\pm 1) = \frac{1}{\sqrt{2\pi \mathrm{Var}(\zeta_{n,m}^{(l)}(j))}} \cdot \exp\left(\frac{r_n(j+l) - (\pm h_{n,m}(l) + E(\zeta_{n,m}^{(l)}(j)))}{2\mathrm{Var}(\zeta_{n,m}^{(l)}(j))}\right) \tag{6-26}$$

因此，对于第n个接收信号，图 6-10 中 ESE 输出的$x_m(j)$的外部对数似然比（LLR）可定义为

$$e_{\mathrm{ESE}}^{(n)}(x_m(j)) = \ln\frac{P(r_n\,|\,x_m(j)=+1)}{P(r_n\,|\,x_m(j)=-1)} \tag{6-27}$$

式中，ln 表示自然对数。

式（6-27）与干扰统计信息$\zeta_{n,m}^{(l)}(j)$有关。根据式（6-26）计算$E(\zeta_{n,m}^{(l)}(j))$和$\mathrm{Var}(\zeta_{n,m}^{(l)}(j))$为

$$E(\zeta_{n,m}^{(l)}(j)) = E(r_n(j+l) - h_{n,m}(l)E(x_m(j))) \tag{6-28}$$

$$\mathrm{Var}(\zeta_{n,m}^{(l)}(j)) = \mathrm{Var}(r_n(j+l) - \| h_{n,m}(l)\|^2 \,\mathrm{Var}(x_m(j))) \tag{6-29}$$

式（6-22）与式（6-23）分别给出式（6-28）与式（6-29）中$r_n(j+l)$的统计信息。通过外部的对数似然比$e_{\mathrm{DEC}}(x_m(j))$，即前一次迭代中信道解码器的输出可以得到先验统计信息$E(x_m(j))$和$\mathrm{Var}(x_m(j))$为

$$E(x_m(j)) = \tanh(e_{\mathrm{DEC}}(x_m(j))/2) \tag{6-30}$$

$$\mathrm{Var}(x_m(j)) = 1 - (E(x_m(j)))^2 \tag{6-31}$$

那么，第l通道抽头的 ESE 输出为

$$
\begin{aligned}
e_{\mathrm{ESE}}^{(n)}(x_m(j))_l &= \ln\frac{P(r_n(j+l)\mid x_m(j)=1)}{P(r_n(j+l)\mid x_m(j)=-1)} \\
&= 2h_{n,m}(l)\frac{r_n(j+l)-E(\zeta_{n,m}^{(l)}(j))}{\mathrm{Var}(\zeta_{n,m}^{(l)}(j))}
\end{aligned} \tag{6-32}
$$

假设干扰 $\{\zeta_{n,m}^{(0)}(j),\zeta_{n,m}^{(1)}(j),\cdots,\zeta_{n,m}^{(L-1)}(j)\}$ 不相关，那么 $x_m(j)$ 的外部对数似然比为

$$
e_{\mathrm{ESE}}^{(n)}(x_m(j)) = \sum_{l=0}^{L-1} e_{\mathrm{ESE}}^{(n)}(x_m(j))_l \tag{6-33}
$$

从多个接收阵元接收到的信号可视为来自一组独立路径的信号。因此，N 个接收器的输出 ESE 为

$$
e_{\mathrm{ESE}}(x_m(j)) = \sum_{n=0}^{N-1} e_{\mathrm{ESE}}^{(n)}(x_m(j)) \tag{6-34}
$$

得到 $e_{\mathrm{ESE}}(x_m(j))$ 后，$c_m(k)$ 的外部对数似然比可表示为

$$
\begin{aligned}
L_{\mathrm{priori}}^{e}(c_m(k)) &= \sum_{g=1}^{G}\alpha(g)e_{\mathrm{ESE}}(s_m(k-1)G+g) \\
&= \sum_{g=1}^{G}\alpha(g)e_{\mathrm{ESE}}(x_m(\varPi_m((k-1)G+g)))
\end{aligned} \tag{6-35}
$$

采用软译码器生成外部信息，形成迭代结构。然后，将外部对数似然比 $L_{\mathrm{priori}}^{e}(c_m(k))$ 输入软解码器。软译码器的输出为后验对数似然比 $L_{\mathrm{poster}}^{e}(c_m(k))$。那么 DEC 输出的外部信息为

$$
e_{\mathrm{DEC}}(c_m(k)) = L_{\mathrm{poster}}^{e}(c_m(k)) - L_{\mathrm{priori}}^{e}(c_m(k)) \tag{6-36}
$$

$e_{\mathrm{DEC}}(c_m(k))$ 可用于计算式（6-30）和式（6-31）中的先验统计信息 $E(x_m(j))$ 和 $\mathrm{Var}(x_m(j))$。这样接收机就实现了迭代检测。当接收方成功解码所有信息或达到最大迭代数，则迭代停止。

6.3.2　CSK-IDMA 系统

CSK-IDMA 的发射机和接收机结构如图 6-11 所示[24]。在发射机端，与传统的 IDMA 系统相比有两个不同之处：一是采用 CSK 调制代替 DSSS 来提高数据通信速率；二是 CSK-IDMA 方法中存在两个交织器。与传统的 IDMA 系统相同，首先，通过信道编码器对信息位进行编码。接着，编码的比特序列 c_m 被一个随机的比特交织器 π_m 置换，产生了交错和编码的比特序列 d_m。由 CSK 错误判断引起的比特错误用比特交织器 π_m 来分散，因为一个 CSK 符号可以传输多个比特。IDMA 方法的关键是采用码片交织器 $\varPi_m$ 来区分用户。

在接收端，也与 IDMA 系统有两个区别。第一个区别是采用了 PTR 方法。PTR 处理可以对期望的用户实现空间和时间聚焦，而对其他干扰用户不能达到相同的

效果。因此，PTR 处理可以提高信号与干扰加噪声比（signal to interference plus noise ratio，SINR）。另外，PTR 处理后的等效 CIR 可以看作 Sinc 函数，可以使用 PTR 处理后的 ESE 来避免 MMSE 检测器的复杂性。对于每个用户，PTR 处理将 SIMO 系统转换为等效的单输入单输出（single input single output，SISO）系统，并且等效信道比原信道短。第二个区别是所提出的方法采用了两层迭代处理：内层迭代是软 CSK 解调与软信道解码器结合形成每个用户的迭代结构，外层迭代是多用户检测。

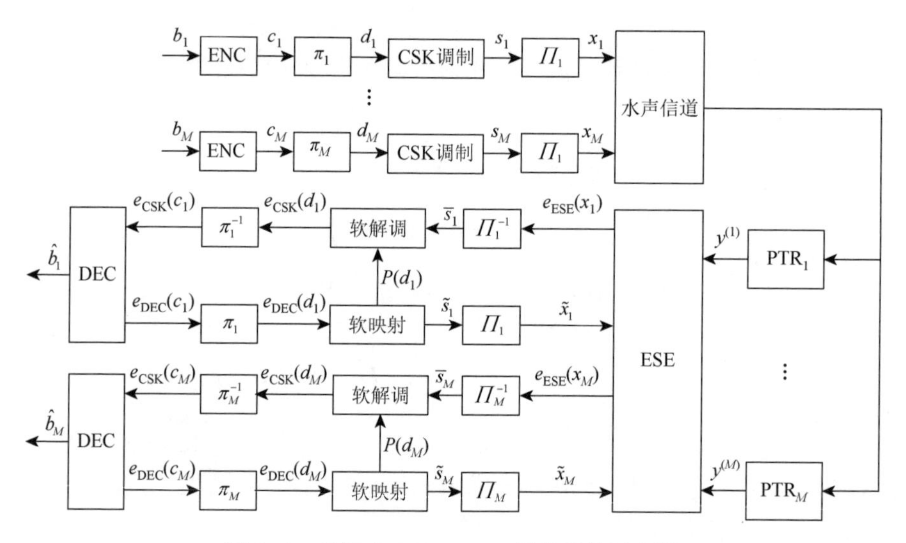

图 6-11　多用户 CSK-IDMA 通信系统示意图

水声信道的一个主要特点是信道延迟很长。在这样的信道中，ISI 甚至可以超过数百个发送符号。在这种情况下，来自其他用户的干扰更为严重。因此，首先使用 PTR 技术来压缩通道。同时，PTR 方法也为提高 SINR 提供了时空处理增益。

假设 $\hat{h}_{n,m}(t)$ 为信道估计结果。第 i 个用户的 PTR 处理输出如下：

$$
\begin{aligned}
y^{(i)}(t) &= \sum_{n=1}^{N} r_n(t) \otimes \hat{h}_{n,i}(-t) \\
&= \sum_{n=1}^{N} \left[\sum_{m=1}^{M} x_m(t) \otimes h_{n,m}(t) \right] \otimes \hat{h}_{n,i}(-t) \\
&= x_i(t) \otimes \sum_{n=1}^{N} h_{n,i}(t) \otimes \hat{h}_{n,i}(-t) + \left[\sum_{m=1, m\neq i}^{M} x_m(t) \otimes \sum_{n=1}^{N} h_{n,m}(t) \otimes \hat{h}_{n,i}(-t) \right] \\
&\quad + \sum_{n=1}^{N} w_n(t) \otimes \hat{h}_{n,i}(-t) \\
&= x_i(t) \otimes Q_{i,i}(t) + \sum_{m=1, m\neq i}^{M} x_m(t) \otimes Q_{m,i}(t) + \tilde{w}_i(t)
\end{aligned} \tag{6-37}
$$

式中，$\otimes$ 表示卷积操作且

$$Q_{m,i}(t)=\sum_{n=1}^{N}h_{n,m}(t)\otimes\hat{h}_{n,i}(-t) \tag{6-38}$$

$$\tilde{w}_i(t)=\sum_{n=1}^{N}w_n(t)\otimes\hat{h}_{n,i}(-t) \tag{6-39}$$

在式（6-37）中第一项为期望信号，$Q_{i,i}(t)$ 为经过 PTR 处理后第 i 个用户的等效信道；第二项是干扰信号，$Q_{m,i}(t)$ 是来自第 m 个用户相对于第 i 个用户的等效推理信道；$\tilde{w}_i(t)$ 是方差为 $\tilde{\sigma}_i^2=\sum_{l=0}^{L-1}\|\hat{h}_{n,i}(l)\|^2\sigma_n^2$ 的噪声。

等效信道 $Q_{i,i}(t)$ 是压缩的，可以看作 Sinc 函数。因此，对于之前使用 PTR 处理后的输出，可以再使用 ESE 直接处理。另外 $Q_{i,i}(t)$ 的增益比其他 $Q_{m,i}(t)(m\neq i)$ 大得多，这也提高了每个用户的 SINR。

一般来说，等效信道 $Q_{i,i}(t)$ 的长度为 $\tilde{L}=L+\hat{L}-1$，其中 $\hat{L}$ 为估计信道 $\hat{h}_{n,i}(t)$ 的长度。然而，由于 PTR 处理的压缩特性，$Q_{i,i}(t)$ 的主要路径集中在 $\tilde{l}=\hat{L}-1$ 附近。因此，PTR 处理的输出可以重写为

$$y^{(i)}(j)=\sum_{m=1}^{M}\sum_{l=0}^{\tilde{L}}Q_{m,i}(l)x_m(j-l)+\tilde{w}_i(j) \tag{6-40}$$

经过 PTR 处理将 SIMO 系统变成一个等效的 SISO 系统。

1. 基本信号估计器

该接收机的基本信号估计与传统的 IDMA 系统相似。不同之处在于每个用户的输入信号是不同的。$y^{(i)}(j)$ 只代表第 i 个用户。第 i 个用户的统计信息可表示为

$$E(y^{(i)}(j))=\sum_{m=1}^{M}\sum_{l=0}^{\tilde{L}}Q_{m,i}(l)E(x_i(j-l)) \tag{6-41}$$

$$\mathrm{Var}(y^{(i)}(j))=\sum_{m=1}^{M}\sum_{l=0}^{\tilde{L}}\|Q_{m,i}(l)\|^2\,\mathrm{Var}(x_i(j-l))+\sum_{n=1}^{N}\sum_{l=0}^{\tilde{L}}\|\hat{h}_{n,i}(l)\|^2\,\sigma_n^2 \tag{6-42}$$

$$E(\zeta_i^{(l)}(j))=E(y^{(i)}(j+l))-Q_{i,i}(l)E(x_i(j)) \tag{6-43}$$

$$\mathrm{Var}(\zeta_i^{(l)}(j))=\mathrm{Var}(y^{(i)}(j+l))-\|Q_{i,i}(l)\|^2\,\mathrm{Var}(x_i(j)) \tag{6-44}$$

$x_i(j)$ 的 LLR 为

$$e_{\mathrm{ESE}}(x_i(j))_l=2Q_{i,i}(l)\frac{y^{(i)}(j+l)-E(\zeta_i^{(l)}(j))}{\mathrm{Var}(\zeta_i^{(l)}(j))} \tag{6-45}$$

为了计算式（6-45），需要知道统计信息 $E(x_i(j))$ 和 $\mathrm{Var}(x_i(j))$。第一次迭代时，$E(x_i(j))=0$，$\mathrm{Var}(x_i(j))=1$。它们可以通过下一次迭代的解码器输出得到。

由于PTR方法可以对信道进行压缩，因此主径的增益远大于其他路径的增益。$x_i(j)$的LLR近似为

$$e_{\mathrm{ESE}}(x_i(j)) \approx e_{\mathrm{ESE}}(x_i(j))_{\breve{l}} \tag{6-46}$$

式中，$\breve{l}$对应于等效通道的主路径。

2. 采用软CSK解调的内层迭代

解交织后，解交织器Π^{-1}的输出为$e_{\mathrm{ESE}}(s_i(j))$。根据扩展序列G的长度将信号$e_{\mathrm{ESE}}(s_i(j))$分组，然后根据式（6-47）得到$s_i(g)$的平均值。令$\overline{s_i}(g)$表示$s_i(g)$的平均值，则

$$\overline{s_i}(g) = E(s_i(g)) = \tanh(e_{\mathrm{ESE}}(s_i(g)/2)) \tag{6-47}$$

值得注意的是，虽然$\overline{s_i}(g)$是信号$s_i(g)$的平均值，但仍然可以认为是一个带有噪声的CSK信号。因此，$\overline{s_i}(g)$的软估计可以看作期望信号$s_i(g)$与随机扰动变量$\varepsilon_i(g)$之和，即

$$\overline{s_i}(g) = s_i(g) + \varepsilon_i(g) \tag{6-48}$$

式中，$\varepsilon_i(g)$是均值为0和方差为$\overline{\sigma}_i^2$的高斯噪声。

扰动方差$\overline{\sigma}_i^2$可估计为

$$\overline{\sigma}_i^2 = \frac{1}{G}\sum_{g=1}^{G} 1 - \| \overline{s_i}(g) \|^2 \tag{6-49}$$

利用软估计$\overline{s_i}$对CSK信号进行解调，相关器的输出为

$$\theta_i = \frac{1}{G}\mathrm{Re}\{F^{-1}((F\overline{s_i})^* \odot (F\alpha))\} \tag{6-50}$$

有两个因素影响$\theta_i(g)(g \neq \varDelta)$的值。一是序列$\alpha$的自相关特性，该特性受序列自相关旁瓣的影响。然而旁瓣电平当α确定后就固定不变，可以提前计算出来。第二个因素是随机扰动变量ε_i。因此，$\theta_i(g)$可以表示为

$$\theta_i(g) = \begin{cases} 1 + v_g, & g = \varDelta \\ \varpi_g + v_g, & \text{其他} \end{cases} \tag{6-51}$$

式中，$\varDelta$表示信息的移动量；v_g由扰动变量ε_i引起，该扰动变量为零均值和方差为$\sigma_{\varepsilon_i}^2 = \overline{\sigma}_i^2 / G$的高斯变量。为了降低复杂度，假设$\varpi_g$也是一个零均值和方差为$\sigma_\alpha^2$的高斯变量。可根据自相关结果可以计算$\sigma_\alpha^2$。因此，$\theta_i(g)$的方差为

$$\sigma_{\theta_i}^2 = \begin{cases} \sigma_{\varepsilon_i}^2, & g = \varDelta \\ \sigma_\alpha^2 + \sigma_{\varepsilon_i}^2, & \text{其他} \end{cases} \tag{6-52}$$

根据式（6-52）可知θ_i的峰值位置表示信息。可以通过搜索峰值位置来解调信息，这就是经典的硬解调。

为了提高性能，本节采用了软解调方法。假设$d_i=[d_i(1)\ d_i(2)\ \cdots\ d_i(Q)]^{\mathrm{T}}$表示由$\overline{s_i}$的 CSK 信号映射的编码信息。令$d_i^{\varDelta}$表示转换为十进制的序列$\varDelta,0\leqslant\varDelta\leqslant 2^Q-1$。对应的 CSK 信号是$s_i^{\varDelta}$。根据式（6-51）和式（6-52），$\theta_i(g)$的 PDF 为

$$P(\theta_i(g)\mid s_i=s_i^{\varDelta})=\begin{cases}\dfrac{1}{\sqrt{2\pi\sigma_{\varepsilon_i}^2}}\exp\left\{-\dfrac{(\theta_i(g)-1)^2}{2\sigma_{\varepsilon_i}^2}\right\}, & g=\varDelta\\ \dfrac{1}{\sqrt{2\pi(\sigma_\alpha^2+\sigma_{\varepsilon_i}^2)}}\exp\left\{-\dfrac{(\theta_i(g))^2}{2(\sigma_\alpha^2+\sigma_{\varepsilon_i}^2)}\right\}, & \text{其他}\end{cases}\tag{6-53}$$

假设的θ_i分量是独立的，则有

$$P(\theta_i\mid d_i=d_i^{\varDelta})=\prod_{g=1}^{G}P(\theta_i(g)\mid d_i=d_i^{\varDelta})=\prod_{g=1}^{G}P(\theta_i(g)\mid s_i=s_i^{\varDelta})\tag{6-54}$$

由式（6-53）得

$$\begin{aligned}P(\theta_i\mid d_i=d_i^{\varDelta})&=\frac{1}{\sqrt{2\pi\sigma_{\varepsilon_i}^2}}\left(\frac{1}{\sqrt{2\pi(\sigma_\alpha^2+\sigma_{\varepsilon_i}^2)}}\right)^{G-1}\exp\left(-\frac{\sum\limits_{g=1,g\neq\varDelta}^{G}(\theta_i(g))^2}{2(\sigma_\alpha^2+\sigma_{\varepsilon_i}^2)}-\frac{(\theta_i(\varDelta)-1)^2}{2\sigma_{\varepsilon_i}^2}\right)\\&=\varLambda\exp\left(\frac{(\theta_i(\varDelta))^2}{2(\sigma_\alpha^2+\sigma_{\varepsilon_i}^2)}-\frac{(\theta_i(\varDelta))^2}{2\sigma_{\varepsilon_i}^2}+\frac{\theta_i(\varDelta)}{\sigma_{\varepsilon_i}^2}\right)\end{aligned}\tag{6-55}$$

式中

$$\varLambda=\frac{1}{\sqrt{2\pi\sigma_{\varepsilon_i}^2}}\left(\frac{1}{\sqrt{2\pi(\sigma_\alpha^2+\sigma_{\varepsilon_i}^2)}}\right)^{G-1}\cdot\exp\left(-\frac{\sum\limits_{g=1,g\neq\varDelta}^{G}(\theta_i(g))^2}{2(\sigma_\alpha^2+\sigma_{\varepsilon_i}^2)}-\frac{1}{\sigma_{\varepsilon_i}^2}\right)\tag{6-56}$$

$\varLambda$对于指定的θ_i为常数。

编码位$d_i(q)$的外部对数似然比为

$$e_{\mathrm{CSK}}(d_i(q))=L_{\mathrm{poster}}(d_i(q))-L_{\mathrm{priori}}(d_i(q))\tag{6-57}$$

式中，$L_{\mathrm{priori}}(d_i(q))$是先验信息：

$$L_{\mathrm{priori}}(d_i(q))=\ln\frac{P(d_i(q)=0)}{P(d_i(q)=1)}\tag{6-58}$$

在第一次内层迭代中，先验信息为零。

后验 LLR 为

$$L_{\text{poster}}(d_i(q)) = \ln\left\{\frac{P(d_i(q)=0|\theta_i)}{P(d_i(q)=1|\theta_i)}\right\} = \ln\left\{\frac{\sum\limits_{\forall d_i:d_i(q)=0} P(\theta_i|d_i)P(d_i)}{\sum\limits_{\forall d_i:d_i(q)=1} P(\theta_i|d_i)P(d_i)}\right\} \tag{6-59}$$

则式（6-59）可被重写为

$$L_{\text{poster}}(d_i(q)) = \ln\left\{\frac{\sum\limits_{\forall d_i:d_i(q)=0} \exp\left(\frac{(\theta_i(\varDelta))^2}{2(\sigma_\alpha^2+\sigma_{\varepsilon_i}^2)} - \frac{(\theta_i(\varDelta))^2}{2\sigma_{\varepsilon_i}^2} + \frac{\theta_i(\varDelta)}{\sigma_{\varepsilon_i}^2}\right)P(d_i)}{\sum\limits_{\forall d_i:d_i(q)=1} \exp\left(\frac{(\theta_i(\varDelta))^2}{2(\sigma_\alpha^2+\sigma_{\varepsilon_i}^2)} - \frac{(\theta_i(\varDelta))^2}{2\sigma_{\varepsilon_i}^2} + \frac{\theta_i(\varDelta)}{\sigma_{\varepsilon_i}^2}\right)P(d_i)}\right\} \tag{6-60}$$

$P(d_i)$ 是根据编码位的先验概率计算的。其可以计算为

$$P(d_i = d_i^{\varDelta}) = \frac{\prod\limits_{q=1}^{Q} P(d_i(q) = P(d_i^{\varDelta}(q)))}{\sum\limits_{\varDelta=1}^{G}\prod\limits_{q=1}^{Q} P(d_i(q) = P(d_i^{\varDelta}(q)))} \tag{6-61}$$

删除式（6-61）中不能映射到 CSK 符号的组合，以改进软判决。

至此，实现了 CSK 信号的软解调，并根据式（6-57）～式（6-61）计算外部对数似然比 $e_{\text{CSK}}(d_i(q))$。

当得到外部对数似然比 $e_{\text{CSK}}(d_i(q))$ 时，将它在解交织后送入软信道解码器。软信道解码器将它们视为先验。本系统的信道译码与传统的 IDMA 系统相同，是一种成熟的方法，细节在此略去。软信道解码器产生外部信息 $P(d_i(q))$，作为下一个迭代的先验信息反馈给软 CSK 解调，这样就实现了内层迭代。当信道解码器成功解码或达到最大迭代时，迭代停止。

3. 外层迭代

经过内层迭代，已经得到了 CSK 符号 $P(d_i)$ 和软 CSK 符号 $\tilde{s}_i$ 的概率。概率 $P(\tilde{s}_i(g)=1)$ 通过计算 CSK 信号 $P(\tilde{s}_i)$ 的概率求得：

$$\begin{aligned} P(\tilde{s}_i(g)=1) &= \sum_{\varDelta=1}^{G}\gamma_\varDelta P(\tilde{s}_i = s_i^{\varDelta}) \\ &= \sum_{\varDelta=1}^{G}\gamma_\varDelta P(d_i = d_i^{\varDelta}) \end{aligned} \tag{6-62}$$

式中

$$\gamma_\varDelta = \begin{cases} 0, & s_i^{\varDelta}(g) = 0 \\ 1, & s_i^{\varDelta}(g) = 1 \end{cases} \tag{6-63}$$

由于 x_i 是 s_i 的排列，那么有

$$\begin{aligned}\tilde{x}_i(j) &= E(x_i(j)) = P(x_i(j)=1) - P(x_i(j)=-1)\\ &= P(\tilde{s}_i(\Pi_i(j))=1) - P(\tilde{s}_i(\Pi_i(j))=-1)\end{aligned} \tag{6-64}$$

$$\mathrm{Var}(x_i(j)) = 1-(E(x_i(j)))^2 \tag{6-65}$$

$E(x_i(j))$ 和 $\mathrm{Var}(x_i(j))$ 可作为下一个外层迭代的 ESE 输入。N_{outer} 和 N_{inner} 分别表示内层迭代和外层迭代的最大迭代数。

6.3.3　仿真性能分析

本节采用蒙特卡罗仿真来验证上述所提方法在准静态水声信道上的性能，设有 8 个用户和 8 个接收机，扩频序列的长度为 256。因此，一个序列表示 $Q=8\text{bit}$ 。考虑速率为 1/2 的卷积码。发射机的每个用户使用两个独立的交织器。所模拟的信道是稀疏的，扩展时延 $L=100\text{ms}$，其中 $N_p=15$ 是有源信道。路径的振幅服从瑞利分布。路径的平均功率随时延呈指数递减，其中第一路径和最后路径之间的增益为 20dB，并且每个用户的接收信号功率是相同的。采用基于 MMSE 的信道估计算法对信道进行估计。

首先给出迭代次数的影响。图 6-12 给出了 3 次外层迭代对内层迭代次数的影响[图 6-12（a）]和 3 次内层迭代对外层迭代次数的影响[图 6-12（b）]。从图 6-12 中可以看出，误码率性能随着迭代次数的增加而提高。然而随着迭代次数继续增加，性能的提高效果会相应地减弱。从图 6-12 也可以看出，考虑到复杂度和误码率性能之间的权衡，内层和外层的迭代次数选择为 3。

如上所述，所提方法的性能依赖于自相关的旁瓣特性。因此，也模拟了不同扩频序列的误码率性能。首先测试了三个 PN 码：两个 m 序列和一个小 Kasami 序列。两个 m 序列分别用 lse-ao-m255 和 co-msqcc-m255 表示。mse-ao-sk255 是小 Kasami 序列。上述序列名称中，lse-ao、co-msqcc 和 mse-ao 表示生成序列所采用的准则，分别是最小旁瓣能量自优化（least side-lobe energy auto-optimal，LSE-AO）、交叉最优最小均方互相关（cross-optimal minimum mean-square cross-correlation，CO-MMSQCC）和最大旁瓣能量自优化（maximum side-lobe energy auto-optimal，MSE-AO）。图 6-13（a）为不同扩频序列的相关结果。可以看出，lse-ao-m255 的旁瓣最低，mse-ao-sk255 的旁瓣最高。mse-ao-sk255、co-msqcc-m255 和 lse-ao-m255 的旁瓣方差分别为 0.0050、0.0016 和 0.0011。图 6-13（b）给出了相应扩频序列的误码率。lse-ao-m255 的误码率性能最好。不同扩频码之间的性能差异非常大。

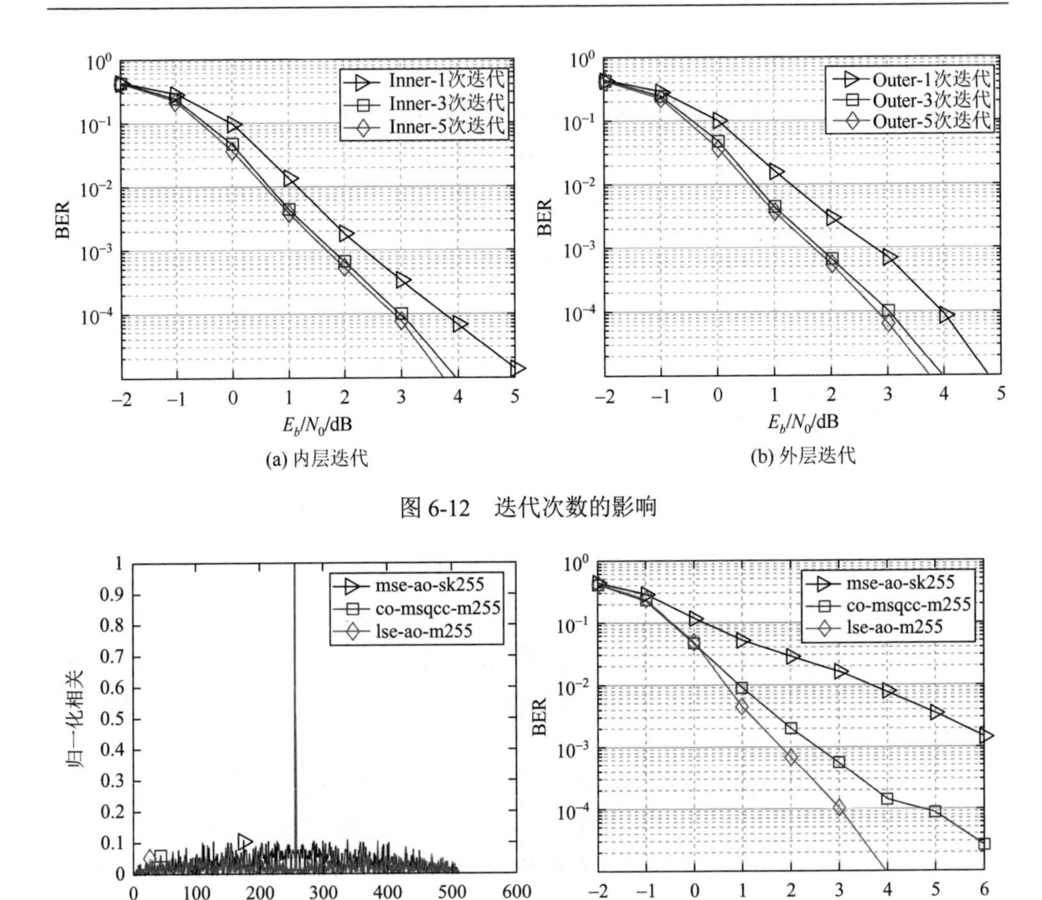

(a) 内层迭代 (b) 外层迭代

图 6-12 迭代次数的影响

(a) 不同扩频序列的相关结果 (b) 不同扩频序列下的误码率结果

图 6-13 扩频序列的影响

图 6-14 显示了不同用户的误码率性能。很明显，用户间干扰随着用户数量的增加而增加，特别是对于长延迟的水声信道。当然，随着用户数量的增加，误码率也会增加，增加 4 个用户造成的性能损失约为 1dB。

图 6-15 还比较了 CSK-IDMA、传统的 DSSS-IDMA 方法和常规的多用户 CSK 方法的误码率性能。DSSS-IDMA 方法和常规的多用户 CSK 系统均采用 PTR 处理。由于 DSSS 系统和 CSK 系统在相同的扩频序列下具有不同的误码率，对相同的数据速率和相同的接收信噪比下的误码率性能进行了评估。DSSS 系统的扩频序列长度为 32。对比结果如图 6-15 所示。从图中可以看出，CSK-IDMA 方法在低信噪比下的性能与 DSSS-IDMA 方法相似。然而，CSK-IDMA 方法在高信噪比情况下的优势是明显的。与常规的多用户 CSK 系统相比，本节所提 CSK-IDMA 方法由于采用了基于 ESE 的软决策和多址复用方法，显著提升了系统的误码性能。

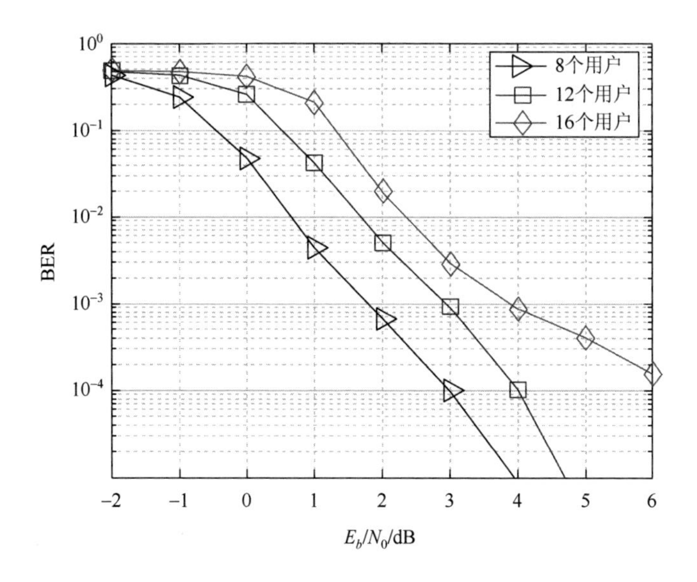

图 6-14　不同用户的误码率

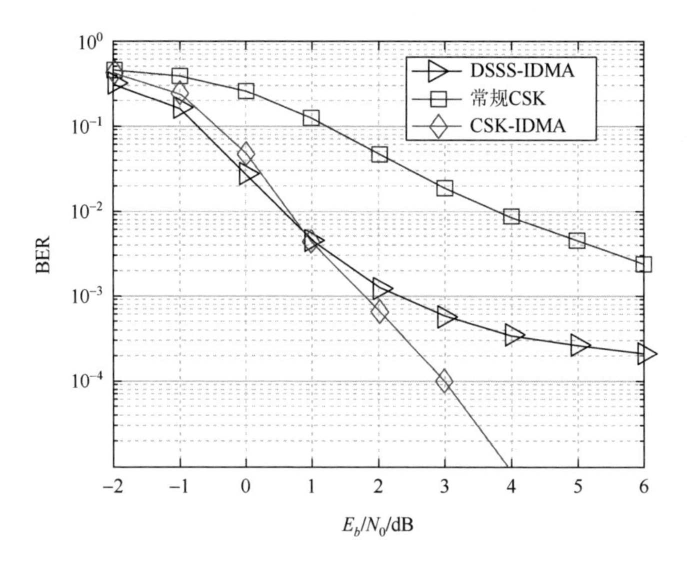

图 6-15　三种方法的性能比较

6.3.4　湖上试验数据分析

本节同样采用湖试试验数据来验证所提 CSK-IDMA 方法的性能，试验数据同样来自某水库。在试验过程中，风浪较小。用水深测温仪测量了试验区的温度和深度。试验区水深约为 40m。并根据温度和深度计算了试验区的声速，如图 6-16 所示。换能器的位置在温跃层的边缘。传感器的源级约为 181dB re μPa。两个接收阵列分别位于 2.3km（标记为节点 1）和 2.7km（标记为节点 2）处，每个接收阵列有 8 个垂直放置的水听器，相邻单元间均匀间隔 0.25m。

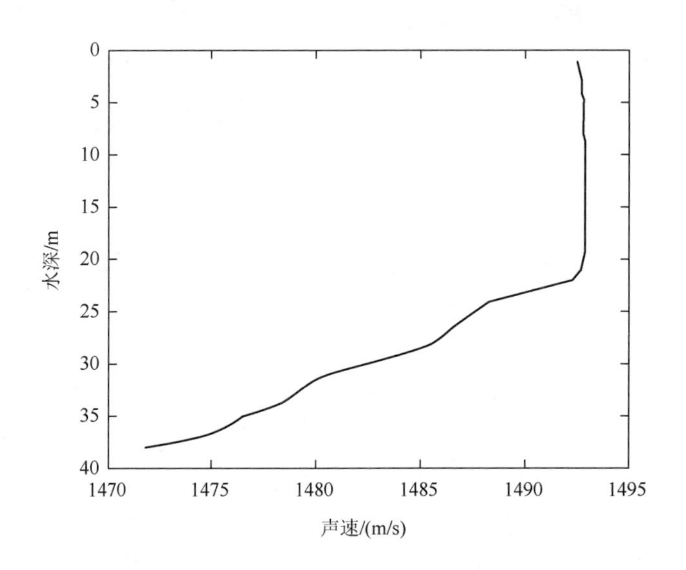

图 6-16 湖上试验区的声速曲线

发射信号的载波频率和带宽分别为 $f_c = 6\text{kHz}$ 和 $B = 4\text{kHz}$。通带信号的采样率为 48kHz。采用衰减因子为 0.25 的平方根上升余弦脉冲作为脉冲成形滤波器。扩频序列的长度为 256 个码片，可以表示 $Q = 8\,\text{bit}$。每个数据块包括一个 200ms 线性频率调制（LFM）信号，一个 100ms 间隙，512ms 的导频信号，传输数据和一个位于末端的 LFM 信号。传输数据一共有 128 个扩频序列。因此，每个数据块的长度为 8.192s。信息数据采用 1/2 速率卷积编码器进行编码。此时，比特速率为 62.5bit/s。本次试验共传输了 537 个数据块。

信道估计采用改进的比例归一化最小均方（IPNLMS）算法。图 6-17 显示了节点 1 和节点 2 的顶部水听器估计的 CIR。从图中可以看出，信道的多径分布非常密集，每个水听器的能量相对平均。这种信道结构可能是由传感器的位置引起的。主抽头的延迟时间大约为 30ms，对应的 ISI 约为 120 个码片。信道结构在数据块上保持相对稳定。同时，如图 6-17（a）和图 6-17（b）所示，信道在某些时刻的增益非常小，这可能是由脉冲噪声引起的。当然，这将影响系统性能。与节点 2 相比，节点 1 的信道估计更加清晰，这主要是由接收信噪比低导致。节点 1 和节点 2 测得的信噪比分别约为 5.1dB 和 3.14dB。

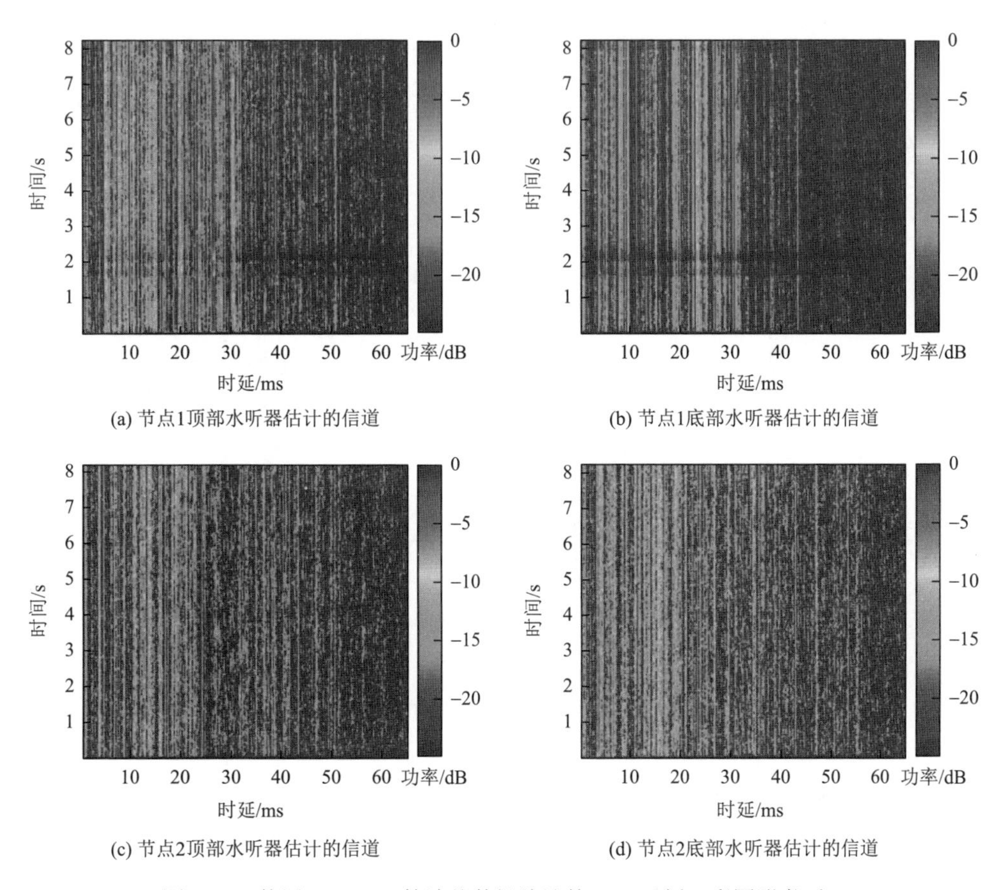

(a) 节点1顶部水听器估计的信道　(b) 节点1底部水听器估计的信道

(c) 节点2顶部水听器估计的信道　(d) 节点2底部水听器估计的信道

图 6-17　使用 IPNLMS 算法从数据估计的 CIR 示例（彩图附书后）

通过叠加接收到的数据来模拟多用户场景。这里分析了 5 个用户场景：8、10、12、14 和 16 个用户。表 6-3 给出了在不同的多用户场景下每个用户的传输比特数。让每个用户之间的传输间隔足够大，以确保每个用户的通道是不相关的。

表 6-3　在不同的多用户场景下每个用户的传输块数和总信息位数量

用户数	每个用户的传输块数	每个用户的总信息位数量/bit
8	67	34304
10	53	27136
12	44	22528
14	38	19456
16	33	16896

使用训练符号来估计 PTR 处理后的等效信道。图 6-18 为用户 1 接收节点 1 的数据后经过 PTR 处理的 8 个用户场景的等效信道，等效信道已归一化。从图中可以发现，用户 1 的信道是聚焦的，几乎可以看作一个单一的路径。与图 6-17 相比，PTR 处理后期望的信道更容易被均衡。此外，期望信道的功率远远大于来自其他干扰用户的功率。因此，PTR 处理提供了时空处理增益，提高了 SINR。

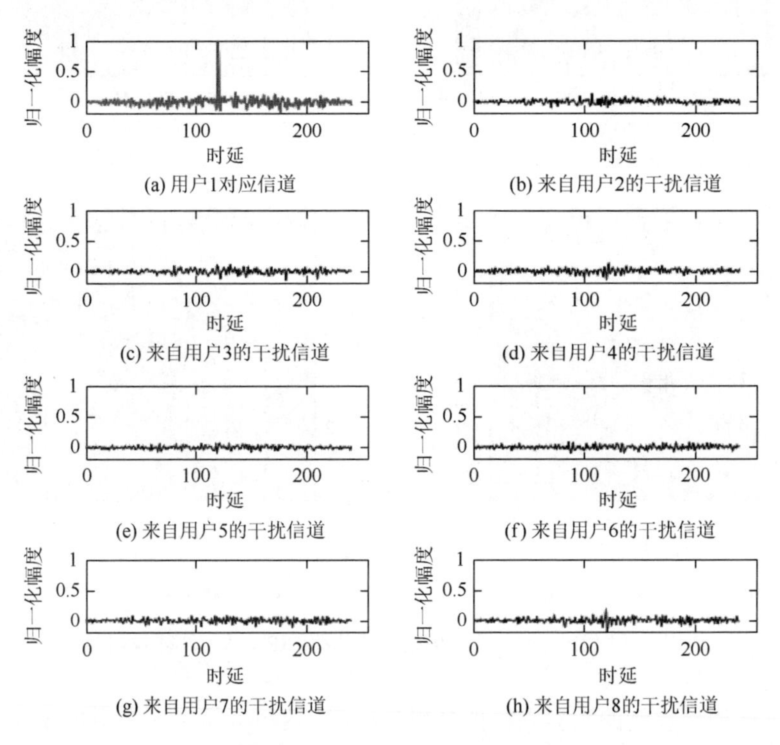

图 6-18　8 用户场景下，用户 1 经过 PTR 处理后的等效通道

图 6-19 给出该方法的误码率性能。为了进一步给出迭代次数对性能的影响，内部迭代和外部迭代的次数为 5，零误码率表示为 BER = 10^{-5}。在节点 1，经过 5 次迭代，可实现 8 个用户、10 个用户、14 个用户的零误码。16 个用户误码率为 8.4×10^{-4}。在节点 2，CSK-IDMA 方法经过 5 次迭代，可实现 8 个用户和 10 个用户的零误码，16 个用户的误码率为 9.7×10^{-4}。因此，该方法在 4kHz 带宽内实现了 8 个用户和 10 个用户的 62.5bit/(s·用户)的无错误传输。同时，3 次迭代和 5 次迭代之间的性能差距很小。从图 6-19（a）和（b）中可以看出，随着用户数量的增加，误码率整体上会升高。同时，所提出的 CSK-IDMA 方法优于传统的 CSK 方法。增益也随着用户数量的增加而降低，CSK-IDMA 的性能随外迭代次数的增加而提高，但是迭代的性能增益并不明显。

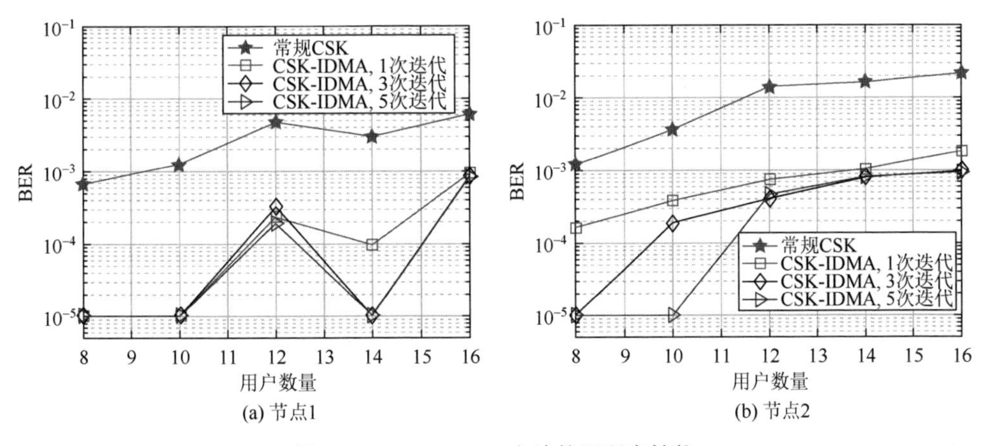

图 6-19　CSK-IDMA 方法的误码率性能

图 6-20 给出了该方法在使用不同水听器下 8 个用户和 10 个用户的误码率性能，外迭代次数为 5。PTR 的性能随着水听器数量的增加而提高，因此，更多的水听器部署在接收端，误码率性能会变得更好。对于有 7 个接收机的 10 个用户，两个节点仍旧未产生误码。图 6-20 中一个有趣的结果是，虽然节点 1 的接收信噪比大于节点 2，但是在较少水听器情况下，节点 1 的误码率比节点 2 高。这是因为两个节点的脉冲噪声破坏了一些接收到的块，被破坏的块不能被完全解调。由于脉冲噪声并没有同时破坏所有水听器，所以当水听器数量较大时，脉冲噪声的影响并不明显。然而，由于水听器数量较少，会影响性能。

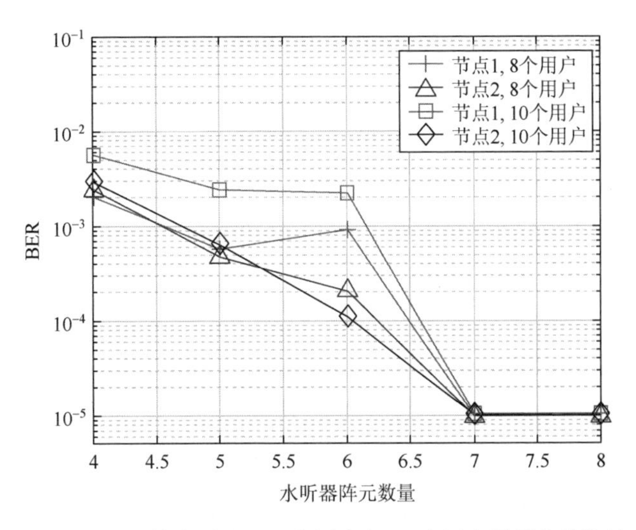

图 6-20　不同的水听器下 8 个用户和 10 个用户误码率的比较

6.4 本章小结

循环移位扩频利用扩频序列优良的自相关特性来提高直接序列扩频通信速率，是克服水声扩频通信速率较低的一种有效解决方法。本章深入研究了码分多址多用户水声通信方法，针对目前直接序列 CDMA 多用户数据通信速率相对较低的情况，提出基于循环移位扩频的 CDMA 和 IDMA 多用户水声通信新方法。该方法可显著提高带宽利用率，且运算复杂度低，并可适应较低信噪比环境，为低复杂度多用户水声通信的实现打下良好的工程基础。最后，湖上试验结果验证了该方法的可行性及稳健性。与已有公布文献的码分多址多用户水声通信试验结果相比，本章提出的基于循环移位扩频的 CDMA 和 IDMA 多用户水声通信新方法，在多用户通信距离和带宽利用率等方面都有显著提高。

参考文献

[1] 何成兵. UUV 水声通信调制解调新技术研究[D]. 西安：西北工业大学，2009.

[2] 王海斌，吴立新. 混沌调频 M-ary 方式在远程水声通信中的应用[J]. 声学学报，2004，(2)：161-166.

[3] He C B，Huang J G，Zhang Q F，et al. Study on M-ary spread spectrum underwater acoustic communication[J]. Defence Technology，2008，4（1）：26-29.

[4] 何成兵，黄建国，韩晶，等. 循环移位扩频水声通信[J]. 物理学报，2009，58（12）：8379-8385.

[5] 樊昌信，曹丽娜. 通信原理[M]. 7 版. 北京：国防工业出版社，2012.

[6] 韩晶，黄建国，张群飞，等. 正交 M-ary/DS 扩频及其在水声远程通信中的应用[J]. 西北工业大学学报，2006，24（4）：5.

[7] Chen K Y，Ma M D，Cheng E，et al. A survey on MAC protocols for underwater wireless sensor networks[J]. IEEE Communications Surveys & Tutorials，2014，16（3）：1433-1447.

[8] Zhang R Q，Cheng X L，Cheng X，et al. Interference-free graph based TDMA protocol for underwater acoustic sensor networks[J]. IEEE Transactions on Vehicular Technology，2018，67（5）：4008-4019.

[9] Stojanovic M，Freitag L. Multichannel detection for wideband underwater acoustic CDMA communications[J]. IEEE Journal of Oceanic Engineering，2007，31（3）：685-695.

[10] Tsimenidis C C，Hinton O R，Adams A E，et al. Underwater acoustic receiver employing direct-sequence spread spectrum and spatial diversity combining for shallow-water multiaccess networking[J]. IEEE Journal of Oceanic Engineering，2001，26（4）：594-603.

[11] Calvo E，Stojanovic M. Efficient channel-estimation-based multiuser detection for underwater CDMA systems[J]. IEEE Journal of Oceanic Engineering，2008，33（4）：502-512.

[12] Aliesawi S A，Tsimenidis C C，Sharif B S，et al. Iterative multiuser detection for underwater acoustic channels[J]. IEEE Journal of Oceanic Engineering，2011，36（4）：728-744.

[13] Yang T C，Yang W B. Interference suppression for code-division multiple-access communications in an underwater acoustic channel[J]. The Journal of the Acoustical Society of America，2009，126（1）：220-228.

[14] Yang T C. Code division multiple access based multiuser underwater acoustic cellular network[J]. The Journal of

the Acoustical Society of America，2011，130（4）：2347.

[15] He C B，Huang J G，Yan Z H，et al. M-ary CDMA multiuser underwater acoustic communication and its experimental results[J]. Science China Information Sciences，2011，54（8）：1747-1755.

[16] Dillard G M，Reuter M，Zeiddler J，et al. Cyclic code shift keying：A low probability of intercept communication technique[J]. IEEE Transactions on Aerospace and Electronic Systems，2003，39（3）：786-798.

[17] He C B，Zhang Q F，Huang J G. Passive time reversal communication with cyclic shift keying over underwater acoustic channel[J]. Applied Acoustics，2015，（96）：132-138.

[18] 景连友，何成兵，黄建国，等. 基于被动时间反转的差分循环移位扩频水声通信[J]. 上海交通大学学报，2014，48（10）：1378-1383.

[19] 于洋，周锋，乔钢. 正交码元移位键控扩频水声通信[J]. 物理学报，2013，62（6）：297-304.

[20] 杜鹏宇，殷敬伟，周焕玲，等. 基于时反镜能量检测法的循环移位扩频水声通信[J]. 物理学报，2016，65（1）：221-228.

[21] 何成兵，荆少晶，花飞，等. 循环移位扩频多用户水声通信[J]. 通信学报，2017，38（7）：11-17.

[22] Yang T C. Spatially multiplexed CDMA multiuser underwater acoustic communications[J]. IEEE Journal of Oceanic Engineering，2015，41（1）：217-231.

[23] Yang G，Yin J W，Huang D F，et al. A Kalman filter-based blind adaptive multi-user detection algorithm for underwater acoustic networks[J]. IEEE Sensors Journal，2015，16（11）：4023-4033.

[24] Jing L Y，He C B，Wang H，et al. A new IDMA system based on CSK modulation for multiuser underwater acoustic communications[J]. IEEE Transactions on Vehicular Technology，2020，69（3）：3080-3092.

索　　引

P

R

S

T

W

X

Z

彩　图

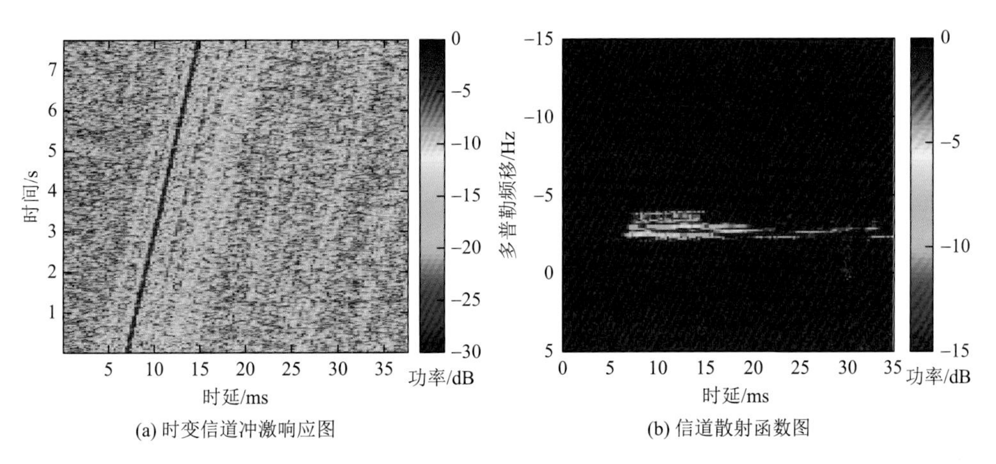

(a) 时变信道冲激响应图　　(b) 信道散射函数图

图 1-3　湖上实测水声信道

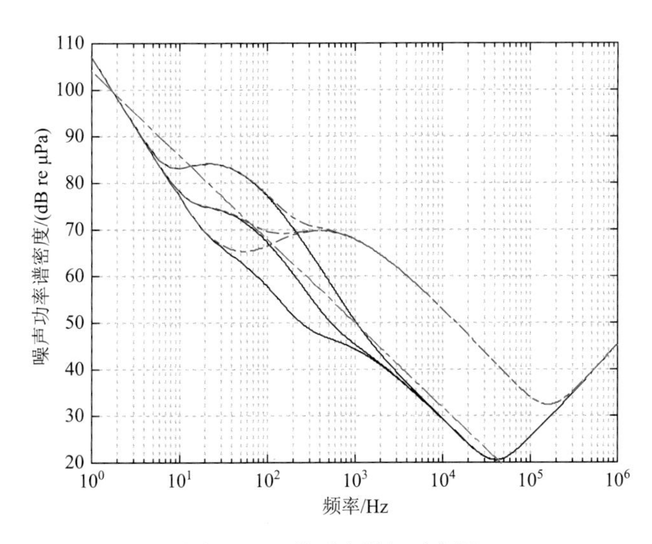

图 1-4　环境噪声谱级示意图

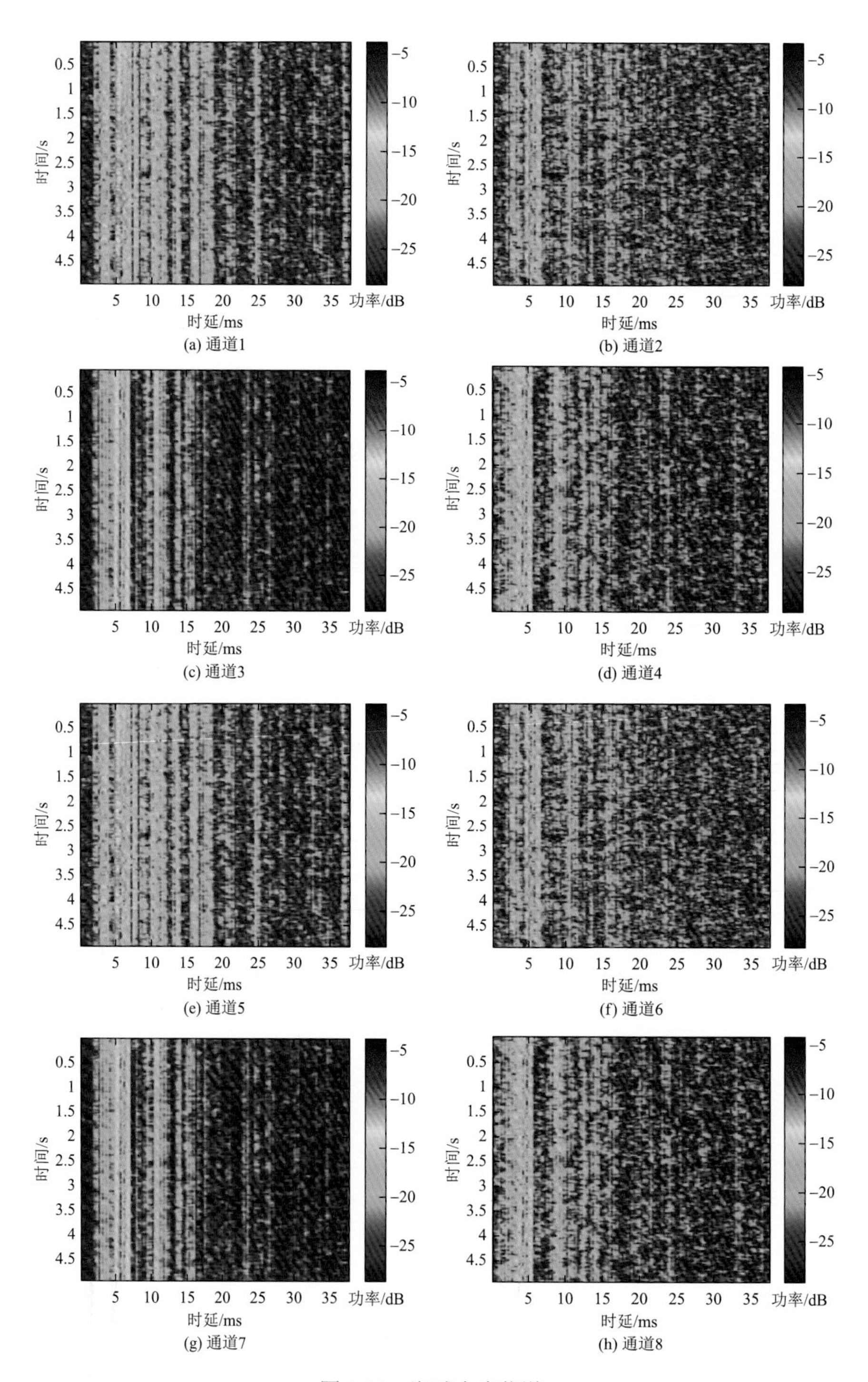

0.5
1
1.5
2
2.5
3
3.5
4
4.5
时间/s
5
10
15
20
25
30
35
时延/ms
功率/dB
-5
-10
-15
-20
-25
(a) 通道1
(b) 通道2
(c) 通道3
(d) 通道4
(e) 通道5
(f) 通道6
(g) 通道7
(h) 通道8

图 2-20 湖试水声信道

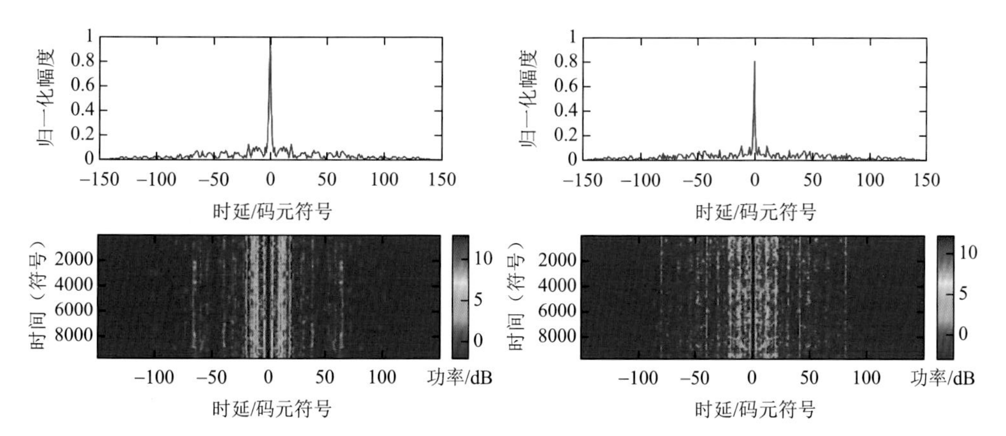

图 2-21　复合水声信道

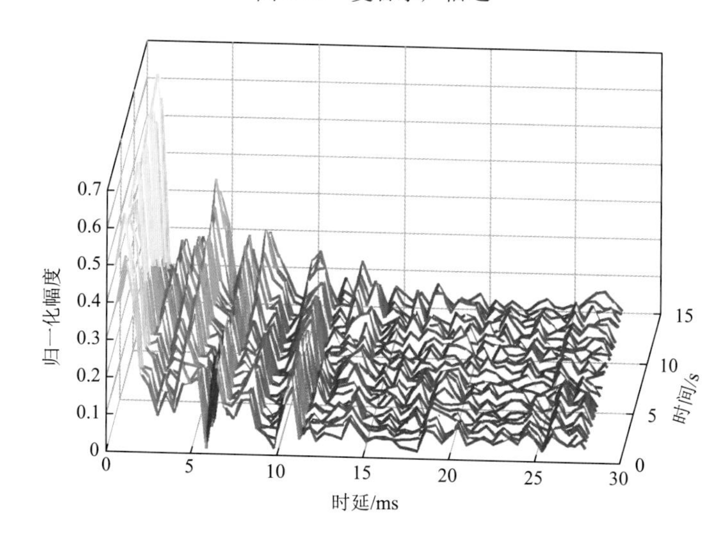

图 3-20　试验时变信道冲激响应函数图

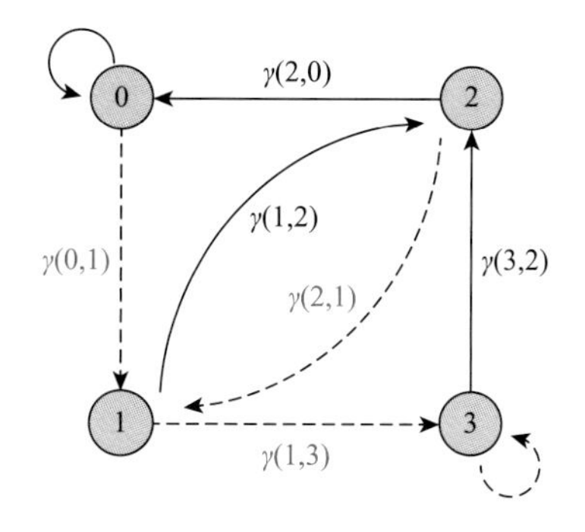

图 4-4　状态转移图

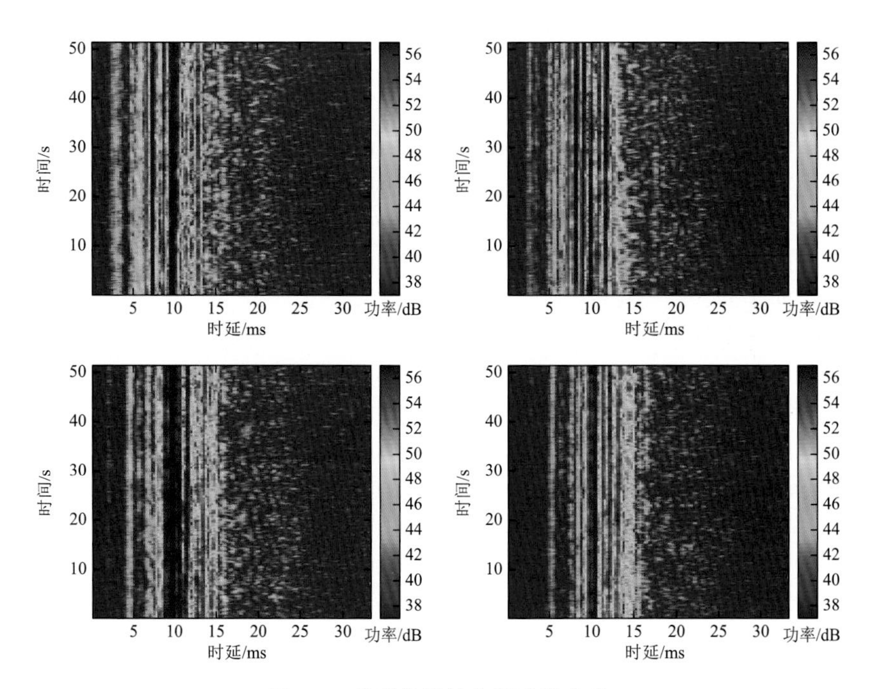

图 4-9　仿真使用的信道冲激响应

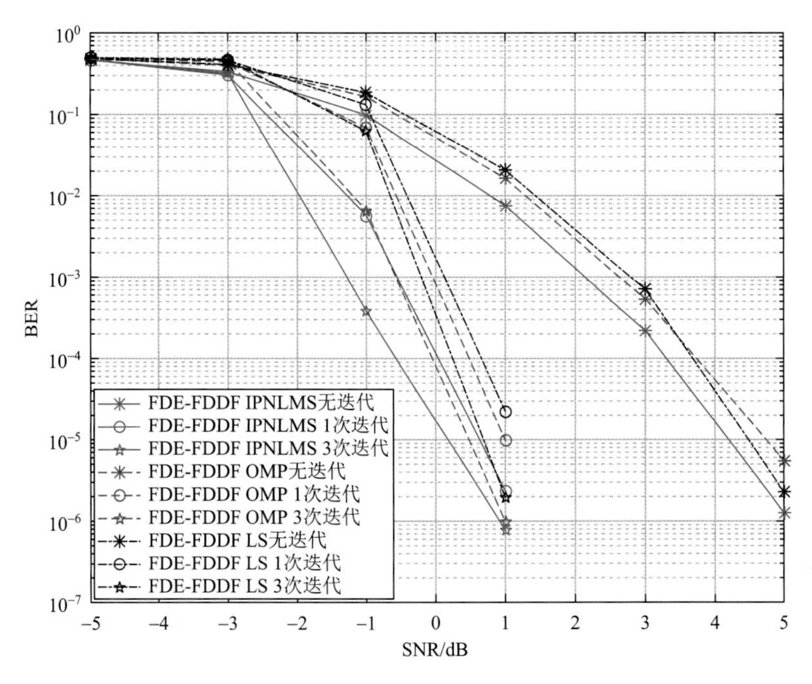

图 4-10　三种估计信道下 QPSK 误码率曲线图

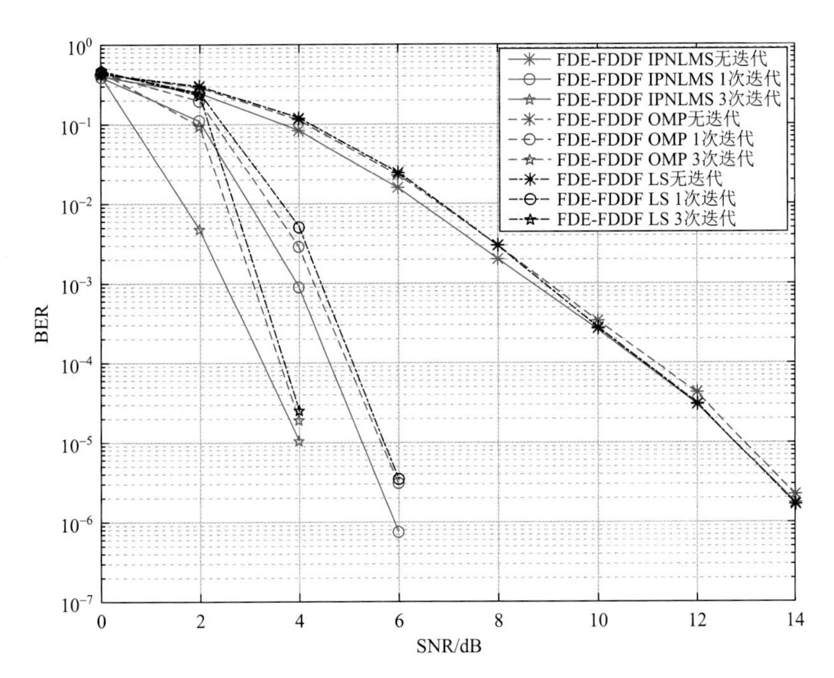

图 4-11　三种估计信道下 8PSK 误码率曲线图

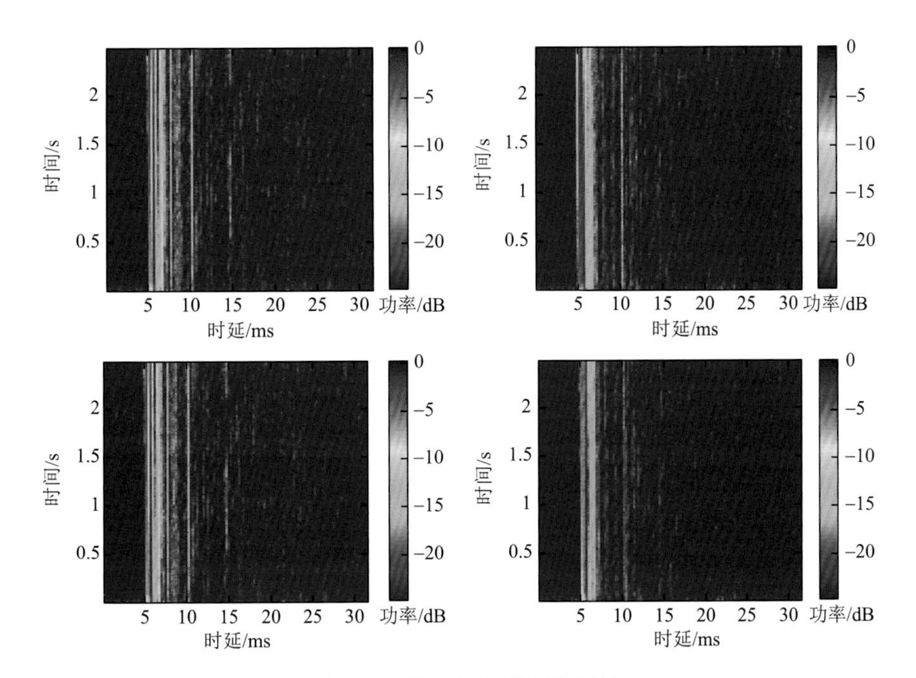

图 4-12　某水库信道冲激响应

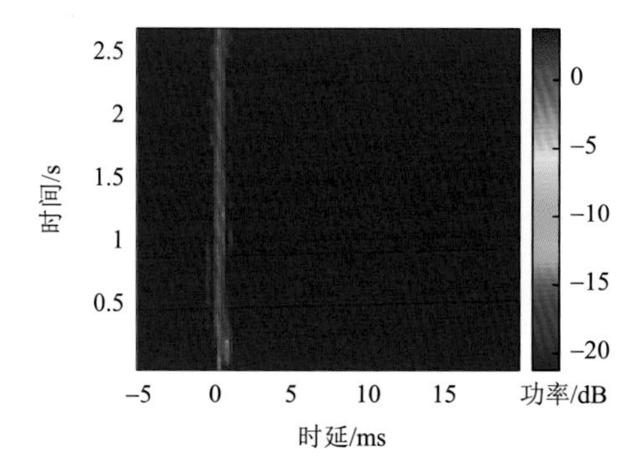

图 4-18　多通道频域 MMSE 均衡后等效信道冲激响应图

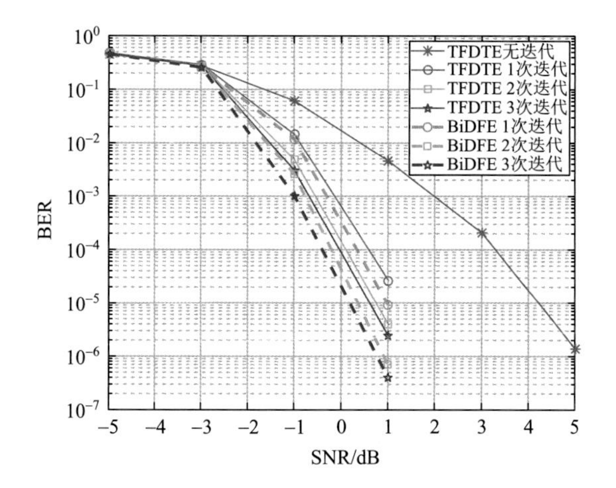

图 4-19　QPSK 信号时频域 Turbo 均衡误码性能图

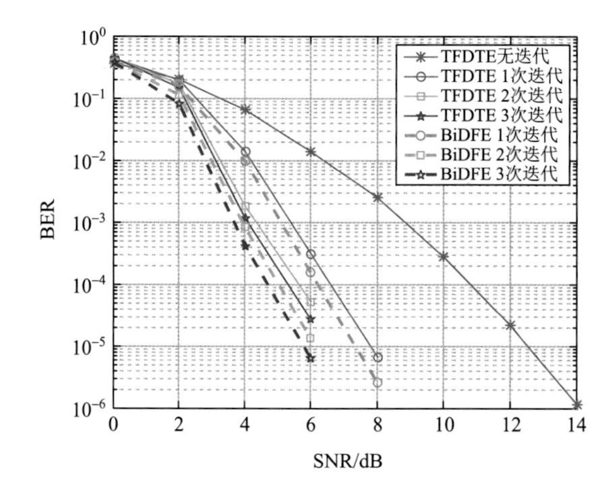

图 4-20　8PSK 信号时频域 Turbo 均衡误码性能图

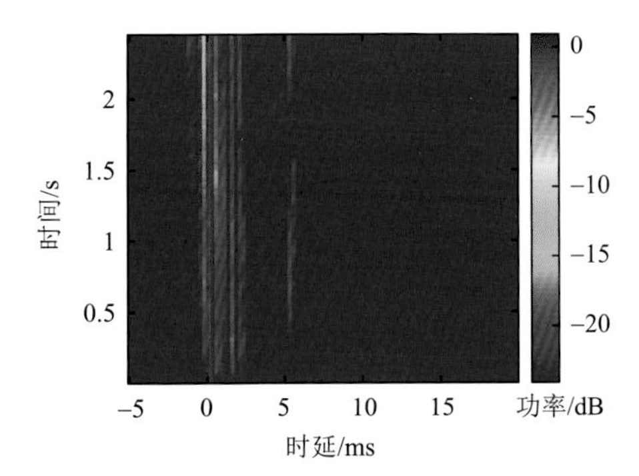

图 4-21　多通道频域 MMSE 均衡后等效信道图

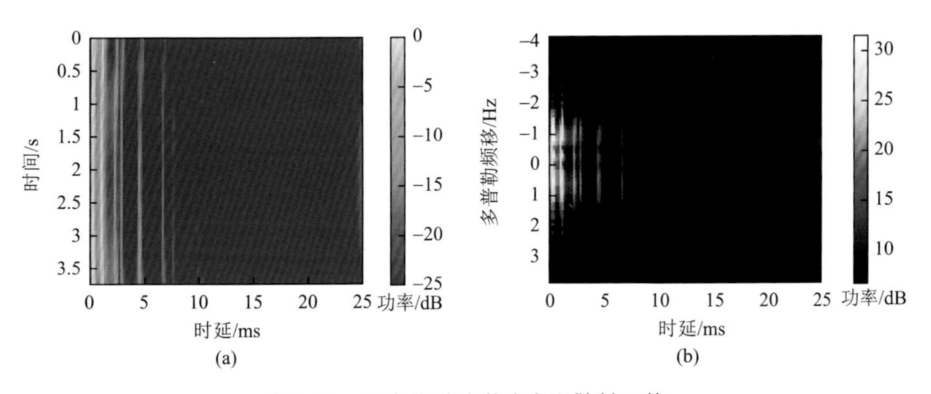

图 4-28　仿真信道冲激响应和散射函数

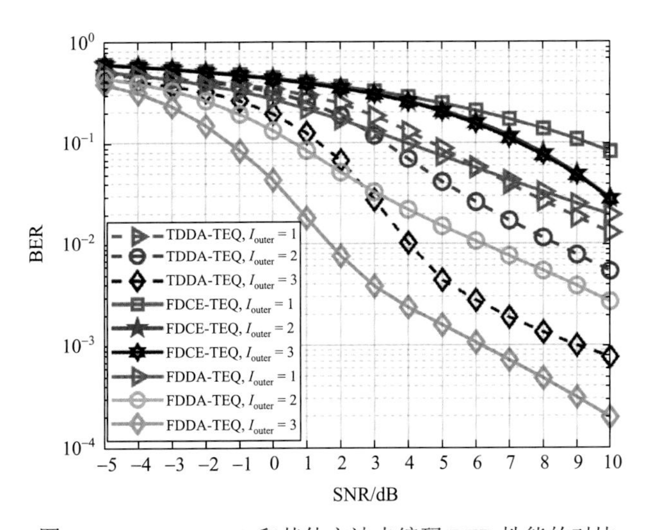

图 4-31　FDDA-TEQ 和其他方法未编码 BER 性能的对比

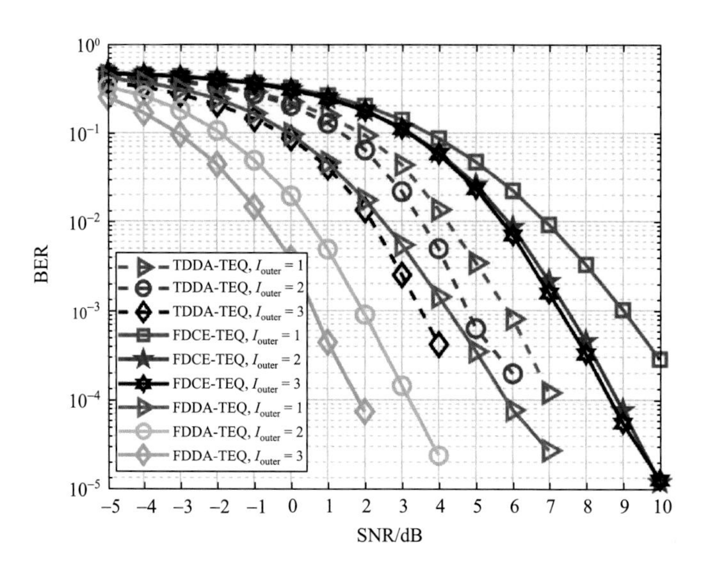

图 4-32　FDDA-TEQ 和其他方法编码 BER 性能的对比

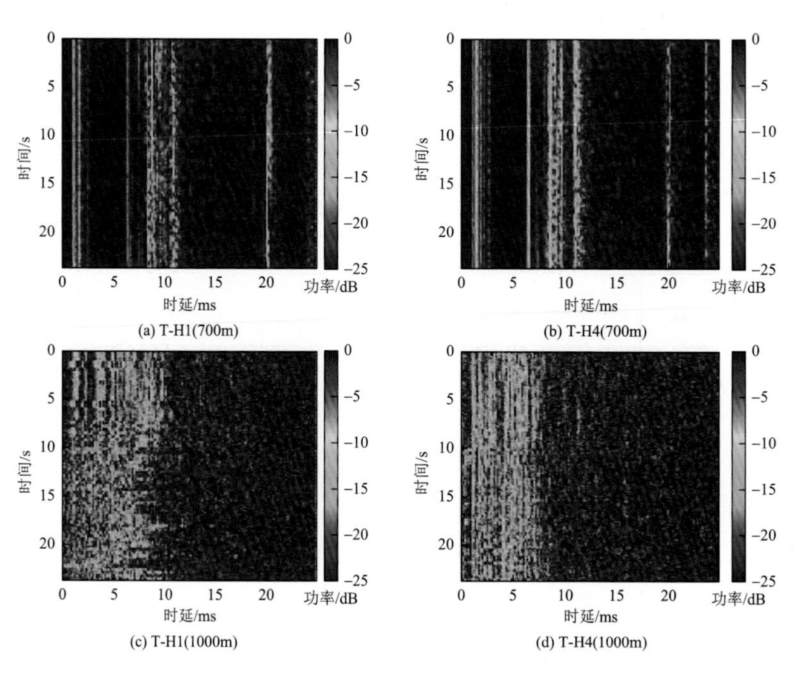

图 4-34　700m 和 1000m 传输的信道冲激响应

T 代表发射机；H1 代表顶部水听器；H4 代表底部水听器

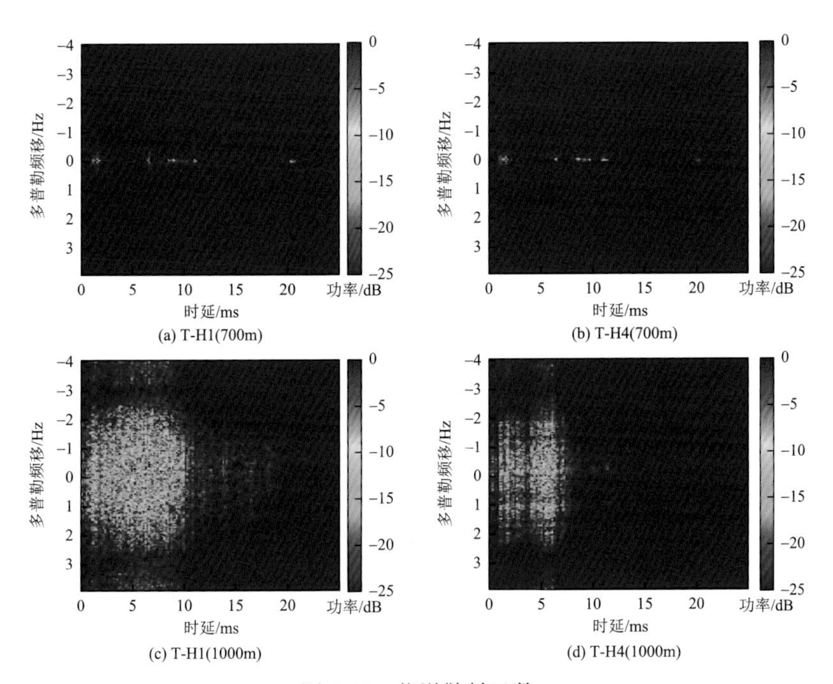

图 4-35 信道散射函数

T 代表发射机；H1 代表顶部水听器；H4 代表底部水听器

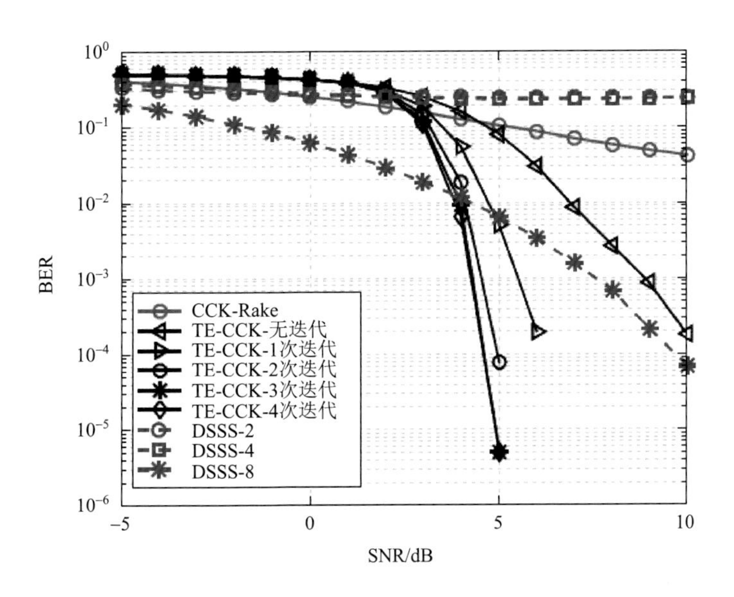

图 5-24 仿真信道下 DSSS 和 CCK 的 BER 性能比较

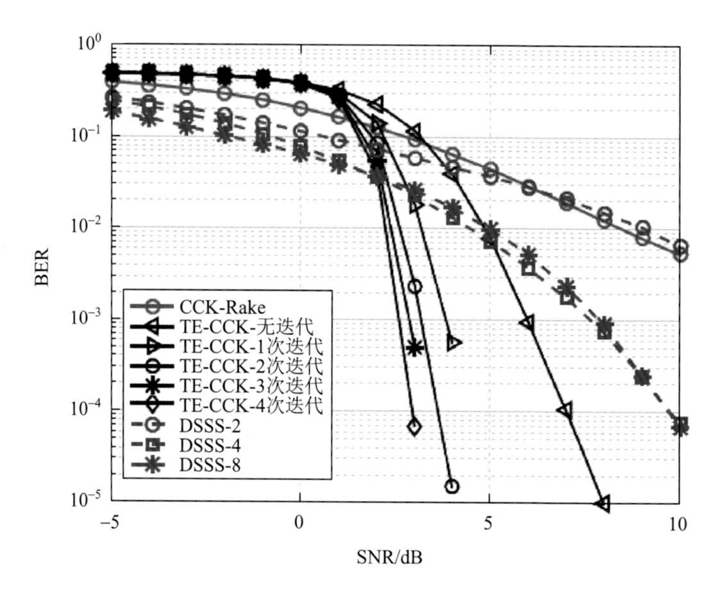

图 5-26 水声信道下 DSSS 和 CCK 的 BER 性能比较

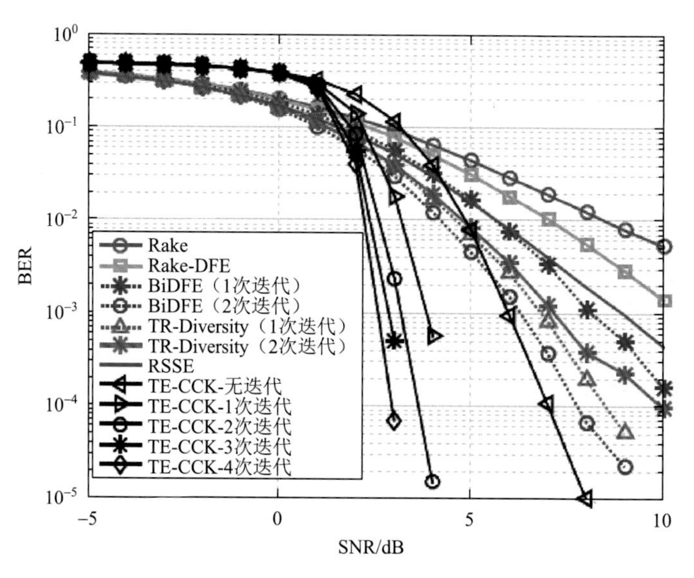

图 5-27 水声信道下多种 CCK 接收机的 BER 性能比较

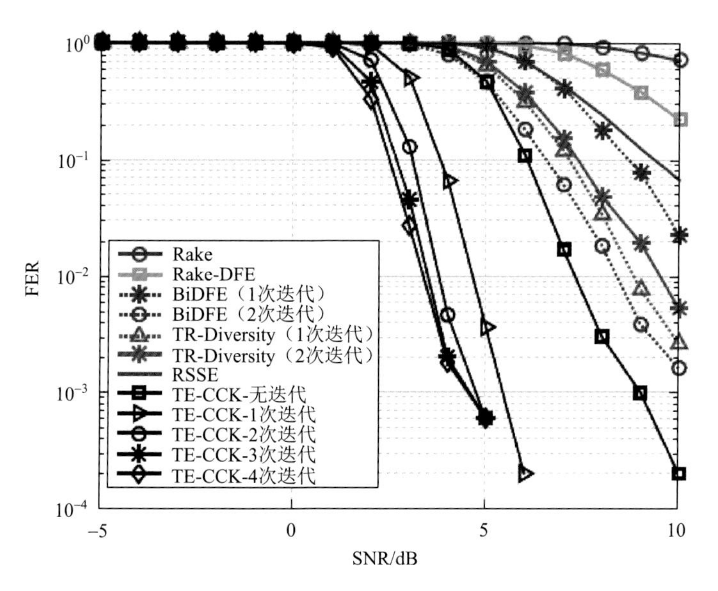

图 5-28　水声信道下多种 CCK 接收机的 FER 性能比较

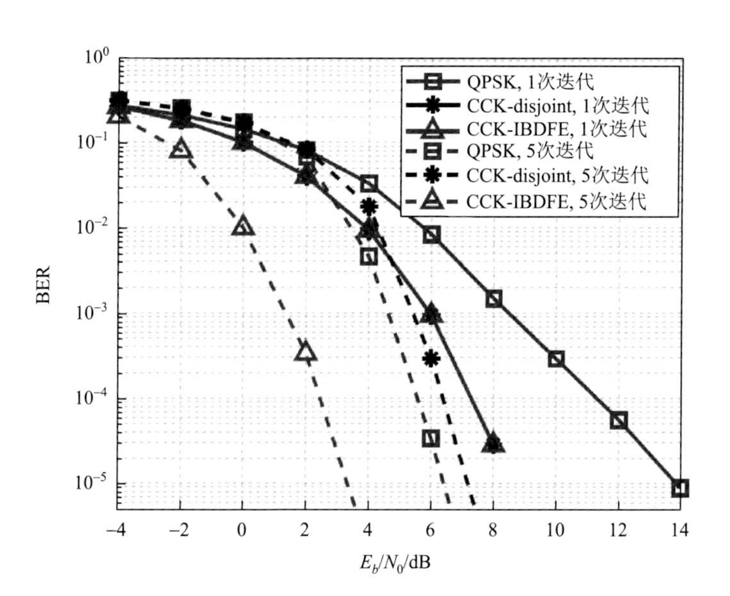

图 5-29　各种模式的误码率性能对比

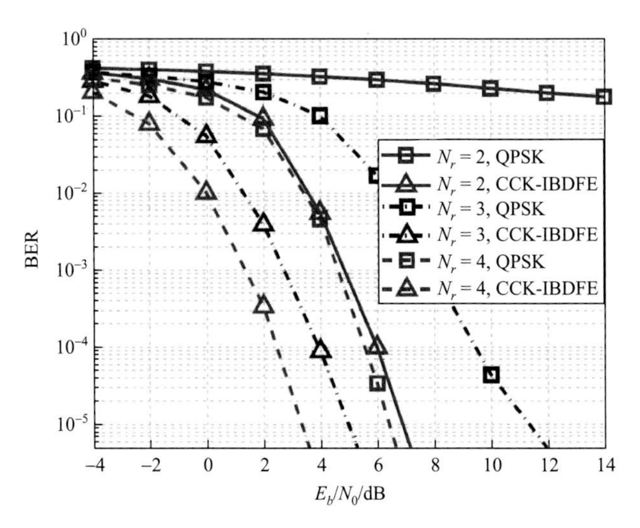

图 5-30 不同接收阵元个数的误码率性能对比

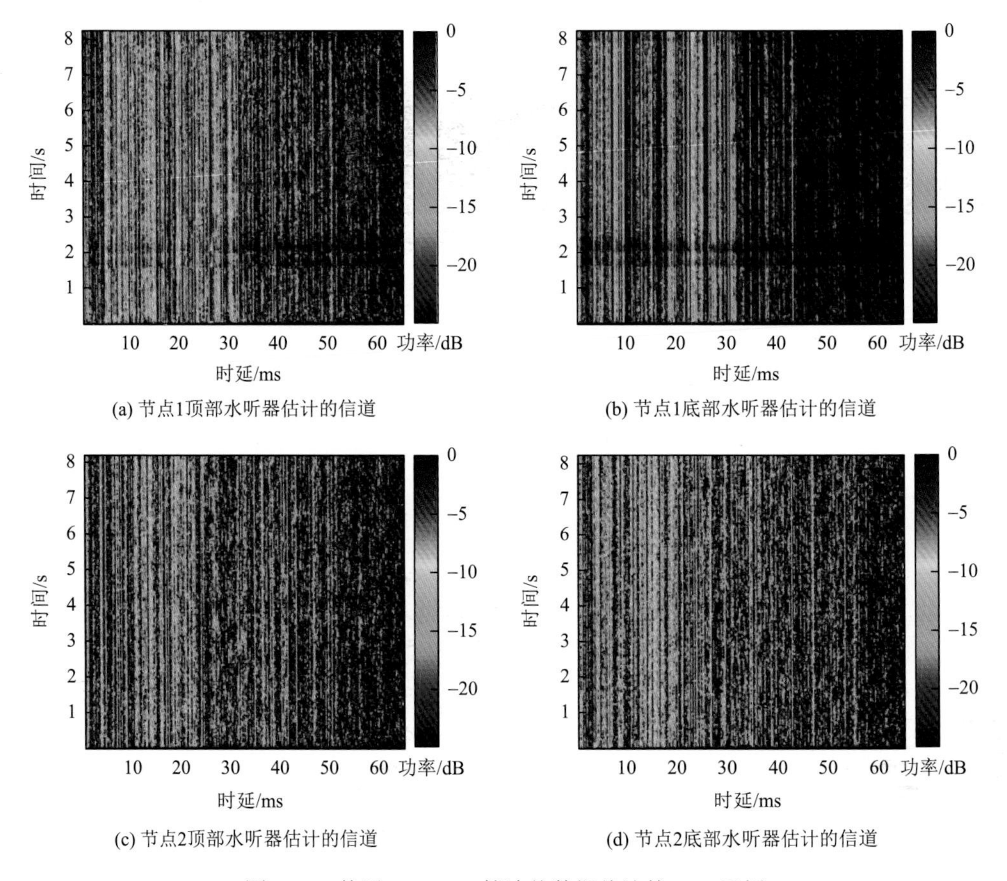

(a) 节点1顶部水听器估计的信道

(b) 节点1底部水听器估计的信道

(c) 节点2顶部水听器估计的信道

(d) 节点2底部水听器估计的信道

图 6-17 使用 IPNLMS 算法从数据估计的 CIR 示例